职业院校校企“双元”合作电气类专业立体化教材

安全用电技术

主　编　侯守军　张道平

副主编　邹兴宇　向春薇

参　编　张　毅　涂建军

尹凤梅　张玉荣

机 械 工 业 出 版 社

了解和掌握电气安全、触电急救、电气灭火方法等知识和技能，是一名即将踏入工作岗位从事电气工作的职业院校学生必须掌握的基本技能。本书依据最新的安全用电技术法律和规程的要求，结合目前职业院校电气类专业课程开设的实际情况，以及学生安全教育现状编写而成。本书共分为5个项目，分别为电气安全基础、电气作业安全、电气安全防护措施、电气线路安全技术和电气设备安全技术。为方便教学，本书配套实训工作页。

本书适合作为广大职业院校电气类专业安全用电相关课程教材，也可作为电力行业职业能力培训以及从业人员自主学习用书。

为方便教学，本书配有PPT课件、电子教案及微课视频（以二维码清单形式插入书中）资源，凡购买本书作为授课教材的教师均可登录www.cmpedu.com注册并免费下载。

图书在版编目（CIP）数据

安全用电技术/侯守军，张道平主编. —北京：机械工业出版社，2022.7（2024.9重印）
职业院校校企“双元”合作电气类专业立体化教材
ISBN 978-7-111-70987-9

Ⅰ.①安… Ⅱ.①侯…②张… Ⅲ.①用电管理-安全技术-中等专业学校-教材 Ⅳ.①TM92

中国版本图书馆CIP数据核字（2022）第099117号

机械工业出版社（北京市百万庄大街22号 邮政编码100037）
策划编辑：赵红梅 责任编辑：赵红梅 王 荣
责任校对：李 杉 王 延 封面设计：马精明
责任印制：郜 敏
中煤（北京）印务有限公司印刷
2024年9月第1版第6次印刷
184mm×260mm · 14印张 · 300千字
标准书号：ISBN 978-7-111-70987-9
定价：45.00元

电话服务 网络服务
客服电话：010-88361066 机 工 官 网：www.cmpbook.com
010-88379833 机 工 官 博：weibo.com/cmp1952
010-68326294 金 书 网：www.golden-book.com
封底无防伪标均为盗版 机工教育服务网：www.cmpedu.com

前　言

电能作为现代社会发展不可缺少的动力，是一种便捷的能源。随着社会的发展与科技的进步，电能在工业生产和人们日常生活中的重要性日益增加，但当人们使用电能时违反规程或者使用不当，将会造成严重的人身伤亡和财产损失。作为一名即将走上电气相关岗位的职业院校学生，了解和掌握电气安全、触电急救、电气火灾等相关知识和技能显得尤为重要。

本书以最新的职业院校电气类专业人才培养方案为基础编写，可作为相关专业的必修和主干课程的配套教材。通过学习，学生能够熟悉防止人身触电的安全措施、懂得触电急救方法、掌握电气设备的防火防爆技术以及扑灭电气火灾的方法，学会电气安全用具的使用，掌握分析和处理用电事故的方法。

本书采用项目任务结构编写，共分为电气安全基础、电气作业安全、电气安全防护措施、电气线路安全技术、电气设备安全技术 5 个项目，每个项目下面又分若干学习任务。在编写内容布局上，遵循职业院校教学的“必需、实用、够用”原则，充分体现职业教育教材的实用性特征；在编写体例设置上，坚持以“夯实专业基础，贴近岗位需要”为准则，突出可操作性，将知识与技能较好地融合。为便于教学，本书配实训工作页，同时还配有数字化的教学资料和资源，非常方便教师教学和学生自学。

本书由侯守军、张道平担任主编，由邹兴宇、向春薇担任副主编，张毅、涂建军、尹凤梅、张玉荣参与编写。本书编写得到了国网湖北省电力有限公司、福建工业学校、钟祥市职业高级中学、荆门职业学院和湖北信息工程学校等单位的大力支持和帮助，在此一并表示感谢。

由于作者水平有限，书中难免存在不足之处，恳请广大读者批评指正。

编　者

二维码清单

名称	图形	名称	图形
输电线路工程现场作业安全防护基本要求		配电网检修（施工）作业防触电典型案例分析	
在电力施工中如何做到“四不伤害”		线路工程违章分析（索道施工）	
变电工程典型违章分析（脚手架施工）		变电工程典型违章分析（设备安装施工现场）	
网改工程典型违章分析（低压线路放紧线施工）		网改工程典型违章分析（停电、验电、接地）	
线路工程典型违章分析（人工挖孔桩施工现场）		变电站二次回路拆除安全措施解读	
为违章行为做一次心理咨询		电网典型安全生产事故13例	
变电设备安全风险防范			

目　录

项目1 电气安全基础

项目引入

我们已经进入电气化时代，生活中被各种电器和电子产品包围，但或许并不知道这些东西何时会给我们带来危险。作为一名即将走上电气相关岗位的从业人员，必须了解电气安全知识、触电及触电急救的相关知识和技能，以及电气火灾及防火防爆方法等。图1-1所示为生产生活中常见的触电警示标志。面对各种用电危险，我们该如何做呢？让我们开始本项目的学习，寻找答案吧。

图1-1 触电警示标志

知识图谱

图1-2所示为项目1的知识图谱。

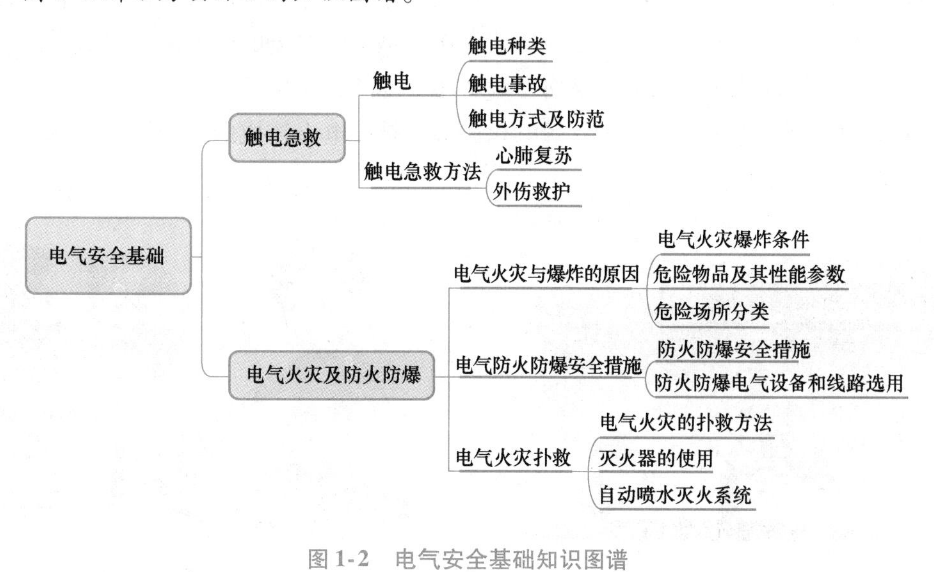

图1-2 电气安全基础知识图谱

任务1　触电急救

任务描述

目前社会生产力和人们的生活水平都大幅提高，但是各类用电事故依然频发。主要原因是对用电知识一知半解，缺乏安全用电意识；电气设备安装不正确、维修不及时、作业人员违反安全操作规则。正所谓“知己知彼，百战不殆”，让我们从基础入手，学习触电常识，分析常见触电的原因，吸取触电事故惨痛的教训，学习减少或避免触电事故发生的有效防护措施。

知识要点

一、触电

（一）触电种类

触电是人体触及带电体、带电体与人体之间电弧放电时，电流经过人体流入大地或是进入其他导体构成回路的现象。触电时间越长，人体所受的电损伤越严重。自然界的雷击也是一种触电形式，其电压可高达几千万伏，造成极强的电流电击，危害极大。如图1-3所示，我们都知道雷雨天不要躲在树下，避免雷击触电。

触电分为电击、电伤两种。所谓电击，是电流通过人体内部造成的伤害，它会破坏心脏、呼吸与神经系统，重则危及生命。所谓电伤，是由于电流的热效应、机械效应、化学效应对人体外部造成伤害，如电弧烧伤、电烙印、皮肤金属化等。

最危险的触电是电击，绝大多数触电死亡事故是由电击造成的。如图1-4所示，电源插口处经常造成电击事故。

图1-3　雷击触电

图1-4　电击事故

（二）触电事故

触电事故通常是由使用质量不合格的电气设备、电气设备安装方法不合要求、违反安全用电规则等原因造成的。用电的时候，严格按照要求安装电路和电气设备，出现问题要细心周到地考虑，排除一切可能引起触电的危险；生产用电器时，严格按照国家规定的规格、质量、安全性能等来生产质量合格的电器，杜绝劣品、次品和伪造品进入人们生活中（建议不要买价格比同类商品便宜很多的电器）。生产生活中要有防范触电的意识，提高警惕，处处关心用电情况的好坏等，才能减少或避免惨痛的触电事故。

生活中人们在一些熟悉的场景最容易放松警惕，如果不注意安全用电就会随时发生触电事故，我们要引以为戒，提高警惕。图1-5所示为生产中电气设备漏电造成触电事故，图1-6所示为洗车中电气设备漏电造成触电事故，图1-7所示为户外钓鱼时鱼竿接触高压电线造成的触电事故。

图1-5 生产中电气设备漏电造成触电事故

图1-6 洗车中电气设备漏电造成触电事故

图1-7 鱼竿接触高压电线造成触电事故

（三）触电方式及防范

1. 触电方式

触电方式见表1-1。

表 1-1　触电方式

方式		定义	危害
直接触电	单相触电	当人体直接接触碰带电设备或带电导线其中的一相时，电流通过人体流入大地。有时对于高压带电体，人体虽未直接接触，但由于高电压超过了安全距离，高压带电体对人体放电，造成单相接地而引起的触电，也属于单相触电	在低压供电系统中发生单相触电，人体所承受的电压几乎就是电源的相电压220V。危险性最高，后果最严重，占触电事故的95%左右
	两相触电	人体同时接触带电设备或带电导线其中两相时发生的触电现象	这类事故多发生在带电检修或安装电气设备时
间接触电	触碰金属物或设备金属外壳	指由于事故使正常情况下不带电的电气设备金属外壳带电，及由于导线漏电触碰金属物（如管道、金属容器等）使金属物带电而使人触电	大多发生在大风刮断架空线或接户线后
	跨步电压触电	是人或牲畜站在距离高压电线落地点8～10m以内发生的触电事故。人受到跨步电压时，电流沿着人的下肢，从脚经腿、胯部又到脚与大地形成通路	人与接地短路点越近，跨步电压触电越严重。特别是大牲畜，由于前后脚间跨步距离很大，故跨步电压触电更严重

图 1-8 所示为单相触电的情况，图 1-9 所示为两相触电。

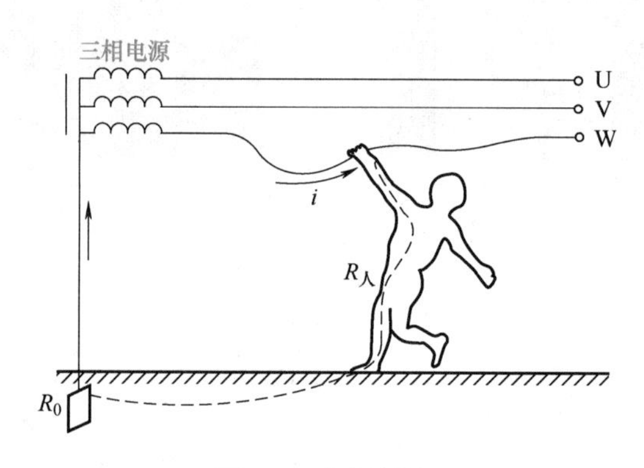

图 1-8　单相触电

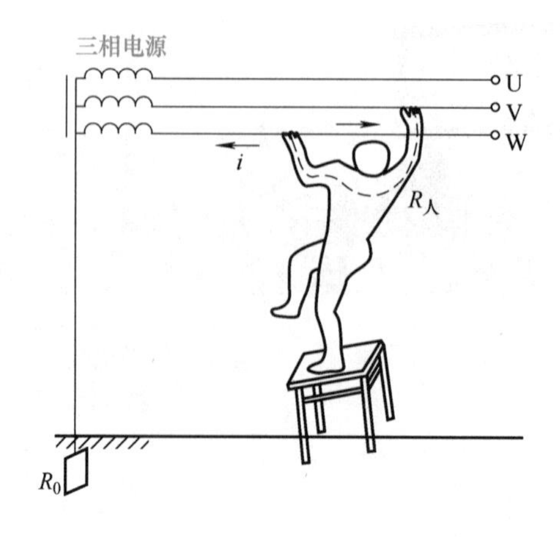

图 1-9　两相触电

图1-10所示人体接触开关导致触电，为间接触电；图1-11所示为跨步电压触电。

图1-10　触碰开关导致触电　　　　图1-11　跨步电压触电

想一想

1. 跨步电压触电是间接触电还是直接触电？
2. 你知道什么是跨步电压吗？遭遇跨步电压危险时，该如何逃脱？

2. 影响触电伤害的因素

影响触电伤害的因素见表1-2。

表1-2　影响触电伤害的因素

影响因素	影响触电伤害的因素分析
通过人体电流的大小	通过人体的电流越大，人体的生理反应越明显、越强烈，危险性也就越大。而通过人体的电流大小则主要取决于施加于人体的电压和人体电阻的大小
电流通过人体的持续时间	通电时间越长，电击伤害程度越严重。通电时间短于一个心脏周期时（心脏周期约为0.75s），一般不至于有生命危险的心室颤动。一旦发生心室颤动，如无及时抢救，数秒钟至数分钟之内即可导致不可挽回的生物性死亡
电流通过人体的途径	电流通过人体的安全途径是不存在的。以途径短而且经过心脏的途径的危险性最大，电流流经心脏会引起心室颤动而致死，较大电流还会使心脏立刻停止跳动。在通电途径中，从左手至胸部的通路最危险
通过电流的种类	不同种类的电流对人体的伤害程度不同。工频电流对人体伤害最为严重；直流电流对人体的伤害则较轻；高频电流对人体的伤害程度远不及工频交流电严重
人体状况	人体的伤害程度与人体本身的状况有密切关系。人体状况除人体电阻外，还与性别、健康状况和年龄等因素有关，主要表现为儿童、妇女、患有心脏病或中枢神经系统疾病的人、瘦小的人遭受电击后的危险性会较大

（续）

影响因素	影响触电伤害的因素分析
作用于人体的电压	电压越高，电流越大，更由于人体电阻将随着作用于人体电压的升高而呈非线性急剧下降，致使通过人体的电流显著增大，使得电流对人体的伤害更加严重

3. 预防触电的基本措施

预防触电的基本措施见表1-3。

表1-3　预防触电的基本措施

种类	基本措施
室内防触电	① 不要用手去移动正在运转的家用电器，如台扇、洗衣机、电视机等。如必须搬动，应关上开关，并拔去插头
	② 应穿鞋并戴手套去修理家中带电的线路或设备。如必须带电修理，对夏季使用频繁的电器，如电淋浴器、台扇、洗衣机等，要采取一些实用的措施防止触电，如经常用验电笔测试金属外壳是否带电、加装触电保护器（剩余电流断路器）等
	③ 如不慎家中浸水，首先应切断电源，即把家中的总开关或熔断器断开，以防止正在使用的家用电器因浸水、绝缘损坏而发生事故；其次，切断电源后，将可能浸水的家用电器，搬移到不浸水的地方，防止绝缘浸水受潮，影响今后使用
	④ 如果电器设备已浸水，在再次使用前，应对设备用专用的绝缘电阻表测试绝缘电阻。如达到规定要求，可以使用，否则要对设备绝缘进行干燥处理，直到绝缘良好为止
室外防触电	① 不爬电线杆，不在电线上晾晒衣物；有高压电线的地方不能放风筝、钓鱼等
	② 不在变压器旁边逗留、玩耍，更不能损坏变压器
	③ 发现地上有电线、电缆，千万不要走近，更不要伸手去拉，以免触电。如果发现掉下的电线把人击倒，千万不要伸手拉他，正确的方法是用干燥的木棍等绝缘体将电线拨开
	④ 户外活动遇到雷雨时，不要站在大树、烟囱、尖塔、架空线路、变压器、电线杆等底下，也不要站在山顶上，因为高耸、凸出的物体容易遭受雷击
	⑤ 暴雨过后，有些地方的路面很可能出现积水，此时最好不要蹚水。如果必须要蹚水通过的话，一定要随时观察所通过的路段附近有没有电线断落在积水中
	⑥ 如果发现供电线路、灯箱线路、路灯线路断落在水中而使水带电的情况，千万不要自行处理。应当立即在周围做好记号，提醒其他行人不要靠近，并及时打电话通知110紧急处理
	⑦ 一旦发现人在水中触电倒地，千万不要急于靠近搀扶。必须在采取应急措施后才能对触电者进行抢救，否则不但救不了别人，而且还会导致自身触电
	⑧ 若电力线恰巧断落在离自己很近的地面上，应该用单腿跳跃着离开现场

（续）

种类	基本措施
校园防触电	① 教室、宿舍内的电灯、风扇要由专人管理，插头不要随便拔出与插入
	② 不用湿布擦拭开关、电线、电灯和光管
	③ 不在电闸周围玩耍，更不能用手触摸电闸，千万不要用手指、铁丝、钢笔等捅插座
	④ 遇到电路故障，发生断电情况时，立刻报告请电工维修，千万别自作主张进行修理
电气设备防触电	① 对于裸露于地面和人身容易触及的带电设备，应采取可靠的防护措施
	② 设备的带电部分与地面及其他带电部分应保持一定的安全距离
	③ 易发生过电压的电力系统，应有避雷针、避雷线、避雷器、保护间隙等过电压保护装置
	④ 低压电力系统应有接地保护措施
	⑤ 对各种高压用电设备应采取装设高压熔断器和断路器等不同类型保护装置的措施；对低压用电设备应采用相应的低压电气保护措施进行保护
	⑥ 在电气设备的安装地点应设安全标志
	⑦ 根据某些电气设备的特性和要求，应采取特殊的安全措施
	⑧ 加强安全用电教育和安全技术培训，逐步提高相关人员的安全用电水平
作业现场防触电	① 上岗作业前必须按规定穿戴好防护用具，否则不准进入现场作业
	② 不得擅自拉合刀开关，设备停送电必须办理操作票，并采取保证安全的技术措施，即停电、验电、装设接地线、悬挂警示牌和装设遮栏
	③ 加强设备维护，非专业人员不得维修电气设备，设备还应专设漏电保护装置
	④ 严格按照电气标准化施工，杜绝私接、乱接线路等违章作业现象

认知实践

说明图1-12中的安全用电隐患。

二、触电急救方法

发生现场外伤时，抢救者首先应迅速了解伤员的生命体征，包括呼吸、脉搏、血压及机体各部位伤情。如有心肺功能障碍，应在施行有效心肺复苏的同时及时止血、包扎、固定，然后再考虑搬运等措施。

（一）心肺复苏（CPR）

现场救护时必须掌握的技能就是心肺复苏，适用于心肌梗死、严重创伤、电击伤、溺水和中毒等原因引起的呼吸、心脏骤停急救。心肺复苏操作程序解读见表1-4。

a) 不在电线周围钓鱼

b) 不在电线周围放烟花

c) 不触碰插座内部

d) 不同时使用多个大功率电器

e) 电力作业中不强行解锁操作

f) 未得到许可前不开工作业

g) 电力作业必须持有工作票

h) 作业环境中不能存有易燃易爆物

图 1-12　安全用电隐患

表1-4 心肺复苏操作程序解读

操作程序	图示	解读
1. 判断有无意识（5s）	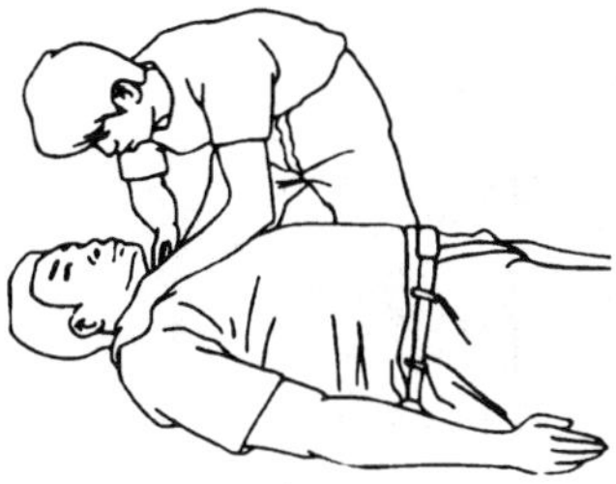	轻拍、高叫（“来人啊!”“救命啊!”），强刺激（掐人中、虎口）
2. 如无反应，立即呼救（5s）		找人协助或自行打急救电话（120）通知救护单位，呼救时讲清正确的地理位置或地标性建筑、伤员伤情或病情，对方挂机前不挂机
3. 仰卧位		将伤员放在适当体位：仰卧位，置于地面或硬板上
4. 开放气道（5s）	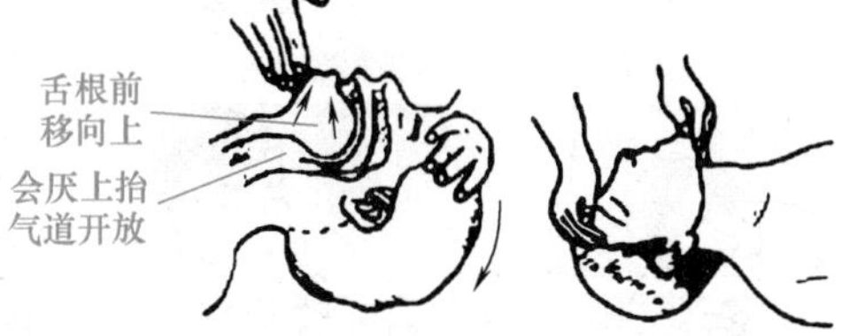 舌根前移向上 会厌上抬气道开放 仰头举颏法 抬起下颏法	解开伤员衣领扣、领带、胸罩等，将伤员头偏向抢救者一侧，清除口鼻内的异物和污物（包括义齿）

（续）

操作程序	图示	解读
5. 判断有无呼吸（10s）	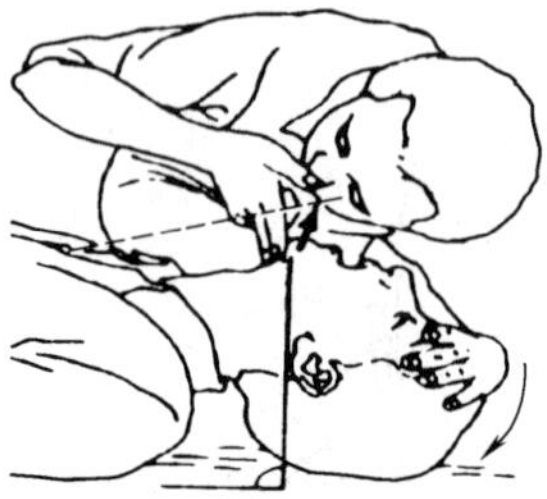	用耳贴近伤员口鼻，侧头注视伤员胸部和上腹部（观察3~5s），一看：胸部和上腹部有否呼吸起伏；二听：伤员口鼻有无出气声；三感觉：抢救者面颊有无气体吹拂感觉。如无呼吸，立即口对口吹气两次
6. 判定伤员有无心跳	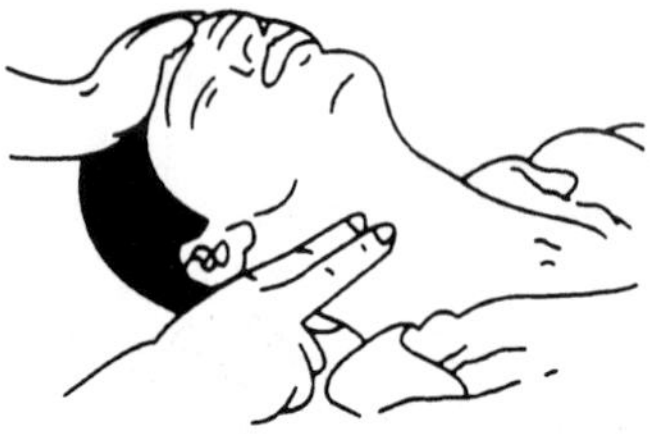	保持伤员头后仰，触摸颈动脉或股动脉是否搏动。检查应在5s内完成，手要轻柔，不能加压
7. 胸前区捶击	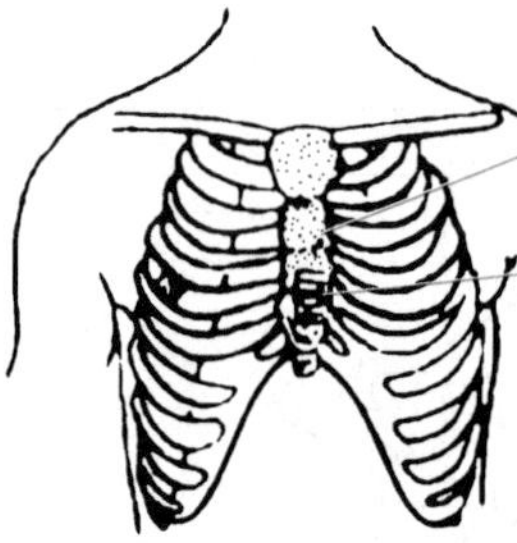 胸骨 按压部位	如无脉搏，定位胸外按压位置叩击心前区。站在病人右侧，在胸骨下1/2处，用右手空心拳、小鱼际、20~30cm高度、垂直、中等力捶击两下。伤员为孕妇，幼儿以及存在胸部塌陷、隆起、口角流血等情况的人员除外
8. 人工呼吸（Breathing）	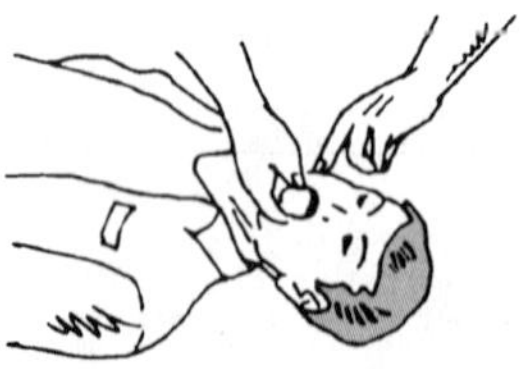 a) 清理口腔阻塞  b) 鼻孔朝天头后仰  c) 贴嘴吹胸扩张  d) 放开嘴鼻好换气	如有脉搏，可仅做人工呼吸。若无自主呼吸，用仰头举颏、仰头托颈、双下颌上提法使下颌角、耳垂的连线与地面垂直。迅速做两次吹气。通气量：800~1000ml。频率：成人14~16次/min。吹气时应捏住伤员的鼻子，第一次吹气和第二次吹气时要放松鼻子；吹气的同时要注意伤员胸廓是否隆起

（续）

操作程序	图示	解读
9. 人工胸外心脏按压（Circulation）	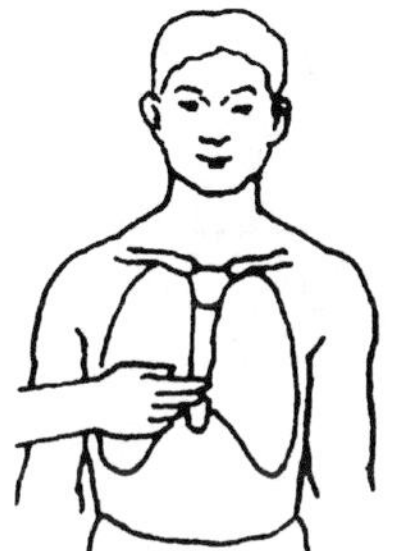 确定胸骨下切迹  向上放松 4～5cm 向下按压 支点(髋关节)	叩击后无脉搏，立即进行胸外按压 ①抢救者位置：一般为伤员右侧 ②定位：在胸骨下 1/2（剑突上两横指）处。抢救者右手食指和中指沿伤员肋弓上移至胸骨下切迹（肋弓与胸骨接合处），中指置切迹处，食指紧靠中指，起定位作用 ③抢救者左手掌根部紧靠右手食指，放于胸骨下 1/2 处，掌根部与胸骨长轴重合 ④右手叠于左手手背上，两手手指交叉抬起，使手指脱离胸壁 ⑤双肘关节伸直，利用上身身体重量有节奏地垂直下压 ⑥使胸骨下陷 4～5cm ⑦按压速率：100 次/min ⑧按压间歇期内务必使胸部不受压力，但掌根部不能与皮肤脱离，以防按压部位改变
10. 单人心肺复苏	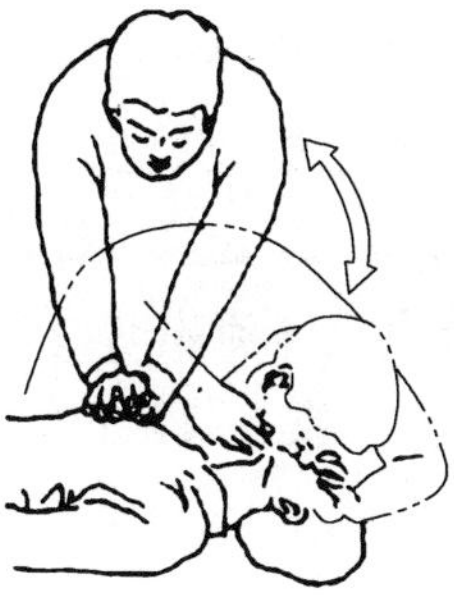	在开放气道的情况下，由同一个抢救者顺次轮番完成口对口人工呼吸和胸外心脏按压。人工呼吸数与胸外按压数的比值为 2∶30

（续）

操作程序	图示	解读
11. 双人心肺复苏		由两个抢救者分别进行口对口人工呼吸与胸外心脏按压 其中一人位于伤员头侧，另一人位于胸侧。按压频率为 80～100 次/min，按压与人工呼吸的比值为 5∶1。每 5s 完成一轮动作。位于患者头侧的抢救者监测脉搏和呼吸，以确定复苏的效果；位于胸侧的抢救者负责胸外心脏按压
12. 移交和终止	现场心肺复苏应坚持不断地进行，抢救者不应该频繁更换，即使送往医院途中也应继续进行心肺复苏，如将伤员由现场移往室内，中断操作时间不得超过 7s；送上救护车等的操作中断不得超过 36s。至于何时终止，遵医嘱	

（二）外伤救护

触电事故发生时，伴随触电者受电击或电伤常会出现各种外伤，如皮肤创伤、渗血与出血、摔伤、电灼伤等。外伤救护的具体措施包括止血、包扎、固定术、搬运等。

1）对于一般性的外伤创面，可用无菌生理盐水或清洁的温开水冲洗后，再用消毒纱布或干净的布包扎，然后将伤员送往医院。抢救者不得用手直接触摸伤口，也不准在伤口随便用药。

2）伤口出血要立即清洁并按压出血点，也可用止血橡皮带使血流中断。同时将出血肢体抬高或高举，以减少出血量，并火速送医院处置。如果伤口出血不严重，可用消毒纱布或干净的布料叠几层，盖在伤口处压紧止血。

3）高压触电造成的电弧灼伤，往往深达骨骼，处理十分复杂。现场可用无菌生理盐水冲洗，再用酒精涂擦，然后用消毒被单或干净布片包好，速送医院处理。

4）对于因触电摔跌而骨折的伤员，应先止血、包扎，然后用模板、竹竿、木棍等物品将骨折肢体临时固定，速送医院处理。发生腰椎骨折时，应让伤员平卧在硬平木板上，并将腰椎躯干及两侧下肢一并固定以防瘫痪，搬动时要数人合作，保持平稳，不能扭曲。

5）遇有颅脑外伤，应使伤员平卧并保持气道通畅。若有呕吐，应扶好头部和身体，使之同时侧转，以防止呕吐物造成窒息。耳鼻有液体流出时，不要用棉花堵塞，只可轻轻拭去，以利降低颅内压力。颅脑外伤病情可能复杂多变，要禁止给予饮食并送医院进行救治。

认知实践

图 1-13 所示为心肺复苏的手法，图 1-14 所示为胸外按压的位置，图 1-15 所示为伤员

搬运的方法。对吗？说说你的理由。

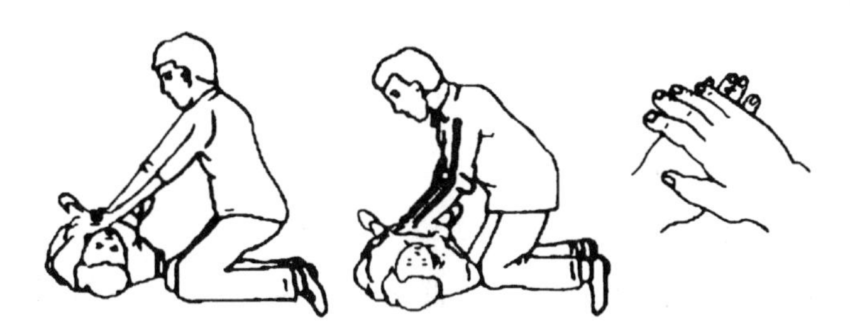

图1-13　心肺复苏的手法

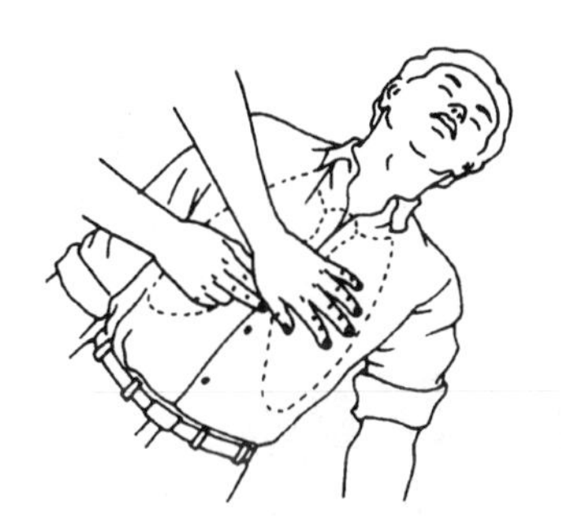

图1-14　胸外按压的位置

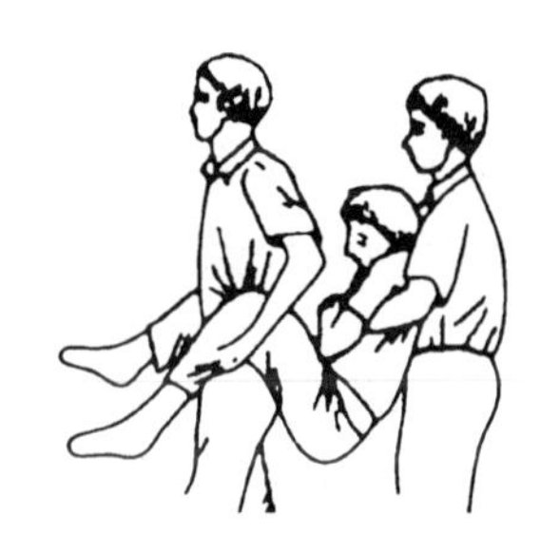

图1-15　伤员搬运的方法

思考与练习

1. 简述电气设备在安全用电方面的措施。
2. 简述心肺复苏（CPR）的步骤。
3. 影响触电伤亡的主要因素是什么？

任务2　电气火灾及防火防爆

任务描述

电气火灾和爆炸事故往往是重大的人身伤亡和设备损坏事故。电气火灾和爆炸事故在火灾和爆炸事故中占有很大的比例，仅就电气火灾而言，无论是发生频率还是所造成的经济损失，在火灾中所占的比例都有逐年上升的趋势。为了防止电气火灾和爆炸，首先应了解电气火灾和爆炸的原因；然后，采取针对性的防火防爆安全措施；最后，当发生电气火灾时施行安全有效的扑救。接下来，我们一起学习电气火灾及防火防爆知识，掌握电气火灾基础知识和防火防爆的技能。

知识要点

一、电气火灾与爆炸的原因

（一）电气火灾爆炸条件

引发电气火灾和爆炸要具备两个条件：首先要有易燃易爆物质和环境，其次要有引燃条件。在生产场所的动力、照明、控制、保护、测量等系统和生活场所中的各种电气设备和线路，在正常工作或事故中常常会产生电弧、火花和危险的高温，这就具备了引燃条件。

1. 易燃易爆物质和环境

在发电厂、化工厂等场所，广泛存在易燃易爆物质，许多地方潜伏着火灾和爆炸的可能性，如以下工作场所及环境。

（1）煤场

火电厂和以煤为原料的化工厂消耗大量的原煤，其煤场存放大量的原煤，特别在夏天，环境温度很高，容易引起燃煤火灾。图1-16所示为一火电厂煤场。

图1-16　煤场

（2）输煤系统

火电厂和化工厂的输煤系统，沿途环境漏有大量原煤和堆积大量煤粉，这里容易引发煤粉火灾。

（3）天然气罐和输气管道

有的火电厂和化工厂要消耗天然气，天然气容易引起火灾和爆炸。图1-17所示为天然气的储存罐，图1-18、图1-19所示为天然气的输气管道。

图1-17　天然气储存罐

图1-18　天然气输气管道（室内部分）

图 1-19　天然气输气管道（户外部分）

（4）油库及用油设备

发电厂和化工厂要消耗大量的原油、工业用油，如燃烧用油，汽轮机、变压器、油断路器用油。油库及存油场所均容易引起火灾和爆炸。图 1-20 所示为储存工业用油的油库。

图 1-20　油库

（5）制氢站及氢气系统

发电机运行需用氢气冷却，合成氨厂主要是制备氢气，制氧站源源不断向发电机供冷却用氢。氢气与氧气混合，当氧氢混合气体达到爆炸浓度时，遇明火会发生氢气爆炸。制氢站、输氢管道、发电机氢气系统都容易引起氢气爆炸。

（6）其他

工厂大量使用电缆，电缆本身是由易燃绝缘材料制成的，故电缆沟、电夹层和电缆隧道容易发生电缆火灾；发电厂、变电所使用烘房、烘箱、电炉，还有乙炔发生站、氧气瓶库、化学药品库，这些地方也容易引起火灾。图 1-21 所示为储存氧气瓶的氧气瓶库。

2. 引燃条件

电气设备和电气系统在异常和事故情况会下引起电气着火源，这是引发火灾和爆炸的引燃条件之一。

（1）电气线路和电气设备过热

由于电气线路接触不良、电气线路和电气设备过负荷或短路、电气产品制造和检修质量不良、运行时铁心损失过大、转动机械长期相

图 1-21　氧气瓶库

互摩擦、电气设备通风散热条件恶化等原因都会使电气线路和电气设备整体或局部温度过高。上述原因产生的高温都会使易燃易爆物质温度升高，当易燃易爆物质达到其自燃温度时，便着火燃烧，引起电气火灾和爆炸。

（2）电火花和电弧

电火花是一种常见的着火源，又常常被人们忽视，因而通常会造成很严重的后果。电火花是电极间的击穿放电，电弧是大量的火花汇集成的，一般电火花的温度很高，特别是电弧，温度可达3000～6000℃，因此，电火花和电弧不仅能引起可燃物燃烧，还能使金属融化、飞溅，构成危险的火源。在有爆炸危险的场所，电火花和电弧则更是一个十分危险的因素。

电气线路和电气设备因绝缘损坏而发生短路、电气线路和电气设备接头松脱、电气系统过电压放电、断路器开合、继电器触头开闪、电焊等都会产生电火花和电弧。图1-22所示为电气线路和设备故障引起的电火花和电弧。

图1-22　电气线路和设备故障引起的电火花和电弧

（3）静电放电

静电放电是指具有不同静电电位的物体互相靠近或直接接触引起的电荷转移。静电是一种常见的带电现象，在一定条件下，很多运动的物体与其他物体分离的过程中（如摩擦），就会带上静电。固体、液体和气体多会带上静电。如在干燥的季节，人体就很容易带上很高的静电而遭受静电电击，其电压高达几千伏，甚至上万伏（电流小）。静电放电会产生火花，可能引燃可燃、易燃物品或爆炸性气体混合物。

想一想

冬季时，尤其是在北方，人与人握手时或身体无意间碰触时会发生“放电”，让人感觉瞬间被电击了一下，这是为什么呢？会造成严重伤害吗？你还能举出生活中类似的例子吗？

（4）照明器具和电热设备使用不当

照明器具和电热设备使用不当也会引起电气火灾和爆炸。

（二）危险物品及其性能参数

1. 闪点、燃点及自燃点

使可燃物遇明火发生闪烁而不引起燃烧的最低温度称为可燃物的闪点，用摄氏度（℃）表示。

使可燃物质遇明火能燃烧的最低温度称该可燃物的燃点。引起可燃物自燃的最低温度叫作自燃点。例如，白磷的自燃点为40℃，黄磷的自燃点为34℃。

2. 爆炸极限

可燃物质（可燃气体、蒸气和粉尘）与空气（或氧气）必须在一定的浓度范围内均匀混合，形成预混气，遇着火源才会发生爆炸，这个浓度范围称为爆炸极限。

能引起爆炸的最低浓度和最高浓度分别称为爆炸下限和爆炸上限。

3. 最小引爆电流

最小引爆电流是指在规定的火花试验装置中和规定的条件下，能点燃最易点燃混合物的最小电流。这个指数常用于防爆电器中的本质安全型电气设备的使用条件的评级。

（三）危险场所分类

爆炸危险场所按爆炸性物质的物态，分为气体爆炸危险场所和粉尘爆炸危险场所两类。

爆炸性气体、可燃蒸气与空气混合形成爆炸性气体混合物的场所，按其危险程度的大小分为0级区域、1级区域、2级区域三个区域等级。

爆炸性粉尘和可燃纤维与空气混合形成爆炸性混合物的场所，按其危险程度的大小分为10级区域、11级区域两个区域等级。

二、电气防火防爆安全措施

（一）防火防爆安全措施

引发电气火灾和爆炸的两个条件是：①易燃易爆物质和环境、②引燃条件。从外因说，是周围存在着足够数量和浓度的可燃易爆物质，称为危险源；从内因说，是因电气设备发热和电火花、电弧充当火源。因此，电气防火防爆措施主要是设法排除危险源和火源。

（二）防火防爆电气设备和线路选用

1. 防爆电气设备

防爆电气设备主要指在危险场所，以及易燃易爆场所使用的电气设备，在起动、运行和切断过程中不致引燃周围可燃介质的电气装置和设施。常用的防爆电气设备主要分为防爆电机、防爆变压器、防爆开关类设备和防爆灯具等。

防爆电气设备主要用于煤炭、石油及化工等含有易燃易爆气体及粉尘的场所。在爆炸危险环境使用的电气设备，结构上应能防止由于在使用中产生火花、电弧或危险温度而成为安装地点爆炸性混合物的引燃源。

防爆电气设备类型有本质安全型、隔爆型、增安型、浇封型、油浸型、正压型和充砂型等。

2. 防爆电气线路

防爆电气线路为用于爆炸危险环境的电气线路。在爆炸危险环境，电气线路应当敷设在爆炸危险性较小或距离释放源较远的位置。爆炸危险环境主要采用防爆钢管配线和电缆配线。爆炸危险环境的电气线路不得有非防爆型中间接头，线的连接应采用铜铝过渡接头。

图 1-23 所示为防爆连接管。

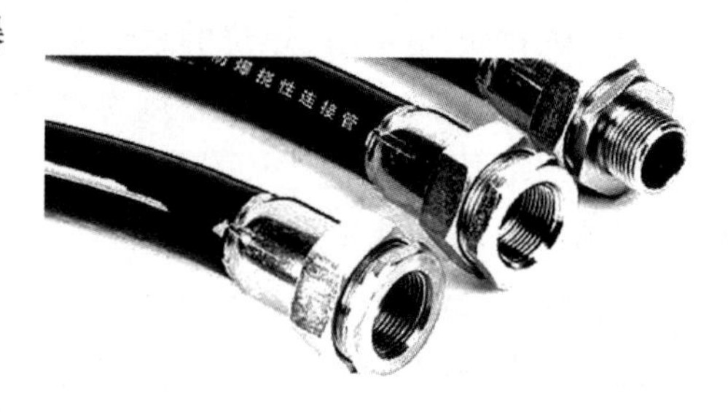

图 1-23 防爆连接管

三、电气火灾扑救

（一）电气火灾的扑救方法

电气火灾发生时，设备可能是带电的，带电设备周围可能存有接触电压和跨步电压，扑救时要注意防止操作人员触电。若是充油设备发生火灾，还可能发生喷油或爆炸，造成火势蔓延。因此在进行电气灭火时，应根据具体情况采取必要的安全措施。

1. 先断电、后灭火

1）室外高压线或街道高压输电线起火，要及时打电话与供电部门联系来切断电源；室内电气设备起火，应尽快拉下总开关，以切断电源，但必须遵照操作程序，不能再忙乱中带负荷拉电闸，以免引起弧光短路。同时，操作人员在操作高压开关时，必须应用绝缘操作棒或戴绝缘手套和穿绝缘靴。在操作低压时，也应尽可能使用绝缘工具。

2）剪断电线时，应使用绝缘手柄完好的工具，相线和中性线应在不同部位剪断，以防止发生线路短路，剪断位置应在靠电源一侧有绝缘支撑物附近，防止导线落地触及人体或短路。

3）断电范围尽量不要扩大，夜间救火还要考虑断电后的临时照明。

2. 带电灭火

电气设备发生火灾，一般都应先断电后扑救。若情况紧急，等切断电源后再扑救会失去机会而扩大危险，使火势蔓延或断电后严重影响生产，为争取时间，有效控制火势以扑灭火灾，只好带电灭火。

因可能发生接地故障，操作人员及所使用的消防器材与接地故障点要保持安全距离，高压室内为 4m、室外为 8m，进入这个范围内必须穿绝缘靴。

选用不导电的灭火剂，如二氧化碳、四氯化碳、干粉，不能使用泡沫灭火剂等喷射水流类导电性灭火剂。灭火器喷嘴距离 10kV 带电体应大于 0. 4m。

用水带电灭火时，不宜用直流或水枪，以免水柱泄漏电流过大造成人员触电。允许使用喷雾水枪带电灭火，在水压力足够大时，喷出的水柱充分雾化，可大大减少水的泄漏电流。为保证泄漏电流小于感知电流，水枪喷嘴与带电体必须有足够距离，一般在 110kV 电压以下应保持 3m 以上距离，同时，要求操作人员穿绝缘靴，戴绝缘手套，水枪金属嘴应可靠接地。

3. 充油设备灭火

变压器、油断路器等充油设备，外部着火可用不导电灭火剂带电灭火，如火势较大或内部故障起火，则必须切断电源后扑救。断电后，可以用水灭火。若油箱爆裂，油料外泄，可用泡沫灭火剂或带沙扑灭地上面或储油池内的燃油火焰，注意防止燃油蔓延。

（二）灭火器的使用

灭火器（灭火筒）内放置化学物品，是一种可携式灭火工具。灭火器是常见的防火设施之一，存放在公众场所或可能发生火灾的地方。不同种类的灭火器内装填的成分不一样，专为不同的火警而设，使用时必须注意。常见灭火器的使用方法、适用范围见表1-5。

表1-5　常见灭火器的使用方法、适用范围

名称	使用方法	适用范围
二氧化碳灭火器	用右手握住压把，提着灭火器到达现场	扑救各种易燃/可燃液体、可燃气体、仪器仪表、图书档案和低压电气设备等火灾
	除掉铅封，拔掉保险销	
	站在距火源2m的地方，左手拿着喇叭筒，右手用力压下压把	
	对准火源根部喷射，并不断前进，直至把火焰扑灭	
泡沫灭火器	右手托住压把，左手托着灭火器底部，轻轻取下灭火器，提着灭火器到达现场	扑救各种油类火灾、木材、纤维、橡胶等固体可燃物火灾
	右手捂住喷嘴，左手执筒底边缘	
	把灭火器颠倒过来呈垂直状态，用劲上下晃动几下，然后放开喷嘴	
	右手抓筒耳，左手抓筒底边缘，把喷嘴朝向燃烧区，站在离火源8m的地方喷射，并不断前进，围绕着火焰喷射，直至把火扑灭	
手提式干粉灭火器	右手托住压把，左手托着灭火器底部，轻轻取下灭火器，提着灭火器到达现场	扑救各种易燃、可燃液体和易燃、可燃气体火灾，以及电气设备火灾
	除掉铅封，拔掉保险销	
	左手握住喷管，右手提着压把。在距离火源2m的地方，右手用力压下压把，左手拿着喷管左右摆动，喷射干粉覆盖整个燃烧区	
推车式干粉灭火器	把干粉车拉或推到现场	扑救易燃液体、可燃气体和电气设备的火灾。本灭火器移动方便，灭火效果好
	右手抓着喷粉枪，左手顺势展开喷粉胶管，直至平直，不能弯折或打圈	
	除掉铅封，拔出保险销，用手掌使劲按下供气阀门	
	左手持喷粉枪管托，右手把持枪把，用手指扣动喷粉开关，对准火焰喷射，不断靠前左右摆动喷粉枪，把干粉笼罩在燃烧区，直至把火扑灭	
注意事项	灭火器应放置在干燥、无腐蚀气体的场所，不得火烤、暴晒或碰撞	
	每月检查一次灭火器，发现压力指针低于绿区应再充装，已经开启必须再充装	
	灭火器一经开启，已不再密封，须经专业维修部门重新灌装	
	拆卸灭火器前，应先慢慢旋松器头螺纹1~2圈，待完全卸压后方可拆卸	
	压力正常情况下，使用期限不可超过5年	

图1-24所示为手提式二氧化碳灭火器，图1-25所示为手提式干粉灭火器，图1-26所示为推车式干粉灭火器。

图 1-24　手提式二氧化碳灭火器

图 1-25　手提式干粉灭火器

图 1-26　推车式干粉灭火器

（三）自动喷水灭火系统

自动喷水灭火系统是按适当的间距和高度，装置一定数量喷头的供水灭火系统，主要由喷头、阀门、报警控制装置和管道附件等组成。它广泛地适用于高层建筑、大型公寓、楼宇、商场等各种可用水灭火的场所。图 1-27 所示为喷头，图 1-28 所示为烟雾报警器。

图 1-27　喷头

图 1-28　烟雾报警器

认知实践

请阅读以下事故案例并观察安全措施图片，进一步认识电气防火安全措施的重要性。

一、事故案例

电网运行互供能力不足，重要电缆通道防火反措（反事故技术措施）执行不到位，引发大面积停电。

1. 事故经过

2016 年 8 月 18 日，某供电公司 66kV 海水右线中间接头绝缘不良故障，接地弧光引起同沟敷设的 4 条 66kV 电缆烧损短路跳闸，造成 7 座 66kV 变电站停电，损失负荷 9.2 万 kW，造成 2.9 万户停电。

2. 暴露问题

1）电缆防火反措执行不到位，重要高压电缆通道防火措施执行反措不彻底，仅在接头上缠绕防火包带，未加装防火隔板或槽盒，电缆通道内缺乏烟雾报警、温度监测装置。

2）66kV 中性点接地方式有待优化，非有效接地系统单相接地允许运行 2h，但是随着城市电缆增多，电容电流增大，故障后弧光接地容易引起电缆燃烧。

3）局部城区电网存在薄弱环节，66kV 左、右线为城区 220kV 两处变电站的联络线，但是 T 接了 5 座 66kV 变电站，运行方式薄弱，互供能力差。同时线路为同塔并架、同隧道敷设，一旦发生线路（电缆）故障，容易造成双回线同停、多个 66kV 变电站失电压、城区较大范围停电。

二、电气防火安全措施图片

图 1-29 所示为电气防火安全措施图片。

a) 不按动火工作票工作

b) 在易燃物品或重要设备上方进行焊接

c) 未按规定配置消防器材

d) 电气设备灭火处置措施不当

图 1-29　电气防火安全措施图片

思考与练习

1. 下列不是易燃易爆物质和环境的为（　　）。

A. 煤场　　B. 天然气罐和油气管道　　C. 加油站

D. 化学物品存储柜　　E. 商场

2. 白磷的自燃点为______℃，黄磷的自燃点为______℃。

3. 列举常见的 4 种灭火器，说出一种不能用于扑灭电气设备火灾的灭火器。

4. 简述会发生电气火灾和爆炸应具备的两个条件。

5. 简述现实生产生活中引起电气火灾与爆炸的原因。

项目2 电气作业安全

项目引入

安全用电的基本方针是“安全第一，预防为主”。安全用电原则是不接触低压带电体，不靠近高压带电体。只有在制度上、技术上采取防止触电的措施，才是落实安全用电的治本良策。防止触电的常用技术措施有绝缘、屏护、间距、接地、加装漏电保护装置和使用安全电压等。在完善技术措施的前提下，还要严格遵守安全操作规程，从而最大限度地避免触电事故的发生。

知识图谱

图2-1所示为项目2的知识图谱。

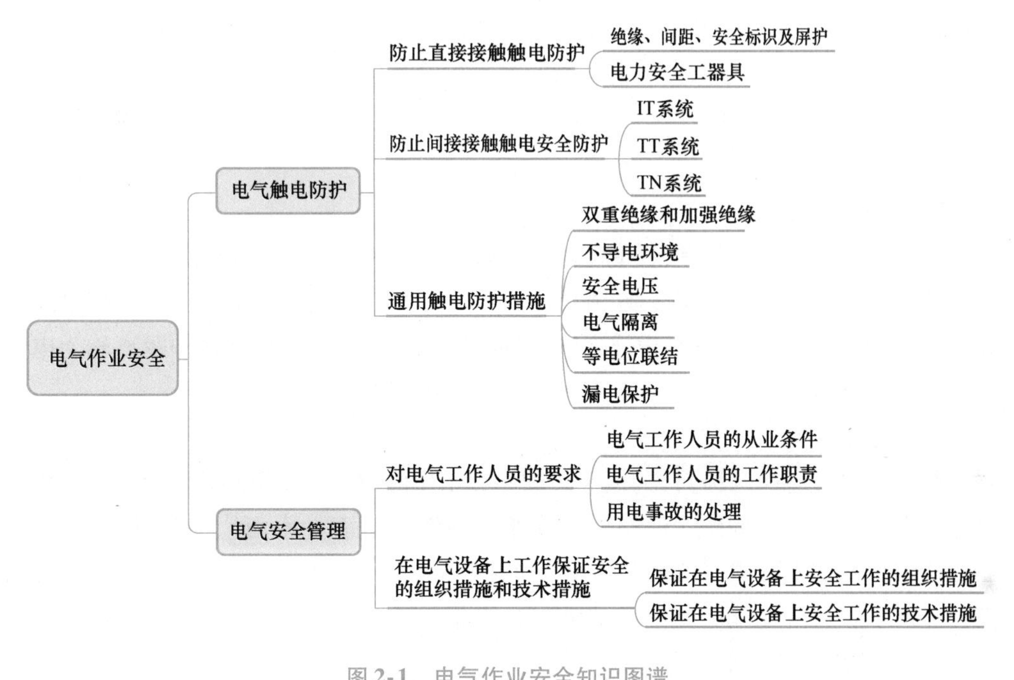

图2-1 电气作业安全知识图谱

任务 1　电气触电防护

任务描述

为做好安全用电，必须采取先进的防护措施防止人体直接或间接地接触带电体发生触电事故。本任务着重介绍主要的防止直接接触触电防护、防止间接接触触电安全防护和通用触电防护措施。

知识要点

一、防止直接接触触电防护

绝缘、屏护和间距是最为常见的直接接触触电的安全措施，它是防止人体触及或过分接近带电体造成触电事故以及防止短路、故障接地等电气事故的主要安全措施。

（一）绝缘、间距

1. 绝缘防护

绝缘防护是最基本的安全防护措施之一。所谓绝缘防护就是使用绝缘材料将带电导体封护或与人体隔离，使电气设备及线路能正常工作，防止人身触电事故的发生。

电气设备和线路的绝缘保护必须与电压等级相符，各种指标应与使用环境和工作条件相适应。此外，为了防止电气设备的绝缘损坏而带来的电气事故，还应加强对电气设备的绝缘检查，及时消除缺陷。

2. 安全距离（间距）

为了防止人体触及或过分接近带电体，或防止车辆和其他物体碰撞带电体，以及避免发生各种短路、火灾和爆炸事故，在人体与带电体之间、带电体与地面之间、带电体与带电体之间、带电体与其他物体和设施之间，都必须保持一定的距离。这种距离称为电气安全距离。电气安全距离的大小应符合有关电气安全规程的规定。

（1）安全间距分类

根据各种电气设备（设施）的性能、结构和工作的需要，安全间距大致可分为 4 种。

1）各种线路的安全间距。线路安全间距指导线与地面（水面）、杆塔构件、跨越物（包括电力线路和弱电线路）之间的最小允许距离。

2）变配电设备的安全间距。变配电设备安全间距指带电体与其他带电体、接地体、各种遮栏等设施之间的最小允许距离。

3）各种用电设备的安全间距。各种用电设备的安全间距一般指用电设备距地面的安装高度。由于安装方式不同，安装高度可以不同，如明装的低压配电箱底口距地面的高度可取1.2m，暗装的可取1.4m。

4）检修、维护时的安全间距。检修安全间距指工作人员进行设备维护检修时与设备带电部分间的最小允许距离。该距离可分为设备不停电时的安全距离、工作人员工作中正常活动范围与带电设备的安全距离、带电作业时人体与带电体间的安全距离。

（2）电气专业规程中规定的安全距离

安全距离的大小取决于电压的高低、设备的类型、安装的方式等因素。

1）线路间距。架空线路导线与地面或水面的距离不应低于表2-1所列的数值。

表2-1　导线与地面或水面的最小距离

线路经过地区	线路电压/kV		
	1以下	10	35
居民区	6m	6.5m	7m
非居民区	5m	5.5m	6m
交通困难地区	4m	4.5m	5m
不能通航或浮运的河、湖冬季水面（或冰面）	5m	5m	5.5m
不能通航或浮运的河、湖最高水面（50年一遇的洪水水面）	3m	3m	3m

架空线路应避免跨越建筑物。架空线路不应跨越燃烧材料作屋顶的建筑物。架空线路必须跨越建筑物时，应与有关部门协商并取得有关部门的同意。架空线路导线与建筑物的距离不应低于表2-2的数值。

表2-2　导线与建筑物的最小距离

线路电压/kV	1以下	10	35
垂直距离/m	2.5	3.0	4.0
水平距离/m	1.0	1.5	3.0

架空线路导线与街道或厂区树木的距离不应低于表2-3所列的数值。

表2-3　导线与树木的最小距离

线路电压/kV	1以下	10	35
垂直距离/m	1.0	1.5	3.0
水平距离/m	1.0	2.0	—

架空线路应与有爆炸危险的厂房和有火灾危险的厂房保持必要的防火间距。

架空线路与铁道、道路、管道、索道及其他架空线路之间的距离应符合有关规程的规定。检查以上各项距离均需考虑到当地温度、覆冰、风力等气象条件的影响。

2）设备间距。设备带电部分到接地部分和设备不同相部分之间的距离见表2-4；设备带电部分到各种遮栏的安全距离见表2-5；无遮栏裸导体到地面的安全距离见表2-6；电气工作人员在设备维修时与设备带电部分间的安全距离见表2-7。

表2-4　各种不同电压等级的安全距离

设备额定电压/kV		1～3	6	10	35	60	110	220[①]	330[①]	500[①]
带电部分到接地部分/mm	屋内	75	100	125	300	550	850	1800	2600	3800
	屋外	200	200	200	400	650	900	1800	2600	3800
不同相带电部分之间/mm	屋内	75	100	125	300	550	900	—	—	—
	屋外	200	200	200	400	650	1000	2000	2800	4200

① 中性点直接接地系统。

表2-5　设备带电部分到各种遮栏的安全距离

设备额定电压/kV		1～3	6	10	35	60	110	220[①]	330[①]	500[①]
带电部分到遮栏/mm	屋内	825	850	875	1050	1300	1600			
	屋外	950	950	950	1150	1359	1650	2550	3350	4500
带电部分到网状遮栏/mm	屋内	175	200	225	400	650	950			
	屋外	300	300	300	500	700	1000	1900	2700	5000
带电部分到板状遮栏/mm	屋内	105	130	155	330	580	880			

① 中性点直接接地系统。

表2-6　无遮栏裸导体到地面的安全距离

设备额定电压/kV		1～3	6	10	35	60	110	220[①]	330[①]	500[①]
无遮栏裸导体到地面距离/mm	屋内	2375	2400	2425	2600	2850	3150	—	—	—
	屋外	2700	2700	2700	2900	3100	3400	3400	5100	7500

① 中性点直接接地系统。

表2-7　工作人员与带电设备的安全距离

设备额定电压/kV	10及以下	20～35	44	60	110	220	330
设备不停电时的安全距离/mm	700	600	900	1500	1500	3000	4000
工作人员工作时正常活动范围与带电设备的安全距离/mm	350	600	900	1500	1500	3000	4000
带电作业时人体与带电体的安全距离/mm	400	600	600	700	1000	1800	2600

3）安全距离的其他规定。电气设备的套管和绝缘子的最低绝缘部分对地距离通常应该不小于2500mm。带电部分到建筑物和围墙顶部的距离见表2-8。

表2-8　带电部分到建筑物和围墙顶部的距离

额定电压/kV	10及以下	35	60	110[①]	220[①]	330[①]
安全距离/mm	2200	2400	2600	3000	3800	4600

① 中性点直接接地系统。

屋内出线套管到屋外通道路面的距离规定如下：35kV 及以下为 4000mm，60kV 为 4500mm，110～220kV 为 5000mm。

海拔超过 1000m 时，表中规定的数值应按每升高 100m 增大 1% 进行修正。对 35kV 及以下的且海拔低于 2000m 时，可不做修正。

（二）安全标识

1. 安全色

安全色是用来表达禁止、警告、指令、提示等安全信息含义的颜色。它的作用是使人们能够迅速发现和分辨安全标志，提醒人们注意安全，以防发生事故。我国标准《安全色》（GB 2893—2008）规定：安全色为传递安全信息含义的颜色，包括红、蓝、黄、绿四种颜色；对比色为使安全色更加醒目的反衬色，包括黑、白两种颜色。

（1）安全色与对比色的意义

安全色与对比色的意义见表 2-9。

表 2-9 安全色与对比色的意义

色标	意义	用途及举例
红色	禁止、停止、危险、消防	仪表运行极限、机器设备上的紧急停止手柄或按钮以及禁止触动的部位通常都用红色，有时也表示防火
蓝色	强制执行	“必须戴安全帽”等必须遵守规定的指令性信息
黄色	注意、警告	如厂内危险机器和警戒线，行车道中线、安全帽等
绿色	安全、通过、允许、工作	车间内的安全通道，行人和车辆通行标志，消防设备和其他安全防护设备的位置表示都用绿色
黑色	警告	用于安全标志的文字、图形符号和警告标志的几何边框
白色	背景色	用于安全标志中红、蓝、绿的背景色，也可用于安全标志的文字和图形符号

（2）导体色标

交流电路中，L1、L2、L3 三相分别用黄、绿、红三色表示，工作中性线（N 线）用淡蓝色表示，保护接地线（PEN 线）用绿-黄双色表示。

在电器外壳上涂成红色表示其外壳有电，灰色表示其外壳接地或接中性线；明敷接地扁钢或圆钢涂黑色。

直流电路的正、负极分别用棕（或红）色、黑（或蓝）色表示，信号和警告回路用白色表示。

2. 安全标志

安全标志由安全色、几何图形和形象的图形符号构成，用以表达特定的安全信息，是一种国际通用的信息。安全标志分为禁止标志、警告标志、指令标志和提示标志 4 类，如图 2-2 所示。

常用安全标示牌的样式及悬挂处所见表 2-10。

a) 禁止标志

b) 警告标志

c) 指令标志

正在检修
禁止操作

d) 提示标志

图 2-2　安全标志

表 2-10　标示牌样式及悬挂处所

类型	名称	悬挂处所	样式		
			长/mm × 宽/mm	颜色	字样
禁止类	禁止合闸，有人工作！	一经合闸即可送电到施工设备的开关和刀开关操作把手上	200 × 100 和 80 × 50	白底	红字
	禁止合闸，线路有人工作！	线路开关和刀开关把手上	200 × 100 和 80 × 50	红底	白字
	禁止攀登，高压危险！	工作人员上下的铁架附近，可能上下的另外铁架上；运行中变压器的梯子上	250 × 200	白底红边	黑字
指令类	在此工作！	室内和室外工作地点或施工设备上	250 × 250	绿底，中有直径 210mm 的白圆圈	黑字，写于白圆圈中
警告类	止步，高压危险！	施工地点临近带电设备的遮栏上；室外工作地点的围栏上；禁止通行的过道上；高压试验地点；工作地点临近带电设备的横梁上	250 × 200	白底红边	黑字，有红箭头
提示类	由此上下！	工作人员上下的铁架、梯子上	250 × 250	绿底，中有直径 210mm 的白圆圈	黑字，写于白圆圈中

3. 对标志的要求

1）文字简明扼要，图形清晰、色彩醒目。例如用白底红边黑字制作的“止步，高压危险！”的标示牌，白色背景衬托下的红边和黑字，可以达到清晰醒目的效果，这也使得标志牌的警告作用更加强烈。

2）标准统一或符合习惯，以便于管理。我国采用的颜色标志的含义基本上与国际安全色标准相同。

（三）屏护

1. 屏护作用

1）防止工作人员意外碰触或过分接近带电体，如遮栏、栅栏、保护网、围墙等，如

图 2-3 所示。

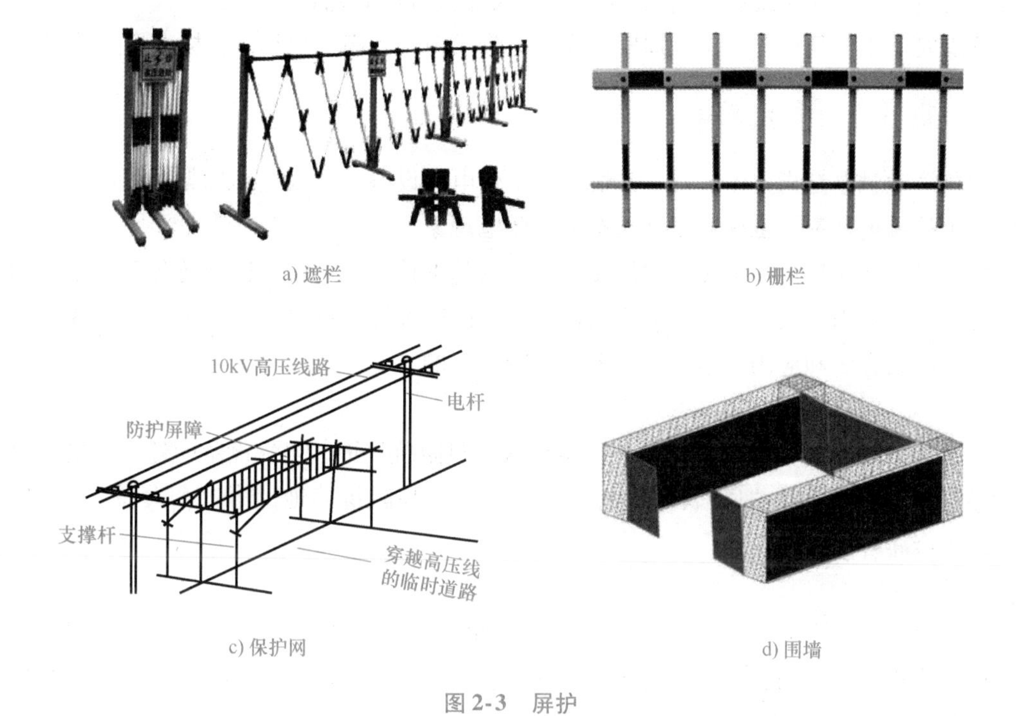

a) 遮栏　　b) 栅栏

c) 保护网　　d) 围墙

图 2-3　屏护

2）作为检修部位与带电体的距离小于安全距离时的隔离措施，如绝缘隔板。

3）保护电气设备不受机械损伤，如低压电器的箱、盖、盒等。

2. 常用屏护规格

1）遮栏：常用于高压配电室，做成网状，高度不低于 1.7m，其金属网应接地并加锁。

2）栅栏：用于室外配电装置，高度不应低于 1.5m；室内栅栏的高度不低于 1.2m。

3）围墙：室外落地安装的变配电设施应有完好的围墙，墙体高度不应低于 2.5m。

（四）电力安全工器具

电力安全工器具作为防止触电、灼伤、坠落、摔跌等事故，保障工作人员人身安全的各种专用工具和器具，在电力系统中起着至关重要的作用。电力安全工器具种类如图 2-4 所示。

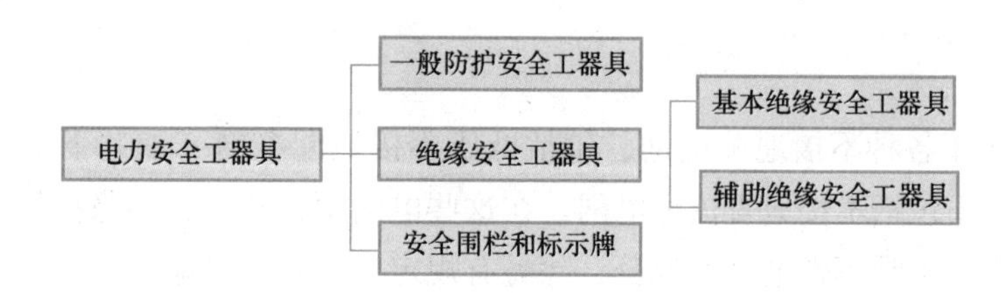

图 2-4　电力安全工器具种类

安全工器具管理和使用要做到“三好”（管好、用好、完好）、“四会”（会操作、会保养、会检查、会简单维修），保证工器具及仪器仪表性能完好。

绝缘安全工器具试验项目、周期和要求见附录 H，登高工器具试验标准见附录 I。

二、防止间接接触触电安全防护

间接接触触电是指人体触及正常情况下不带电的设备外壳或金属构架，而因故障意外带电发生的触电现象，也称非正常状态下的触电现象。

保护接地和保护接零是防止间接接触电击的基本技术。这两种措施还与低压系统的防火性能有关。在当前我国电气标准化从传统标准向国际标准过渡的情况下，掌握保护接地和保护接零的方法和应用，对安全用电是十分重要的。

（一）IT 系统

IT 系统就是电源系统的带电部分不接地或通过阻抗接地，电气设备的外露导电部分接地的系统。第一个大写“I”表示配电网不接地或经高阻抗接地，第二个大写“T”表示电气设备金属外壳接地。

1. IT 系统安全原理

为了保证电气设备（包括变压器、电动机和配电装置）在运行、维护和检修时，不因设备的绝缘损坏而导致人身触电事故，所有这些电气设备不带电的部分如外壳、金属构架、操作机构以及互感器的二次绕组等都应妥善接地。电气设备的接地规程规定，电压在 1000V 以下电源中性点不接地的电网和 1000V 以上任何形式的电网中，均需采用保护接地（称之为 IT 系统），作为保护技术措施，应用很广泛。

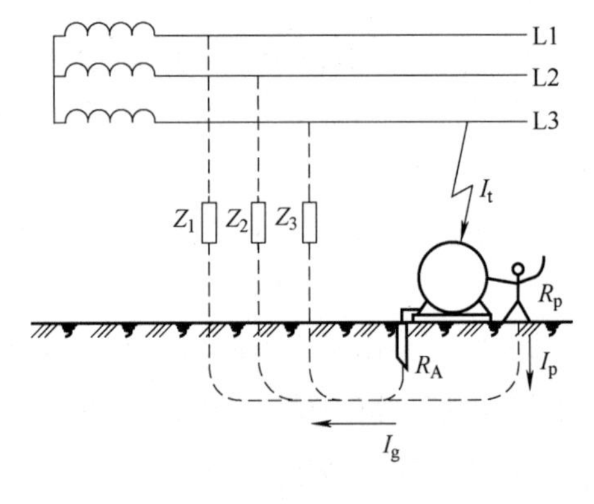

图 2-5 IT 系统

保护接地的原理是给人体并联一个小电阻，以保证发生故障时，减小通过人体的电流和承受的电压。

图 2-5 所示电动机采用保护接地后，当一相绕组因绝缘损坏而碰壳，即与外壳短路时，此时若工作人员触及带电的设备外壳，因人体的电阻远大于接地极的电阻，大部分电流经接地极流入地，而通过人体的电流极其微小，从而保证了人身的安全。

2. IT 系统应用范围

IT 系统适用于各种不接地配电网，包括低压不接地配电网（如井下配电网）和高压不接地配电网，还包括不接地直流配电网。在这些电网中，凡由于绝缘损坏或其他原因而可能带危险电压的正常不带电金属部分，除另有规定外，均应接地。

直接安装在已接地金属底座、框架、支架等设施上的电气设备的金属外壳一般不必另行接地；有木质、沥青等高阻导电地面，无裸露接地导体，而且干燥的房间，额定电压交流 380V 和直流 440V 及以下的电气设备的金属外壳一般也不必接地；安装在木结构或木杆塔上的电气设备的金属外壳一般也不必接地。

（二）TT 系统

1. TT 系统安全原理

TT 系统是电源系统有一点直接接地，设备外露导电部分的接地用保护接地线 PE 接到独立的接地体上。前后两个字母“T”分别表示配电网中性点和电气设备金属外壳接地。

图 2-6 所示的配电网俗称三相四线配电网。这种配电网引出三条相线（L1、L2、L3 线）和一条中性线（N 线，也称工作零线）。在这种低压中性点直接接地的配电网中，如电气设备金属外壳未采取任何安全措施，则当外壳故障带电时，故障电流将沿低阻值的低压工作接地（配电系统接地）构成回路。由于工作接地的接地电阻很小，设备外壳将带有接近相电压的故障对地电压，电击的危险性很大。因此，必须采取间接接触电击防护措施。

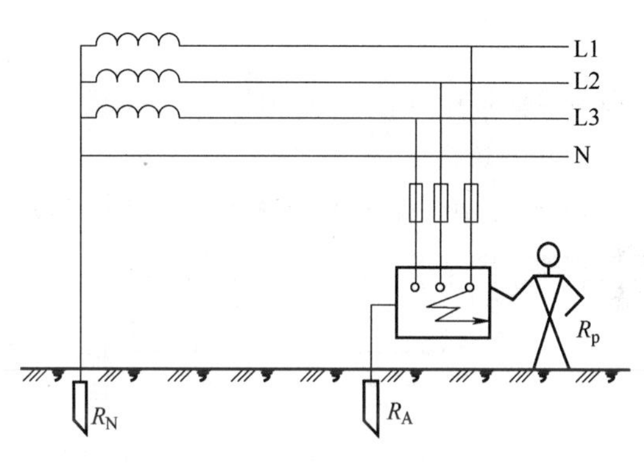

图 2-6 TT 系统

在 TT 系统中，故障最大持续时间原则上不得超过 5s，这样才能减少电流对人体的危害。

2. TT 系统应用范围

TT 系统主要用于低压共用用户，即用于未装备配电变压器，从外面引进低压电源的小型用户。

（三）TN 系统

目前，我国地面上的低压配电网绝大多数都采用中性点直接接地的三相四线配电网。在这种配电网中，TN 系统是应用最多的配电及防护方式。

1. TN 系统安全原理

TN 系统是电源系统有一点直接接地，负荷设备的外露导电部分通过保护中性导体或保护导体连接到此接地点的系统。字母“T”和“N”分别表示配电网中性点直接接地和电气设备金属外壳与电源端接地点直接连接。设备金属外壳与保护中性线连接的方式俗称为保护接零。在这种系统中，当某一相线直接连接设备金属外壳时，即形成单相短路。短路电流促使线路上的短路保护装置迅速动作，在规定时间内将故障设备断开电源，消除电击危险。

2. TN 系统种类及应用

如图 2-7 所示，TN 系统有三种类型，即 TN-S 系统、TN-C-S 系统和 TN-C 系统。

由同一台变压器供电的配电网中，不允许一部分电气设备采用保护接地而另一部分电

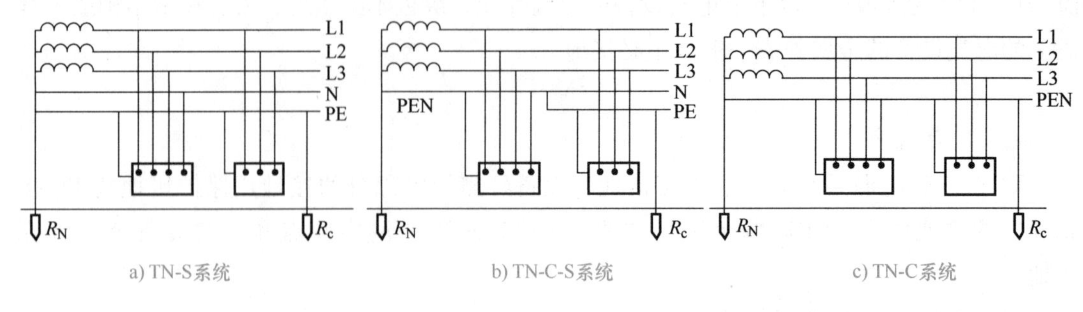

图 2-7　TN 系统

气设备接保护中性线，即一般不允许同时采用 TN 系统和 TT 系统的混合运行方式。

3. 重复接地

TN 系统中，保护中性导体上一处或多处通过接地装置与大地再次连接的接地，称为重复接地。图 2-8 中的 R_c 即重复接地。

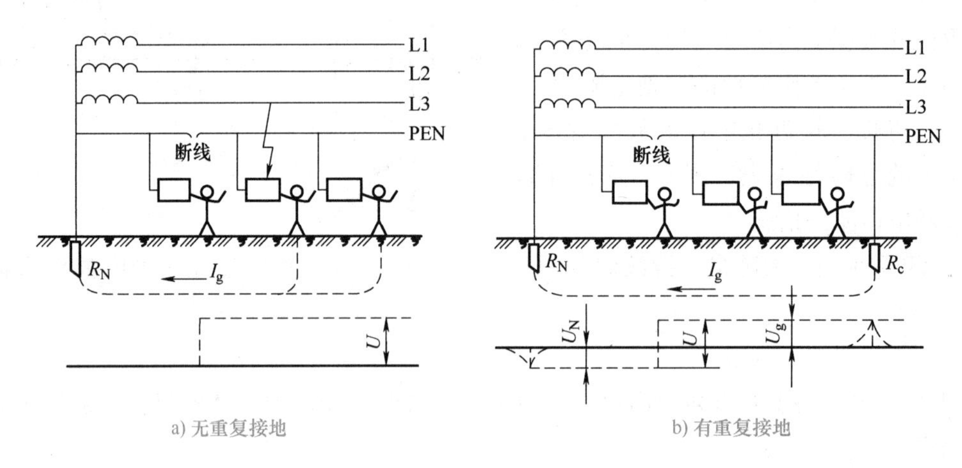

图 2-8　保护接地线断线与设备漏电

4. 工作接地

在 TN-C 系统和 TN-C-S 系统中，为了电路或设备达到运行要求的接地，如变压器低压中性点的接地。该接地称为工作接地或配电系统接地。

当配电网一相故障接地时，工作接地也有抑制电压升高的作用。如没有工作接地，发生一相接地故障时，中性线对地电压可上升到接近相电压，另两相对地电压可上升到接近线电压（在特殊情况下可达到更高的数值）。如有工作接地，由于接地故障电流经工作接地成回路，对地电压的“漂移”受到抑制（参见图 2-9），在线电压 0.4kV 的配电网中，中性线对地电压一般不超过 50V，另两相对地电压一般不超过 250V。

5. 接地电阻允许值

因为故障对地电压等于故障接地电流与接地电阻的乘积，所以，各种保护接地电阻不得超过规定的限值。各种保护接地电阻允许值见表 2-11。

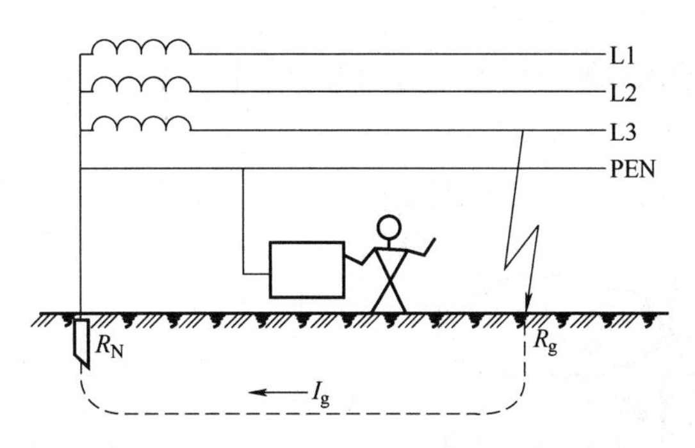

图2-9 单相接地电网电压“漂移”图

表2-11 保护接地电阻允许值

设备类别		接地电阻/Ω	备注
低压电气设备		4	电源容量≥100kV·A
		10	电源容量＜100kV·A
高压电气设备	小接地短路电流系统	$120/I_E$	与低压共用接地装置
		$250/I_E$	高压单独接地
	大接地短路电流系统	$200/I_E$	$I_E \leqslant 1000A$
		0.5	$I_E > 4000A$

注：I_E 为接地电流或接地短路电流。

想一想

低压配电网的绝缘监视，是用3只规格相同的电压表来实现的。接线如图2-10所示。想一想，原理是什么？

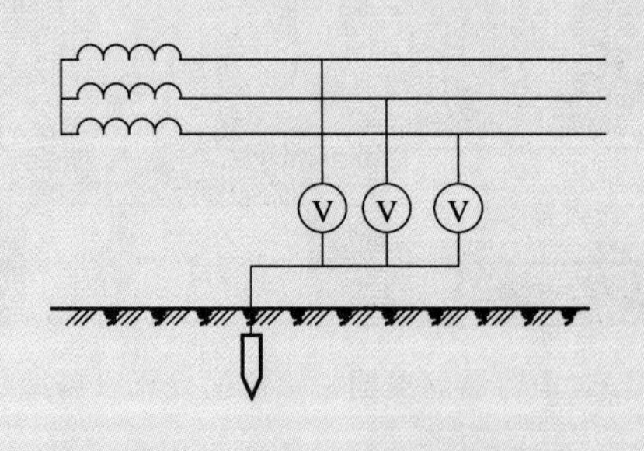

图2-10 低压配电网绝缘监视

认知实践

生产设备、设施、环境和作业使用的工器具及安全防护用品不满足规程、规定、标准等要求，不能可靠保证人身、设备安全。

图 2-11 所示为不使用或未正确使用劳动保护用品，如使用砂轮、车床不戴护目眼镜，使用钻床等旋转机具时戴手套等。

图 2-12 所示为从事高空作业未按规定正确使用安全带等高处防坠用品或装置。

图 2-11　未正确使用劳动保护用品

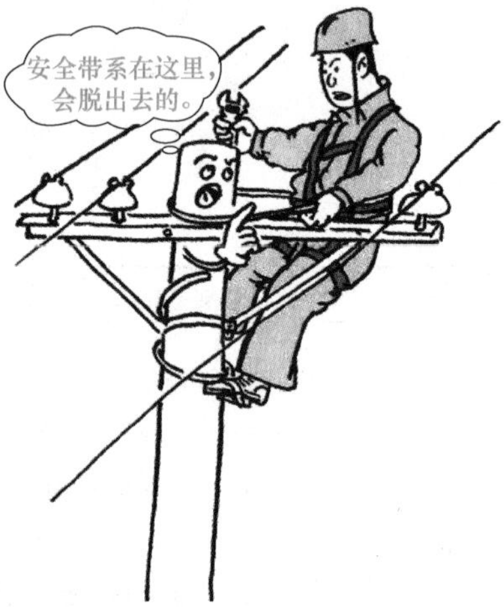

图 2-12　未按规定正确使用安全带

图 2-13 所示的电容器隔离围栏检修门处无设备编号牌。操作设备应具有明显的标志，包括命名、编号等。

图 2-13　电容器隔离围栏检修门处无设备编号牌

图 2-14 所示为对地安全距离不够，《电力安全工作规程》规定同杆架设的多回路线路安全距离必须满足规定。

三、通用触电防护措施

双重绝缘、加强绝缘、安全电压、电气隔离、不导电环境、等电位联结和漏电保护均属兼有防止直接接触触电和间接接触触电的安全措施。

图 2-14 对地安全距离不够

(一) 双重绝缘和加强绝缘

1. 双重绝缘和加强绝缘的结构

典型的双重绝缘和加强绝缘的结构示意图如图 2-15 所示。现将各种绝缘的意义介绍如下。

工作绝缘又称基本绝缘或功能绝缘，是保证电气设备正常工作和防止触电的基本绝缘，位于带电体与不可触及金属件之间。

保护绝缘又称附加绝缘，是在工作绝缘因机械破损或击穿等而失效的情况下，可防止触电的独立绝缘，位于不可触及金属件与可触及金属件之间。

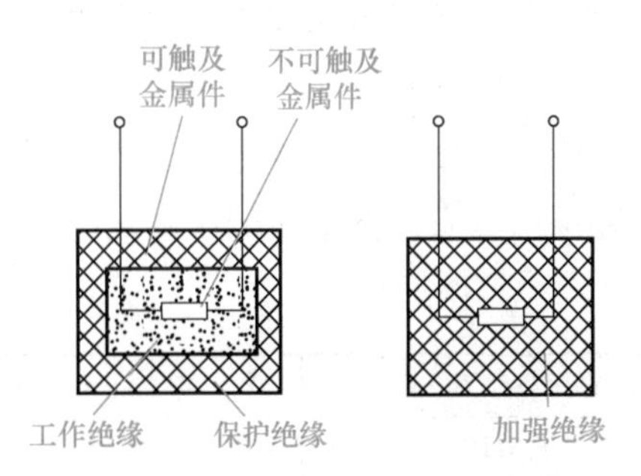

图 2-15 双重绝缘和加强绝缘的结构示意图

双重绝缘是兼有工作绝缘和保护绝缘的绝缘。

加强绝缘是基本绝缘经改进后，在绝缘强度和机械性能上具备了与双重绝缘同等防触电能力的单一绝缘，在构成上可以包含一层或多层绝缘材料。

具有双重绝缘和加强绝缘的设备属于Ⅱ类设备。

2. 双重绝缘和加强绝缘的安全条件

由于具有双重绝缘或加强绝缘，Ⅱ类设备无须再采取接地保护安全措施，因此，对双重绝缘和加强绝缘的设备可靠性要求较高。双重绝缘和加强绝缘的设备应满足以下安全条件。

(1) 绝缘电阻和电气强度

绝缘电阻在直流电压为 500V 的条件下测试，工作绝缘的绝缘电阻不得低于 2MΩ，保护绝缘的绝缘电阻不得低于 5MΩ，加强绝缘的绝缘电阻不得低于 7MΩ。

交流耐压试验的试验电压：工作绝缘为 1250V、保护绝缘为 2500V、加强绝缘为 3750V。对于有可能产生谐振电压者，试验电压应比 2 倍谐振电压高出 1000V。耐压持续时间为 1min，试验中不得发生闪络或击穿。

直流泄漏电流试验的试验电压，对于额定电压不超过250V的Ⅱ类设备，应为其额定电压上限值或峰值的1.06倍；于施加电压5s后读数，泄漏电流允许值为0.25mA。

（2）外壳防护和机械强度

Ⅱ类设备应能保证在正常工作时以及在打开门盖和拆除可拆卸部件时，人体不会触及仅由工作绝缘与带电体隔离的金属部件。其外壳上不得有易于触及上述金属部件的孔洞。

若利用绝缘外护物实现加强绝缘，则要求外护物必须用钥匙或工具才能开启，其上不得有金属件穿过，并有足够的绝缘水平和机械强度。

Ⅱ类设备应在明显位置标上作为Ⅱ类设备技术信息一部分的“回”形标志，例如标在额定值标牌上。

（3）电源连接线

Ⅱ类设备的电源连接线应符合加强绝缘要求，电源插头上不得有起导电作用以外的金属件，电源连接线与外壳之间至少应有两层单独的绝缘层。

电源线的固定件应使用绝缘材料，如使用金属材料应加有保护绝缘等级的绝缘。

对电源连接线截面面积的要求见表2-12。此外，电源连接线还应经受基于拉力试验标准的拉力试验而不损坏。

一般场所使用的手持电动工具应优先选用Ⅱ类设备。在潮湿场所或金属构架上工作时，除选用具有安全电压的工具之外，也应尽量选用Ⅱ类工具。

表2-12　电源连接线截面面积

额定电流 I_N/A	截面面积/mm^2	额定电流 I_N/A	截面面积/mm^2
$I_N \leqslant 10$	0.75①	$25 < I_N \leqslant 32$	4
$10 < I_N \leqslant 13.5$	1	$32 < I_N \leqslant 40$	6
$13.5 < I_N \leqslant 16$	1.5	$40 < I_N \leqslant 63$	10
$16 < I_N \leqslant 25$	2.5		

① 当额定电流在3A以下、长度在2m以下时，允许截面面积为0.5mm^2。

（二）不导电环境

利用不导电的材料制成地板、墙壁等，使场所成为一个对地绝缘水平较高的环境，这种场所称为不导电环境或非导电场所。不导电环境应符合如下的安全要求。

1）地板和墙壁每一点的电阻：交流电压为500V及以下者不应小于50kΩ，交流电压为500V以上者不应小于100Ω。

2）保持间距或设置屏障，使得在电气设备工作绝缘失效的情况下，人体也不可能同时触及不同电位的导体。

3）为了维持不导电的特征，场所内不得设置保护中性线或保护地线，并应有防止场所内高电位引出场所外和场所外低电位引入场所内的措施。

4）场所的不导电性能应具有永久性特征，不应因受潮或设备的变动等原因使安全水平降低。

（三）安全电压

安全电压是指在各种不同环境条件下，人体接触到带电体后各组织部分（如皮肤、心脏、呼吸器官和神经系统等）不发生任何损害的电压。它是制定安全措施的依据。安全电压值取决于人体的电阻值和人体允许通过的电流值，在常规环境下，人体的平均电阻在1kΩ以上。当人体处于潮湿环境、出汗、承受的电压增加以及皮肤破损时，人体的电阻值都会急剧下降。

安全电压是指为防止触电事故而采用特定电源供电的电压系列。这个电压系列的上限值，在正常和故障情况下，任何两导体间或任一导体与地之间的电压均不得超过交流50～500Hz，有效值50V，安全电压定值的等级分为50V、42V、36V、24V、12V和6V；而直流电压不超过120V。

特定电源供电是指有专用的安全电压的电流装置供电，除采用独立电源外，其供电电源的输入电路与输出电路必须实行电路上的隔离；工作在安全电压下的电路，必须与其他电气系统和任何无关的可导电部分实行电气上的隔离。

采用安全电压的电气设备、用电电器应根据使用环境、使用方式和人员等因素，选用国家标准《特低电压（ELV）限值》（GB/T 3805—2008）规定的不同等级的安全电压额定值。如手提式照明灯、安全灯、危险环境的携带式电动工具，在特殊安全结构和安全措施情况下，应采用36V安全电压；在金属容器内、隧道内、矿井内等工作地点，以及较狭窄、有金属导体管板或金属壳体、粉尘多和潮湿的环境，应采用24V或12V安全电压。本安全电压等级系列不适用于水下等特殊场所，也不适用于插入人体内部的带电医疗设备。

（四）电气隔离

电气隔离防护的主要要求之一是被隔离设备或电路必须由单独的电源供电。

通常电气隔离是指采用电压比为1∶1，即一次电压与二次电压相等的隔离变压器，实现工作回路与其他电气回路上的电气隔离。其接线如图2-16所示。除隔离变压器外，具有同等隔离能力的发电机、蓄电池、电子装置等均可做成安全电压电源。

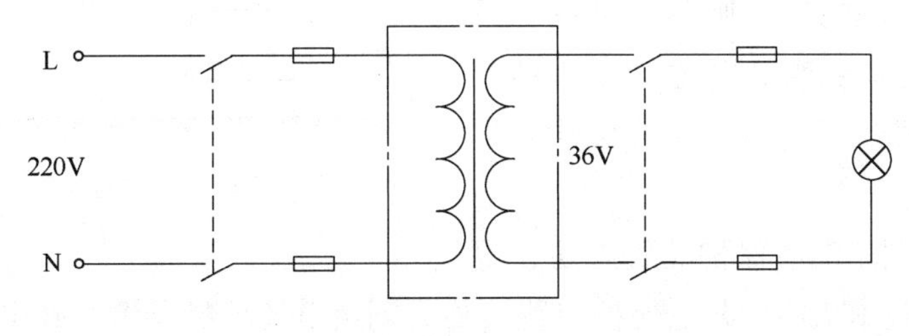

图2-16　安全隔离变压器接线图

隔离变压器必须具有加强绝缘的结构，其温升和绝缘电阻要求与安全隔离变压器相同。

1）最大容量：单相变压器不得超过25kV·A、三相变压器不得超过40kV·A。

2）空负荷输出电压交流不应超过1000V、脉动直流不应超过1000 $\sqrt{2}$V、带负荷时电压降低一般不得超过额定电压的5% ~15%。

3）隔离变压器具有耐热、防潮、防水及抗振结构；不得用易燃材料作为结构材料；手柄、操作杆、按钮等不应带电；外壳应有足够的机械强度，一般不能被打开，并应能防止偶然触及带电部分；盖板至少应由两种方式固定，且至少有一种方式必须使用工具实现。

4）除另有规定外，输出绕组不应与壳体相连，输入绕组不应与输出绕组相连，绕组结构应能防止出现上述连接的可能性。

5）电源开关应采用全极开关，触头开距应大于3mm；输出插座应能防止不同电压的插销插入；固定式变压器输入回路不得采用插接件；移动式变压器可带有2 ~4m 电源线。

6）当输入端子与输出端子之间的距离小于25mm时，其间须用与变压器连成一体的绝缘隔板隔开。

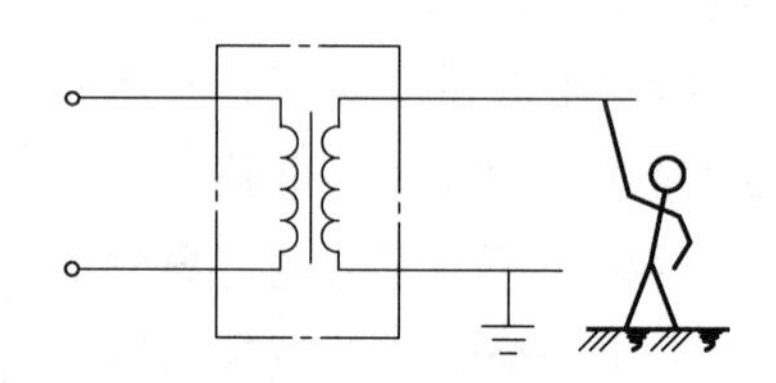

图2-17 变压器二次侧接地的危险

7）Ⅰ类变压器应有保护端子，其电源线中应有一条专用保护线；R类变压器没有保护端子。

二次侧保持独立，即不接大地，不接保护导体，不接其他电气回路。二次侧接地的危险如图2-17所示。

二次侧线路电压过高或二次侧线路过长，都会降低回路对地绝缘水平。按照规定，应保证电源电压 $U \leqslant 500$V，线路长度 $L \leqslant 200$m，电压与长度的乘积 $UL \leqslant 100000$V · m。

（五）等电位联结

图2-18中的虚线是等电位联结线。如果没有等电位联结线，当隔离回路中两台相距较近的设备发生不同相线的碰壳故障时，这两台设备的外壳将带有不同的对地电压。如果有人同时触及这两台设备，则接触电压为线电压，电击危险性极大。因此，如隔离回路带有多台用电设备（或器具），则各台设备（或器具）的金属外壳应采取等电位联结措施。这时，所用插座应带有等电位联结的专用插孔。

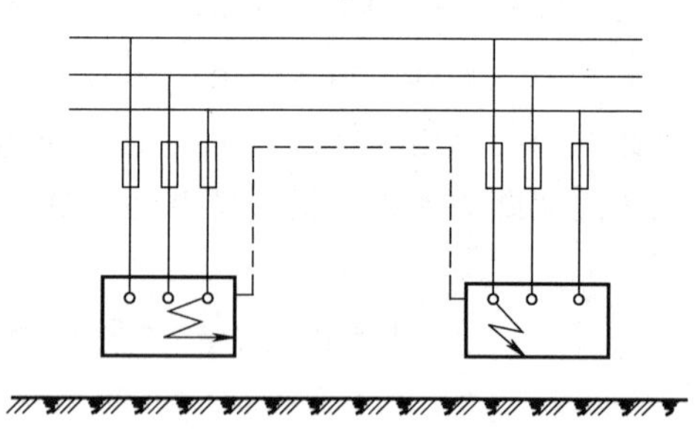

图2-18 电气隔离的等电位联结

（六）漏电保护

漏电保护是利用漏电保护装置来防止电气事故的一种安全技术措施。漏电保护装置又称为剩余电流保护装置（Residual Current Operated Protective Device，RCD）。漏电保护装置是一种低压安全保护电器。

图2-19所示为几种常用的漏电保护器。

1. 漏电保护器工作原理

电流型漏电保护器是以电路中零序电流的一部分（通常称为剩余电流）作为动作信号，且多以电子元器件作为中间机构，灵敏度高，功能齐全，因此这种保护装置得到越来越广泛的应用。图2-20是电流型漏电保护装置的组成框图。

a) 漏电继电器

b) 墙壁漏电保护插座

c) 三相漏电保护器

d) 智能剩余电流断路器

图2-19　漏电保护器

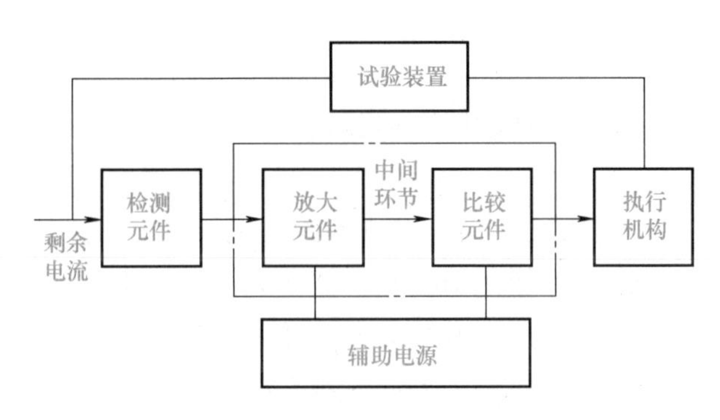

图2-20　电流型漏电保护装置的组成框图

漏电保护工作原理如图2-21所示。正常运行时，各相电流的相量和为零，零序电流互感器二次侧无输出，电磁脱扣器的消磁线圈中没有电流流过。此时的衔铁在永久磁铁的作用下，被吸在轭铁上。当出现漏电或人身触电时，则在零序电流互感器二次侧感应出零序电流，消磁线圈中就有电流流过。它所产生的交变磁通有半个周波的方向和永久磁铁所建立的直流磁通方向相反，因此在这半波内永久磁铁所产生的吸力被抵消，衔铁在反作用弹簧作用下释放，从而推动电磁脱扣器的锁扣，使其断开。

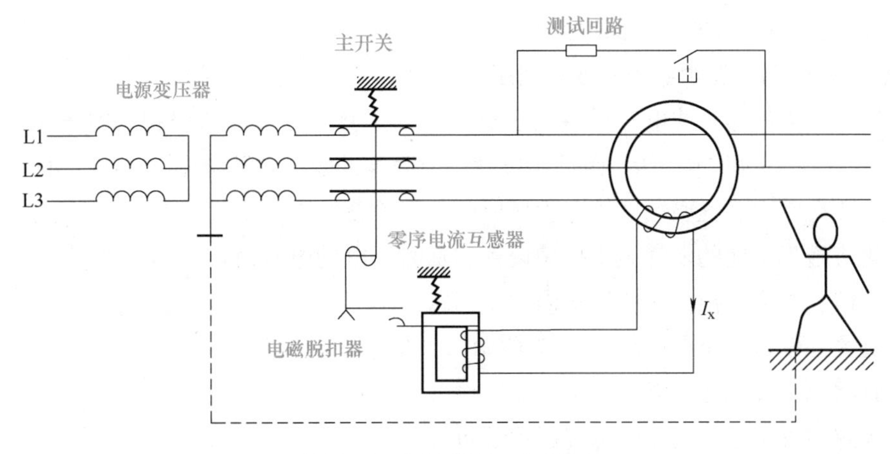

图2-21　漏电保护工作原理

2. 漏电保护器的选用

选用漏电保护器应首先根据保护对象的不同要求进行选型，既要保证在技术上有效，还应考虑经济上的合理性。

（1）防止人身触电事故

用于直接接触电击防护的漏电保护器应选用额定动作电流为30mA及其以下的高灵敏度、快速型漏电保护装置。

在浴室、游泳池、隧道等场所，漏电保护器的额定动作电流不宜超过10mA。

在触电后，可能导致二次事故的场合，应选用额定动作电流为6mA的快速型漏电保护器。

对于固定式的电机设备、室外架空线路等，应选用额定动作电流为30mA及其以上的漏电保护器。

（2）防止火灾

对木质灰浆结构的一般住宅和规模小的建筑物，可选用额定动作电流为30mA及其以下的漏电保护器。

对除住宅以外的中等规模的建筑物，分支回路可选用额定动作电流为30mA及其以下的漏电保护器；主干线可选用额定动作电流为200mA以下的漏电保护器。

对钢筋混凝土类建筑，内装材料为木质时，可选用200mA以下的漏电保护器；内装材料为不燃物时，应区别情况，可选用200mA到数安的漏电保护器。

（3）防止电气设备烧毁

防止电气设备烧毁通常选用100mA到数安的漏电保护器。

（4）其他性能的选择

对于连接户外架空线路的电气设备，应选用冲击电压不动作型漏电保护器。对于不允许停转的电动机，应选用漏电报警方式的漏电保护器。对于照明线路，支线上用高灵敏度的漏电保护器，干线上选用中灵敏度的漏电保护器。

单相220V电源供电的电气设备应选用二极或单极二线式漏电保护器；三相三线380V电源供电的电气设备应选用三极式漏电保护器；三相四线220/380V电源供电的电气设备应选用四极或三极四线式漏电保护器。

3. 必须安装漏电保护器的设备和场所

1）属于Ⅰ类的移动式电气设备及手持式电动工具（Ⅰ类电气产品，即产品的防电击保护不仅依靠设备的基本绝缘，而且还包含一个附加的安全预防措施，如产品外壳接地）。

2）安装在潮湿、强腐蚀性等恶劣场所的电气设备。

3）建筑施工工地的电气施工机械设备和临时用电的电器设备。

4）宾馆、饭店及招待所的客房内插座回路。

5）机关、学校、企业、住宅等建筑物内的插座回路。

6）游泳池、喷水池、浴池的水中照明设备或线路。

7）医院中直接接触人体的电气医用设备。

8）其他需要安装漏电保护器的场所。

认知实践

图 2-22 所示是几种电气隔离的原理图，请查阅相关资料，分析其原理。

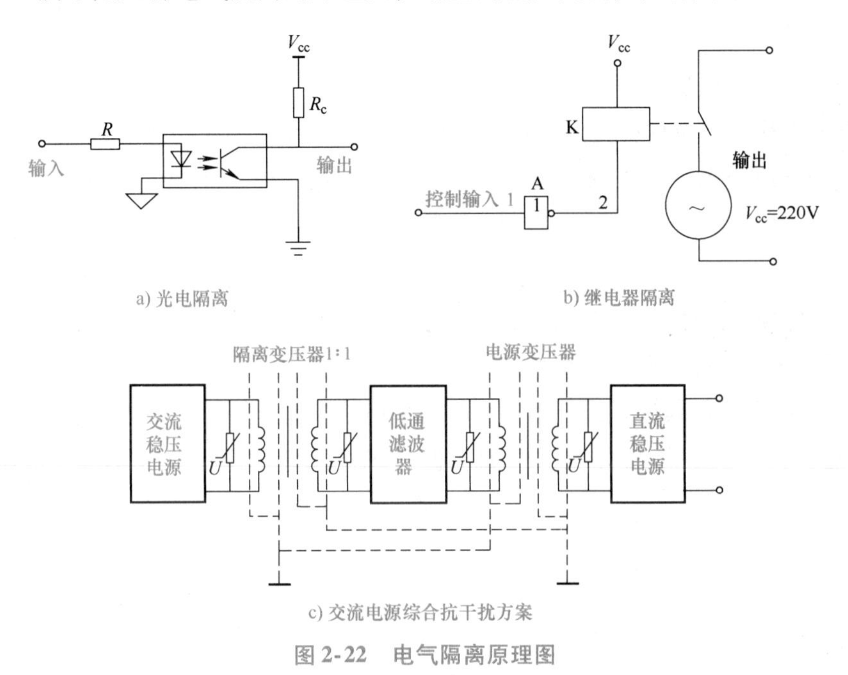

图 2-22　电气隔离原理图

思考与练习

1. 防止直接接触触电的安全防护措施有哪些？
2. 防止间接接触触电的安全防护措施有哪些？
3. 兼有防止直接接触触电和间接接触触电的安全措施有哪些？分别加以说明。
4. 必须安装漏电保护器的设备和场所有哪些？

任务 2　电气安全管理

任务描述

电气安全管理是以电气安全为目的，对安全生产工作进行有预见性的管辖和控制。为搞好安全用电，在电气设备上工作时，必须采取先进的技术措施和组织（管理）措施，防止发生触电事故。本任务着重介绍在电气设备上工作保证安全的技术措施和组织措施。

知识要点

一、对电气工作人员的要求

（一）电气工作人员的从业条件

1）电气工作人员应具有良好的精神素质，包括为人民服务的思想，忠于职守的职业道德，精益求精的工作作风。体现在工作上就是要坚持岗位责任制，工作中要保持头脑清醒，作风要严谨、文明、细致，不敷衍塞责，不草率从事，对不安全的因素时刻保持警惕。

2）身体健康。经医师鉴定，无妨碍电气工作的病症。对电气工作人员的体格检查每隔两年进行一次。凡有高血压、心脏病、哮喘、癫痫、神经系统疾病、精神障碍以及听力障碍、视力障碍和肢体残疾者，都不宜直接从事电气工作。

对一时身体不适、情绪欠佳、精神不振、思想不良的电工工作人员，亦应临时停止其参加重要的电气工作。这是由电气工作的特殊性（技术性强、危险性大）所决定的。

3）电气工作人员应熟悉《电力安全工作规程》及相应的现场规程有关内容并经考试合格，才允许上岗。

电工操作证也称电工上岗证，即特种作业人员操作证（电工），是从事电气设备安装、维修等工作必须持有的证件，是经过国家安全生产相关培训和注册的证明。

4）电气工作人员应具备必要的电工理论知识和专业技能及其相关的知识与技能。

5）电气工作人员必须熟悉本厂或本部门的电气设备和线路的运行方式、装设位置、编号、名称、各主要设备的运行维修缺陷、事故记录。

6）电气工作人员必须掌握触电急救知识，首先学会人工呼吸法和胸外心脏按压法。一旦有人发生触电事故，能够快速、正确地实施救护。

（二）电气工作人员的工作职责

电气工作人员的职责是运用自己掌握的专业知识和技能，勤奋工作，防止、避免和减少电气事故的发生，保障电气线路和电气设备的安全运行及人身安全，不断提高供电装备水平和安全用电水平。

（三）用电事故的处理

凡用户发生影响系统跳闸、主设备损坏等重大用电事故时，应立即向当地电力部门用电监察机构报告。若同时发生人身触电伤亡，则还应向当地安全生产监察机构报告。这些机构必须迅速派出有经验的人员赶赴现场，首先协助用户处理事故，防止事故进一步扩大，并实事求是、严肃认真地进行事故调查分析，总结经验，吸取教训，研究发生事故的原因及防止再发生的对策，协助用户不断提高安全用电水平。

1. 用电事故分类

用电事故的分类方法繁多，可分别按事故原因、事故后果和事故责任等加以分类。

（1）用户影响系统事故

由于用户内部原因造成对其他用户断电或引起系统波动而大量减负荷，称为用户影响系统事故。如公用线路上的用户事故，越级使变电站或发电厂的出线开关跳闸，造成对其他用户的断电。另外，专线或公用线路上的用户事故，造成系统电压大幅度下降或给系统造成其他影响，致使其他用户无法正常生产，被迫大量停车减负荷，不论是否越级跳闸，均为用户影响系统事故。

（2）用户全厂停电事故

由于用户内部事故的原因造成用户全厂停电，称为用户全厂停电事故。

两路电源供电的用户，其中一路因事故停电，而另一路正常供电者，不视为用户全厂停电事故；如两路电源供电，其中一路为备用，当主送电源因事故停电，备用电源及时投入恢复供电，而未影响生产者，不视为用户全厂停电事故；若其中一路为保安电源，虽及时投入，但引起生产停顿者，视为用户全厂停电事故。一个工厂的车间分散于不同地点，由供电部门分别供电者，应以供电部门的分户为计算单位。

（3）用户主要电气设备损坏事故

因用户内部事故造成一次电压在6kV及以上的主要电气设备损坏（如变压器、高压电机及其他高压配电设备等），不论是否影响生产，均为用户主要电气设备损坏事故。

（4）用户人员触电死亡事故

除电力部门以外的人员，由于触及产权属于用户的电气设备和电气线路而造成的死亡，不论造成触电的原因如何及责任所属，均应为用户人员触电死亡事故。

2. 用电事故调查

根据《电力安全事故应急处置和调查处理条例》规定，供电企业接到电力用户事故报告后，应派人员赴现场调查，会同有关专业技术人员，实事求是、严肃认真地分析、找出事故原因，在七天内协助用户提出事故调查报告。

（1）认真收集原始资料

立即组织当值值班人员、现场作业人员和其他有关人员，在离开事故现场前分别如实提供现场情况并写出事故的原始材料。认真听取当值值班人员或目击者介绍事故经过，详细了解事故发生前设备和系统的运行状况，并按先后顺序仔细记录事故发生的情况，必要时对事故现场及损坏的设备进行照相、录像、绘图等。根据事故情况查阅有关运行、检修、试验、验收的记录文件和事故发生时的录音、故障录波图、计算机打印记录等，及时整理出说明事故情况的图表和分析事故所必需的各种资料和数据。

（2）检查继电保护、自动装置的动作情况

记录各断路器整定电流、时间及熔断器残留部分的情况，判断保护是否正确动作，从熔断器的残留部分可估计出事故电流的大小，判断是过负荷还是短路所引起的。

(3) 检查事故设备损坏部位及损坏程度

初步判断事故起因并将与事故有关的设备进行必要的复试检查，如用户事故造成的越级跳闸，应复试总开关继电保护装置整定值是否正确、上下级能否配合及动作是否可靠；当发生雷击事故时，应复试检查避雷器的特性、接地连接是否可靠、应测量接地电阻等。通过必要的复试检查，排除疑点，进一步弄清事故真相。

(4) 查阅用户事故当时的有关记录和资料

如天气、温度、运行方式、负荷电流、运行电压、频率及其他有关记录；询问事故发生时现场人员的观察与感觉，如声、光、味、振动等。同时查阅事故设备及与其有关的保护设备，如继电保护、操作电源、操作机构、避雷器和接地装置等的有关历史资料，设备历史试验记录、缺陷记录和检修调整记录等；查阅事故前后及当时的运行记录。

(5) 找出误操作事故的原因

对于误操作事故，应检查事故现场与当事人的口述情况是否相符，并检查工作票、操作票及监护人的口令是否正确，从中找出误操作事故的原因。

3. 用电事故分析与处理

(1) 事故调查处理应坚持“四不放过”原则

“四不放过”原则即事故原因不清楚不放过，事故责任者和应受教育者没有受到教育不放过，没有采取防范措施不放过，事故责任者没有受到处罚不放过。

(2) 用电事故防范措施

在调查分析用电事故、弄清楚事故原因的基础上，要制订切实可行的防范措施。措施要具体，并应具体安排负责实施的部门和经办人以及完成的期限。由于违反操作规程等引起误操作的事故，还应对电气工作人员制订出技术业务培训计划和实施的具体内容，并定期测验或考核。

(3) 撰写用电事故调查报告

事故调查报告的主要内容包括事故发生的时间、地点、单位；事故发生的经过、伤亡人数；直接经济损失估算；设备损坏情况；事故发生原因的判断；事故的性质和责任认定；事故防范和整改措施；事故的处理意见与建议。重大及以上电网和设备事故、重伤及以上人身事故以及上级部门指定的事故，应由事故调查组负责编写“事故调查报告”。

你适合当电工吗？

电工是一个很广泛的工种，工厂需要电工，家装需要电工，供电需要电工，机器维护需要电工，医院、学校、各行各业都能见到电工的身影，只要跟电有关，就事关电工！

二、在电气设备上工作保证安全的组织措施和技术措施

规范在电气设备上工作保证安全的组织措施和技术措施，以确保人身和设备的安全。保证安全的组织措施和技术措施是电业安全生产保证体系中最基本的制度之一，是我国电力行业多年运行实践中总结出来的经验。

（一）保证在电气设备上安全工作的组织措施

保证在电气设备上安全工作的组织措施主要有工作票制度，工作许可制度，工作监护制度，工作间断、转移和终结制度。

1. 工作票制度

工作票是在电力生产现场、设备、系统上进行检修作业的书面依据和安全许可证，是检修、运行人员双方共同持有、共同强制遵守的书面安全约定。

在电气设备上的工作，应填用工作票或事故应急抢修单，其方式有下列6种：

1）填用变电站（发电厂）电气第一种工作票（见附录A）。

2）填用变电站（发电厂）电气第二种工作票（见附录B）。

3）填用电力电缆第一种工作票（见附录C）。

4）填用电力电缆第二种工作票（见附录D）。

5）填用变电站（发电厂）电气带电作业工作票（见附录F）。

6）填用变电站（发电厂）电气事故应急抢修单（见附录G）。

工作票制度注意事项见表2-13。

表2-13　工作票制度注意事项

项目	注意事项
填用第一种工作票的工作	① 高压设备上工作需要全部停电或部分停电者 ② 二次系统和照明等回路上的工作，需要将高压设备停电或做安全措施者 ③ 高压电力电缆需停电的工作 ④ 其他工作需要将高压设备停电或要做安全措施者
填用第二种工作票的工作	① 控制盘和低压配电盘、配电箱、电源干线上的工作 ② 二次系统和照明等回路上的工作，无需将高压设备停电或做安全措施者 ③ 转动中的发电机、同期调相机的励磁回路或高压电动机转子电阻回路上的工作 ④ 非运行人员用绝缘棒和电压互感器定相或用钳形电流表测量高压回路的电流 ⑤ 大于表2-1距离的相关场所和带电设备外壳上的工作以及无可能触及带电设备导电部分的工作 ⑥ 高压电力电缆不需停电的工作
填用带电作业工作票的工作	带电作业或与邻近带电设备距离小于安全距离规定的工作
填用事故应急抢修单的工作	事故应急抢修可不用工作票，但应使用事故应急抢修单

（续）

项目	注意事项
工作票的填写与签发	① 工作票应使用钢笔或圆珠笔填写与签发，一式两份，内容应正确、清楚，不得任意涂改。如有个别错、漏字需要修改，应使用规范的符号，字迹应清楚 ② 用计算机生成或打印的工作票应使用统一的票面格式，由工作票签发人审核无误，手工或电子签名后方可执行 ③ 工作票一份应保存在工作地点，由工作负责人收执；另一份由工作许可人收执，按值移交。工作许可人应将工作票的编号、工作任务、许可及终结时间记入登记簿 ④ 一张工作票中，工作票签发人、工作负责人和工作许可人三者不得互相兼任。工作负责人可以填写工作票 ⑤ 工作票由设备运行管理单位签发，也可由经设备运行管理单位审核且经批准的修试及基建单位签发。修试及基建单位的工作票签发人及工作负责人名单应事先送有关设备运行管理单位备案。第一种工作票在工作票签发人认为必要时可采用总工作票、分工作票，并同时签发。总工作票、分工作票的填用、许可等有关规定由单位主管生产的领导（总工程师）批准后执行 ⑥ 供电单位或施工单位到用户变电站内施工时，工作票应由有权签发工作票的供电单位、施工单位或用户单位签发
工作票的使用	① 一个工作负责人只能发给一张工作票，工作票上所列的工作地点，以一个电气连接部分为限 如施工设备属于同一电压、位于同一楼层，同时停、送电，且不会触及带电导体时，则允许在几个电气连接部分使用一张工作票 开工前工作票内的全部安全措施应一次完成 ② 若一个电气连接部分或一个配电装置全部停电，则所有不同地点的工作，可以发给一张工作票，但要详细填明主要工作内容。几个班同时进行工作时，工作票可发给一个总负责人，在工作班成员栏内，只填明各班的负责人，不必填写全部工作人员名单 若至预定时间，一部分工作尚未完成，需继续工作而不妨碍送电者，在送电前，应按照送电后现场设备带电情况，办理新的工作票，布置好安全措施后，方可继续工作 ③ 在几个电气连接部分上依次进行不停电的同一类型的工作，可以使用一张第二种工作票 ④ 在同一变电站或发电厂升压站内，依次进行的同一类型的带电作业可以使用一张带电作业工作票 ⑤ 持线路或电缆工作票进入变电站或发电厂升压站进行架空线路、电缆等工作，应增填工作票份数，工作负责人应将其中一份工作票交变电站或发电厂工作许可人许可工作 上述单位的工作票签发人和工作负责人名单应事先送有关运行单位备案 ⑥ 需要变更工作班成员时，须经工作负责人同意，在对新工作人员进行安全交底手续后，方可进行工作。非特殊情况不得变更工作负责人，如确需变更工作负责人，应由工作票签发人同意并通知工作许可人，工作许可人将变动情况记录在工作票上。工作负责人允许变更一次。原、现工作负责人应对工作任务和安全措施进行交接 ⑦ 在原工作票的停电范围内增加工作任务时，应由工作负责人征得工作票签发人和工作许可人同意，并在工作票上增填工作项目。若需变更或增设安全措施者应填用新的工作票，并重新履行工作许可手续 ⑧ 变更工作负责人或增加工作任务，如工作票签发人无法当面办理，应通过电话联系，并在工作票登记簿和工作票上注明 ⑨ 第一种工作票应在工作前一日预先送达运行人员，可直接送达或通过传真、局域网传送，但传真的工作票许可应待正式工作票到达后履行。临时工作可在工作开始前直接交给工作许可人 第二种工作票和带电作业工作票可在进行工作的当天预先交给工作许可人 ⑩ 工作票有破损不能继续使用时，应补填新的工作票

（续）

项目		注意事项
工作票的有效期与延期		① 第一、二种工作票和带电作业工作票的有效时间，以批准的检修期为限 ② 第一、二种工作票需办理延期手续，应在工期尚未结束以前由工作负责人向运行值班负责人提出申请（属于调度管辖、许可的检修设备，还应通过值班调度员批准），由运行值班负责人通知工作许可人给予办理。第一、二种工作票只能延期一次
工作票所列人员的安全责任	工作票签发人	① 工作必要性和安全性 ② 工作票上所填安全措施是否正确完备 ③所派工作负责人和工作班人员是否适当和充足
	工作负责人（监护人）	① 正确安全地组织工作 ② 负责检查工作票所列安全措施是否正确完备、工作许可人所做的安全措施是否符合现场实际条件，必要时予以补充 ③ 工作前对工作班成员进行危险点告知，交代安全措施和技术措施，并确认每一个工作班成员都已知晓 ④ 严格执行工作票所列安全措施 ⑤ 督促、监护工作班成员遵守本规程，正确使用劳动防护用品和执行现场安全措施 ⑥ 工作班成员精神状态是否良好，变动是否合适
	工作许可人	① 负责审查工作票所列安全措施是否正确完备，是否符合现场条件 ② 工作现场布置的安全措施是否完善，必要时予以补充 ③ 负责检查检修设备有无突然来电的危险 ④ 对工作票所列内容，即使发生很小疑问，也应向工作票签发人询问清楚，必要时应要求做详细补充
	专责监护人	① 明确被监护人员和监护范围 ② 工作前对被监护人员交代安全措施，告知危险点和安全注意事项 ③ 监督被监护人员遵守本规程和现场安全措施，及时纠正不安全行为
	工作班成员	① 熟悉工作内容、工作流程，掌握安全措施，明确工作中的危险点，并履行确认手续 ② 严格遵守安全规章制度、技术规程和劳动纪律，对自己在工作中的行为负责，互相关心工作安全，并监督本规程的执行和现场安全措施的实施 ③ 正确使用安全工器具和劳动防护用品

2. 工作许可制度

工作许可制度是工作许可人（当值值班电工）根据低压工作票或低压安全措施票的内

容在做设备停电安全技术措施后，向工作负责人发出工作许可的命令；工作负责人接收到工作许可的命令方可开始工作；在检修工作中，工作间断、转移和终结，必须得到工作许可人的许可，所有这些组织程序规定都叫工作许可制度。

1）工作负责人未接到工作许可人工作许可的命令前，严禁工作。

2）工作许可人完成工作票所列的安全措施后，应立即向工作负责人逐项交代已完成的安全措施。工作许可人还应以手指背触式，以证明要检修的设备确已无电。对临时工作点的带电设备部位，应特别交代清楚。

当所有安全措施和注意事项交代、核对完毕后，工作许可人和工作负责人应分别在工作票上签字，写明工作日期、时间，此时，工作许可人即可发出工作许可的命令。

3）每天开工和收工，均应履行工作票中“开工和收工许可”的手续。

4）严禁约时停、供电。

3. 工作监护制度

监护人应熟悉现场的情况，应有电气工作的实际经验，其安全技术等级应高于操作人。

1）工作票许可手续完成后，工作负责人、专责监护人应向工作班成员交代工作内容、人员分工、带电部位和现场安全措施，进行危险点告知，并履行确认手续，工作班方可开始工作。工作负责人、专责监护人应始终在工作现场，对工作班人员的安全认真监护，及时纠正不安全的行为。

2）所有工作人员（包括工作负责人）不许单独进入、滞留在高压室内和室外高压设备区内。

若工作需要（如测量极性、回路导通试验等），而且现场设备允许时，可以准许工作班中有实际经验的一个人或几人同时在现场其他室进行工作，但工作负责人应在事前将有关安全注意事项予以详尽的告知。

3）工作负责人在全部停电时，可以参加工作班工作。在部分停电时，只有在安全措施可靠，人员集中在一个工作地点，不致误碰有电部分的情况下，方能参加工作。

工作票签发人或工作负责人，应根据现场的安全条件、施工范围、工作需要等具体情况，增设专责监护人和确定被监护的人员。

专责监护人不得兼做其他工作。专责监护人临时离开时，应通知被监护人员停止工作或离开工作现场，待专责监护人回来后方可恢复工作。

4）工作期间，工作负责人若因故暂时离开工作现场时，应指定能胜任的人员临时代替，离开前应将工作现场交代清楚，并告知工作班成员。原工作负责人返回工作现场时，也应履行同样的交接手续。

若工作负责人长时间离开工作的现场时，应由原工作票签发人变更工作负责人，履行变更手续，并告知全体工作人员及工作许可人。原、现工作负责人应做好必要的交接。

4. 工作间断、转移和终结制度

1）工作间断时，工作班人员应从工作现场撤出，所有安全措施保持不动，工作票仍由工作负责人执存，间断后继续工作，无须通过工作许可人。每日收工，应清扫工作地点，开放已封闭的通路，并将工作票交回运行人员。次日复工时，应得到工作许可人的许可，取回工作票，工作负责人应重新认真检查安全措施是否符合工作票的要求，并召开现场站班会后，方可工作。若无工作负责人或专责监护人带领，工作人员不得进入工作地点。

2）在未办理工作票终结手续以前，任何人员不准将停电设备合闸送电。

在工作间断期间，若有紧急需要，运行人员可在工作票未交回的情况下合闸送电，但应先通知工作负责人，在得到工作班全体人员已经离开工作地点、可以送电的答复后方可执行，并应采取下列措施：

① 拆除临时遮栏、接地线和标示牌，恢复常设遮栏，换挂“止步，高压危险!”的标示牌。

② 应在所有道路派专人守候，以便告诉工作班人员“设备已经合闸送电，不得继续工作”，守候人员在工作票未交回以前，不得离开守候地点。

3）检修工作结束以前，若需将设备试加工作电压，应按下列条件进行：

① 全体工作人员撤离工作地点。

② 将该系统的所有工作票收回，拆除临时遮栏、接地线和标示牌，恢复常设遮栏。

③ 应在工作负责人和运行人员进行全面检查无误后，由运行人员进行加电压试验。

工作班若需继续工作时，应重新履行工作许可手续。

4）在同一电气连接部分用同一工作票依次在几个工作地点转移工作时，全部安全措施由运行人员在开工前一次做完，不需再办理转移手续。但工作负责人在转移工作地点时，应向工作人员交代带电范围、安全措施和注意事项。

5）全部工作完毕后，工作班应清扫、整理现场。工作负责人应先周密地检查，待全体工作人员撤离工作地点后，再向运行人员交代所修项目、发现的问题、试验结果和存在问题等，并与运行人员共同检查设备状况、状态，有无遗留物件，是否清洁等，然后在工作票上填明工作结束时间。经双方签名后，表示工作终结。

待工作票上的临时遮栏已拆除，标示牌已取下，已恢复常设遮栏，未拉开的接地线、接地开关已汇报调度，工作票方告终结。

6）只有在同一停电系统的所有工作票都已终结，并得到值班调度员或运行值班负责人的许可指令后，方可合闸送电。

7）已终结的工作票、事故应急抢修单应保存一年。

（二）保证在电气设备上安全工作的技术措施

保证在电气设备上安全工作的技术措施有停电、验电、接地、悬挂标示牌和装设遮栏（围栏）。上述措施由运行人员或有权执行操作的人员执行。

安全技术措施执行解读见表2-14。

表 2-14　安全技术措施执行解读

技术措施	图解	解读
停电：现场勘察很重要，以此填写工作票		工作地点应停电的设备：检修的配电线路或设备；与检修配电线路、设备相邻且满足安全距离规定的运行线路或设备；小于规定且无绝缘遮蔽或安全遮栏措施的设备
验电：工作之前要验电，严防触电的风险		应使用相应电压等级的接触式验电器或验电笔，在装设接地线或合接地开关处逐项分别验电。架空配电线路和高压配电设备验电应有人监护
接地：工作保护很重要，验电接地要接牢		当验明确实没有电压后，应立即将检修的高压配电线路和设备接地并三相短路，工作地段各端和工作地段内有可能反送电的各分支线都应接地。装设、拆除接地线均应有人监护。装设、拆除接地线均应使用绝缘棒或戴绝缘手套，人体不得触碰接地线或未接地的导线。装设的接地线应接触良好、连接可靠。装设接地线应先接接地端、后接导体端，拆除接地线的顺序与此相反

（续）

技术措施	图解	解读
悬挂标示牌和装设遮栏（围栏）：标示标牌要挂好，禁止合闸把命保		以下情况应悬挂标示牌和装设遮栏：在一经合闸即可送电到工作地点的断路器（开关）和隔离开关（刀开关）的操作把手上；安全距离小于规定距离以内的未停电设备；在室内高压设备上工作；高压开关柜内手车开关拉出后；在室外高压设备上工作；在室外构架上工作；在工作人员上下铁架或梯子上；在邻近其他可能误登的带电架构上。严禁工作人员擅自移动或拆除遮栏（围栏）、标示牌

想一想

图2-23所示工作场景中，违反哪些安全技术操作规程？

图2-23 工作场景

认知实践

请指出图2-24所示违反哪些电气安全技术操作规程。

a) 事故处理

b) 无票操作

c) 约时停、送电

d) 专责监护人不认真履行监护职责

图 2-24　违反电气安全技术操作规程

思考与练习

阅读材料，请你分析，违反了哪些电气安全技术操作规程?

1. 领导违章作业，员工触电死亡

如图2-25a所示，某年1月30日下午，某厂进行110kV 4母线清扫、115开关换油工作。电气主任擅自扩大工作范围，决定清扫115-4刀开关，不仅未办理工作票，而且错将梯子移至带电的114-4刀开关处，同时摘掉114-4刀开关处的“止步，高压危险”警示牌。检修工到现场后，也未核对刀开关的编号，登上梯子，靠近带电刀开关，电弧烧伤致死。

2. 严重违章验电，短路灼伤二人

如图2-25b所示，某年5月28日中午，某厂运行监护人高某、操作人贾某准备测量380V电动机绝缘电阻，测量前需先验电，监护人高某在电源开关柜用验电笔验电时，验电笔不亮（设备确已停电）。二人怀疑验电笔有问题，为了确认验电笔好坏，二人到另一带电的开关柜进行验证。操作人贾某站在侧面用手电筒照亮，监护人高某验电，当验电笔伸向开关柜内时，验电笔金属部分与柜体接触，对地短路放电，弧光灼伤二人。

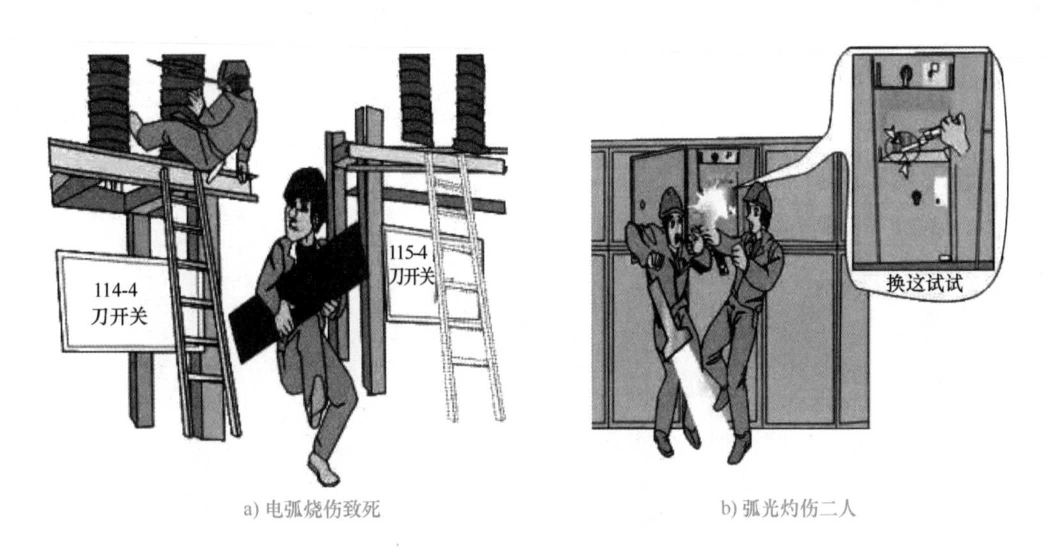

a) 电弧烧伤致死　　b) 弧光灼伤二人

图2-25　触电事故

3. 违反安全操作规程，工人触电死亡

特种作业操作证已过期的钟某到某公司送还前几天修理的设备，期间该公司厂长周某让钟某去三楼车间检查装在车间墙壁上的工业排气扇是否存在故障。随后，钟某穿着半袖衫、短裤及拖鞋独自到三楼，登上喷漆房排气扇所在平台（约70cm高）检查处理排气扇故障。当周某到三楼车间找钟某时，已发现其躺在排气扇旁一动不动，维修工具散落在地上，经抢救无效死亡。

4. 多项操作违章，工人触电死亡

2019年，某公司成品出料仓内冷冻仓库施工现场发生一起触电事故（两级均无漏电保护），事故造成一名操作工人死亡。

1）操作工人无特种作业电工证，将套管三芯电缆的绿-黄双色线与研磨机的外壳 PE 线连接，同时将套管三芯电缆另一端（绿-黄双色此时错接为相线）接到距离研磨机约 7m 处的 380V 三相电源开关上，并接通电源，导致研磨机外壳带电。

2）事发时，操作工人赤脚站在地面潮湿的施工现场，左手（左手有电伤痕迹）碰触到机器外壳（此时研磨机外壳已带电）。

项目 3 电气安全防护措施

项目引入

随着科学技术的深入发展与应用，电力得到了广泛的应用，但是在各行各业中，由于用电的广泛性与电气安全技术的复杂性，极易造成用电使用事故，给人身安全和财产安全带来一定程度的损失。因此，必须提高用电安全意识，并加强电气安全技术的广泛使用，不断更新、改善电气安全技术，不断落实安全工作，切实防止发生各种电气设备安全事故。

知识图谱

图 3-1 所示为项目 3 的知识图谱。

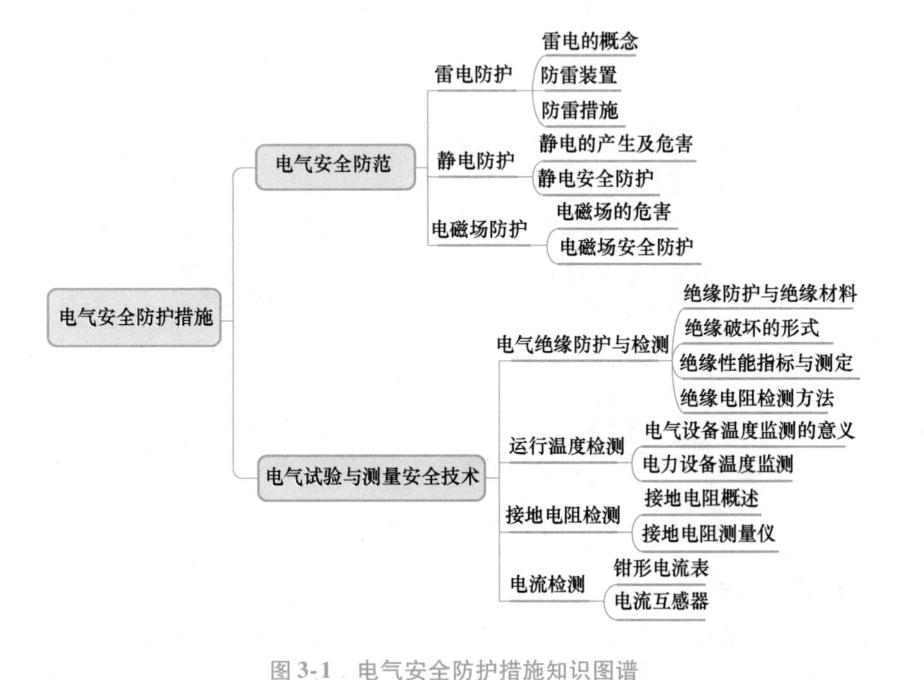

图 3-1 电气安全防护措施知识图谱

任务1　电气安全防范

任务描述

在电力系统中，大气过电压严重影响电力系统的正常运行，而大气过电压是雷云放电引起的，因此要注意电气设备的防雷。

你知道吗？你身上和周围就带有很高的静电电压，几百伏、几千伏甚至几万伏。

随着现代科技的高速发展，一种看不见、摸不着的污染源日益受到各界的关注，这就是被人们称为“隐形杀手”的电磁辐射。

知识要点

一、雷电防护

（一）雷电的概念

1. 雷电的形成

雷电是带有电荷的雷云之间或雷云对大地（或物体）之间产生急剧放电的一种自然现象。大气过电压的根本原因，是雷云放电引起的。雷电的形成如图3-2所示。

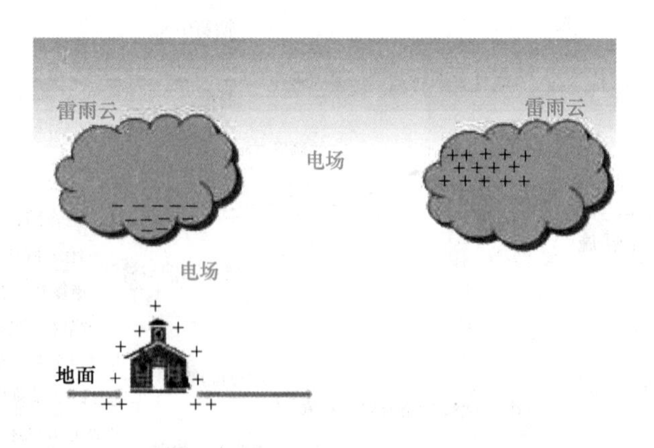

图3-2　雷电的形成

2. 雷电的基本形式

高空中雷云之间的放电对人和地面物体没有危害，而雷云对大地的放电，将产生有很大破坏作用的大气过电压，有直击雷过电压、感应雷过电压、侵入波（进行波过电压）三种基本形式。

架空线路上的感应雷如图 3-3 所示。

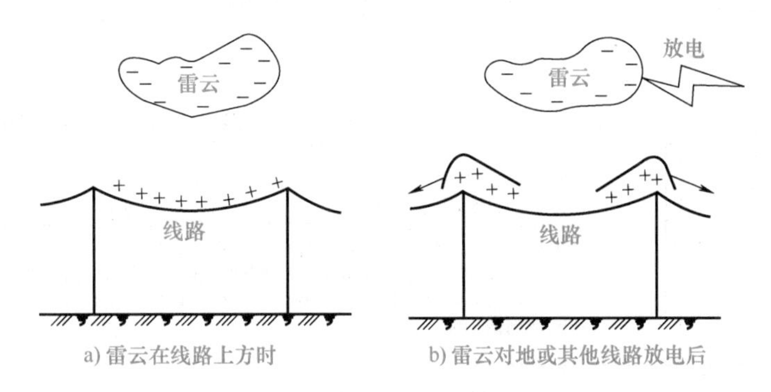

图 3-3　架空线路上的感应雷

3. 雷电的危害

雷电的机械效应产生的电动力可摧毁设备、杆塔和建筑，伤害人畜；强大的雷电流所产生的能量可烧断电线和电力设备；雷电的电磁效应可能产生过电压，击穿电气绝缘，甚至引起火灾爆炸；雷电的闪烁放电可能烘干绝缘子，使线路跳闸或引起火灾，造成大面积停电。

图 3-4 所示为雷电的危害示意图。

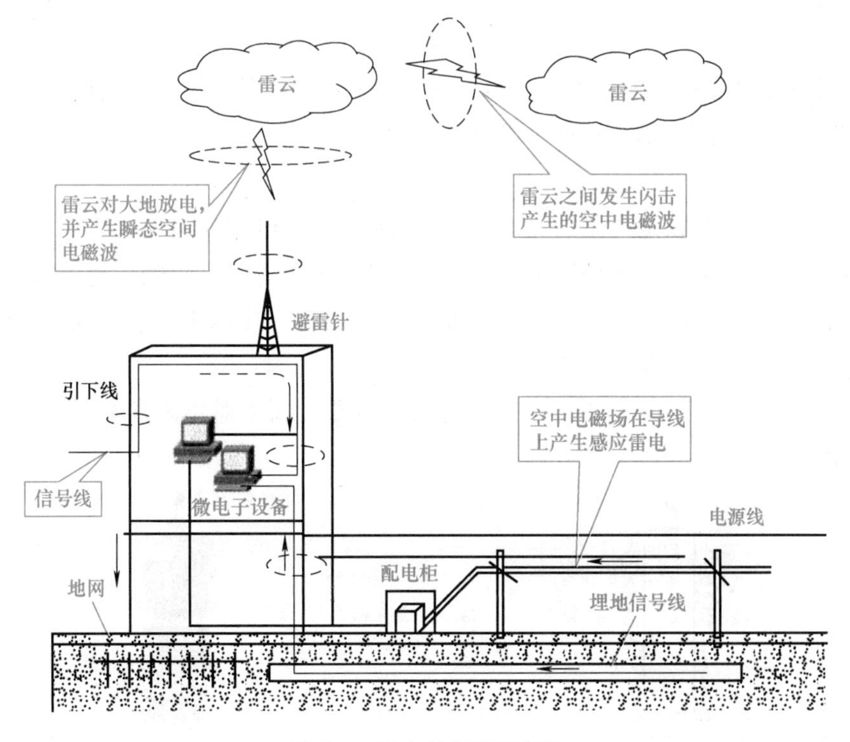

图 3-4　雷电的危害示意图

（二）防雷装置

1. 避雷针、避雷线、避雷带和避雷网

1）避雷针。避雷针是防直击雷的有效措施。避雷针由接闪器、引线、接地体三部分组成。避雷针结构如图3-5所示。

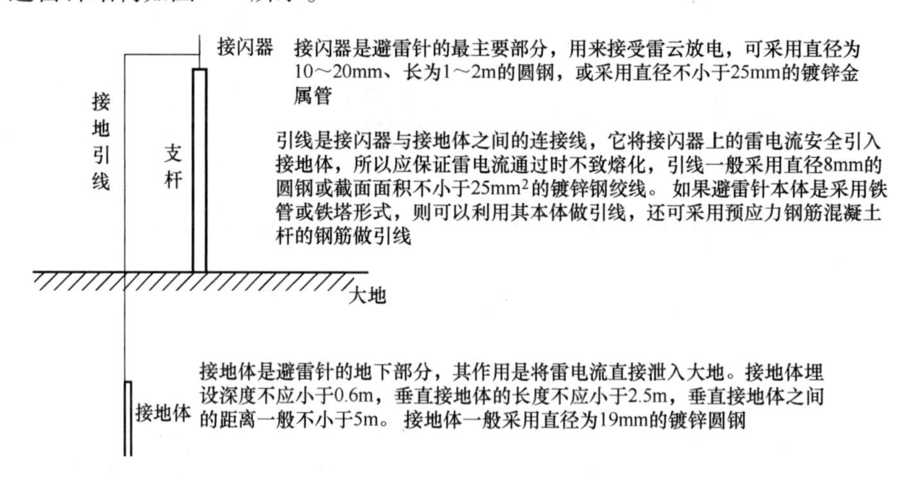

接闪器
接闪器是避雷针的最主要部分，用来接受雷云放电，可采用直径为10～20mm、长为1～2m的圆钢，或采用直径不小于25mm的镀锌金属管
接地引线
支杆
引线是接闪器与接地体之间的连接线，它将接闪器上的雷电流安全引入接地体，所以应保证雷电流通过时不致熔化，引线一般采用直径8mm的圆钢或截面面积不小于25mm²的镀锌钢绞线。如果避雷针本体是采用铁管或铁塔形式，则可以利用其本体做引线，还可采用预应力钢筋混凝土杆的钢筋做引线
大地
接地体
接地体是避雷针的地下部分，其作用是将雷电流直接泄入大地。接地体埋设深度不应小于0.6m，垂直接地体的长度不应小于2.5m，垂直接地体之间的距离一般不小于5m。接地体一般采用直径为19mm的镀锌圆钢

图3-5　避雷针结构

2）避雷线。避雷线主要用来保护架空线路，它由悬挂空中的接地导线、接地引线和接地体组成。避雷线又称架空地线，它一般采用截面面积不小于35mm^{2}的镀锌钢绞线，架设在架空线路上边，接地引线与接地装置相连接，用于保护架空线路或其他物体免遭直接雷击。避雷线的原理、功能与避雷针基本相同。

3）避雷带和避雷网。避雷带和避雷网主要用来保护高层建筑物免遭直击雷和感应雷。避雷带和避雷网宜采用圆钢和扁钢，优先采用圆钢。

2. 避雷器

避雷器是用来防止雷电产生的过电压波沿线路侵入变电所或其他建筑内，危及被保护设备的绝缘。避雷器应与被保护设备并联，装在被保护设备的电源侧。当线路上出现危及设备绝缘的雷击过电压时，避雷器的火花间隙就被击穿，或由高阻变为低阻，使过电压对大地放电，从而保护了设备的绝缘。

1）阀式避雷器。阀式避雷器又称为阀型避雷器，阀型避雷器结构、接线和实物如图3-6所示。

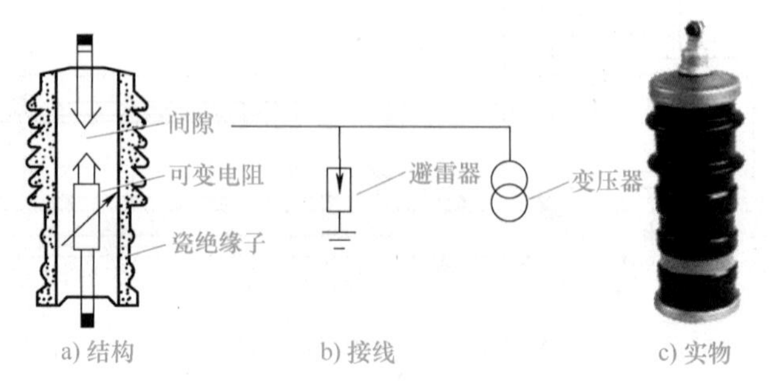

图3-6　阀型避雷器结构、接线和实物

2）排气式避雷器。排气式避雷器通常称为管型避雷器，排气式避雷器只用于线路保护和发电厂、变电所的进线段保护。

管型避雷器结构原理如图3-7所示。

3）保护间隙。保护间隙又称为角型避雷器，其结构如图3-8所示。它简单经济，维修方便，但保护性能差，灭弧能力小，容易造成接地或短路故障，引起线路开关跳闸或熔断器熔断，使线路停电。因此对于装有保护间隙的线路，一般要求装设自动重合闸装置，以提高供电可靠性。

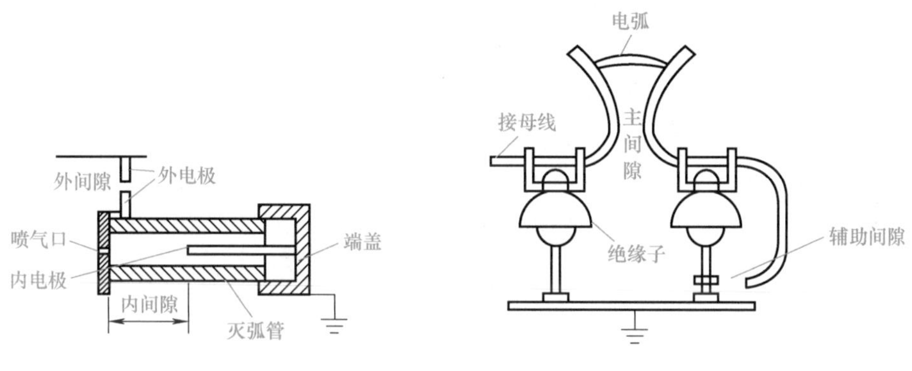

图3-7　管型避雷器结构原理图　　　　图3-8　保护间隙结构图

4）金属氧化物避雷器。金属氧化物避雷器又称为压敏避雷器。它是一种没有火花间隙只有压敏电阻片的阀型避雷器。

目前金属氧化物避雷器已广泛用于低压设备防雷保护。随着其制造成本的降低，它在高压设备中的应用越来越广泛。

3. 浪涌保护器

随着相关设备对防雷要求的日益严格，安装浪涌保护器（Surge Protection Device，SPD）抑制线路上的浪涌和瞬时过电压、泄放线路上的过电流成为现代防雷技术的重要环节之一。

浪涌保护器的接线如图3-9所示。

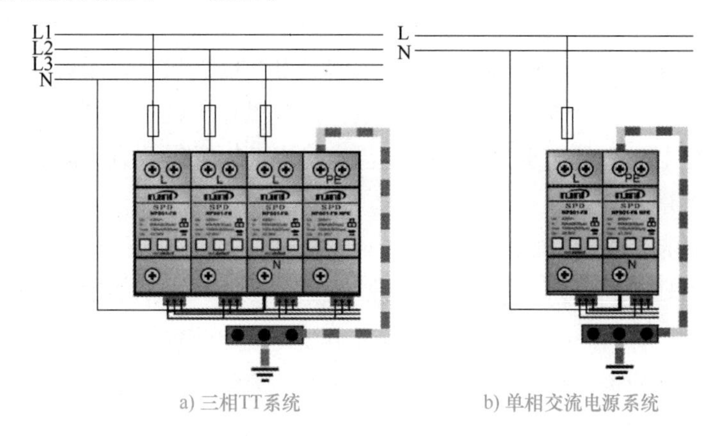

a) 三相TT系统　　b) 单相交流电源系统

图3-9　浪涌保护器的接线

（三）防雷措施

1. 架空线路的防雷措施

架空线路的防雷措施，总结起来就是通常所说的 4 道防线。

1）装设避雷线。这是第 1 道防线，它用来防止线路遭受直接雷击。一般 63kV 及以上架空线路需沿全线装设避雷线。35kV 的架空线路一般只在经过人口稠密区或进出变电所一段线路上装设，而 10kV 及以下线路上一般不装设避雷线。

图 3-10 所示为装设避雷线的架空线路。

2）加强线路绝缘或装设避雷器。为使杆塔或避雷线遭受雷击后线路绝缘不致发生闪络，应设法改善避雷线接地，或适当加强线路绝缘，或在绝缘薄弱点装设避雷器，这是第 2 道防线。例如采用木横担、瓷横担，或高一级电压的绝缘子，或顶线用针式而下面两线改用悬式绝缘子（一针二悬），以提高 10kV 架空线路的防雷水平。

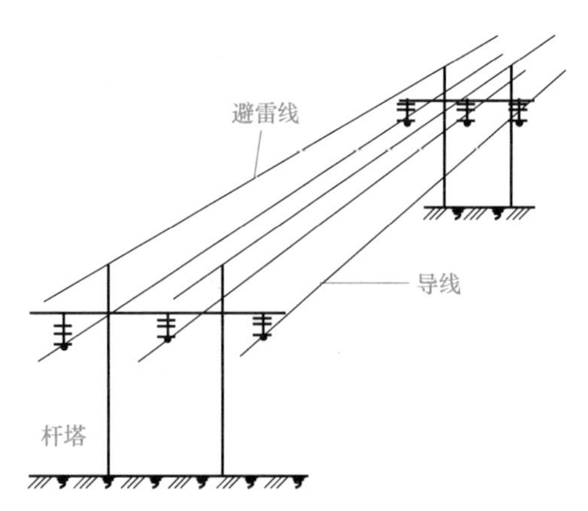

图 3-10　装设避雷线的架空线路

3）利用三角形排列的顶线兼作防雷保护线。在线路上遭受雷击并发生闪络时也要不使它发展为短路故障而导致线路跳闸，这是第 3 道防线。例如，对于 3 ~ 10kV 线路，可利用三角形排列的顶线兼作防雷保护线。在顶线绝缘子上加装保护间隙。

4）装设自动重合闸装置（ARD）。为使架空路线在因雷击而跳闸时也能迅速恢复供电，可装设自动重合闸装置（ARD），这是第 4 道防线。

必须说明，并不是所有架空线路必须具备以上 4 道防线。在确定架空线路的防雷措施时，要全面考虑线路的重要程度、沿线的带雷电活动情况、地形地貌特点、土壤电阻率高低等条件，进行经济技术比较，因地制宜，采取合理的防雷保护措施。

为了防止雷击低压架空线路时雷电波侵入建筑物，应在低压架空进出线处装设避雷器并与绝缘子铁脚、金具连在一起接到电器设备的接地装置上。当多回路进出线时，可仅在母线或总配电箱处装置一组避雷器或其他形式的过电压保护设备，但绝缘子铁脚、金具仍接到接地装置上。进出建筑物的架空金属管道，在进出处应就近接到接地装置上或者单独接地，其冲击接地电阻不宜大于 30Ω。以上规定是对第 3 类防雷建筑物而言。对第 2 类防雷建筑物另有更严格的规定。

2. 变配电所的防雷措施

1）装设避雷针或避雷线。装设避雷针或避雷线以防护整个变配电所，使之免遭直接雷击。当雷击于避雷针时，强大的雷电流通过引线经接地装置泄入大地，在避雷针和引线形成的高电位可能对附近的配电设备发生反击闪络。为防止发生反击闪络，则必须设法降低接地电阻和保证防雷设备与配电设备之间有足够的安全距离。

想一想

如图3-11所示为高压变配电装置防雷电波侵入示意图。可行吗？图中，F1、F2、F3为避雷器。

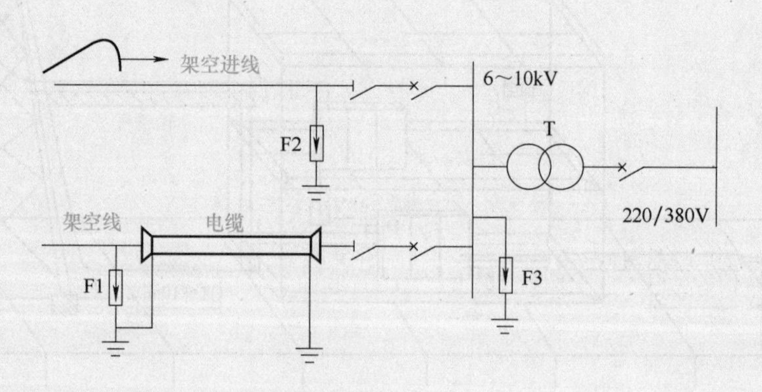

图3-11　高压变配电装置防雷电波侵入示意图

图3-12所示为变电所进线段的保护接线图。

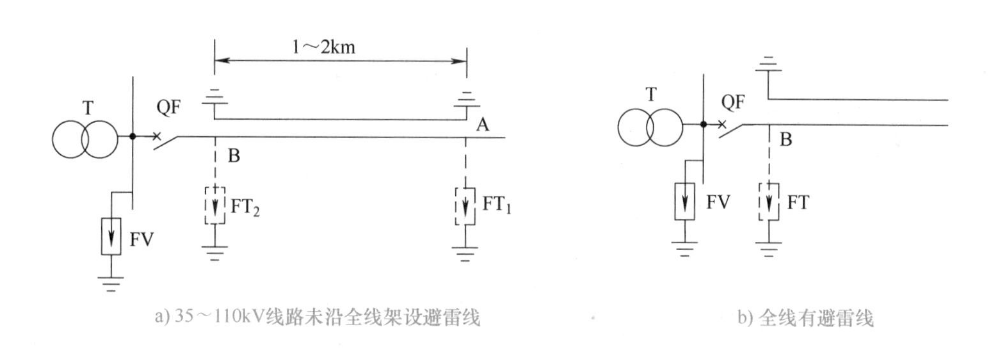

图3-12　变电所进线段的保护接线图

2）装设避雷器。避雷器主要是用来保护主变压器，以免雷击冲击波沿高压线路侵入变电所。阀式避雷器与变压器及其他被保护设备的电气距离应尽量缩短，其接地线应与变压器高压侧接地中性点及金属外壳连在一起接地。在多雷区，为防止雷电波沿低压线路侵入而击穿变压器的绝缘，还应在低压侧装设阀式避雷器或保护间隙。

图3-13所示为某变配电所的防雷保护措施示意图。

3. 旋转电机的防雷措施

旋转电机（发电机、调相机、变频机和电动机等）的防雷保护要比变压器困难得多，其雷害事故率也往往大于变压器，在同一电压等级的电气设备中，其冲击绝缘水平和冲击电气强度很低。

我国较多用磁吹避雷器（FCD）或金属氧化物避雷器作为旋转电机的主保护元件，并

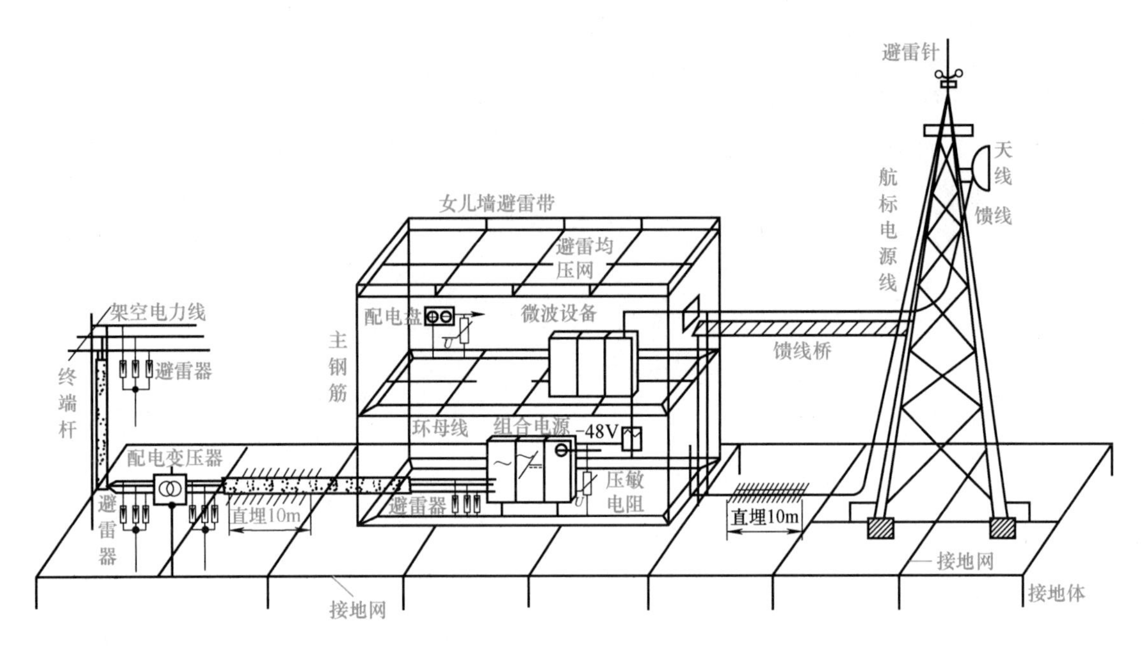

图 3-13　某变配电所的防雷保护措施示意图

尽可能靠近电机处安装，也要根据电机容量大小、雷电活动强弱和运行可靠性等确定保护措施。

图 3-14 所示为直配（发电机与相同电压等级的架空线路或电缆直接相连）电机有电缆段的防雷保护接线图。

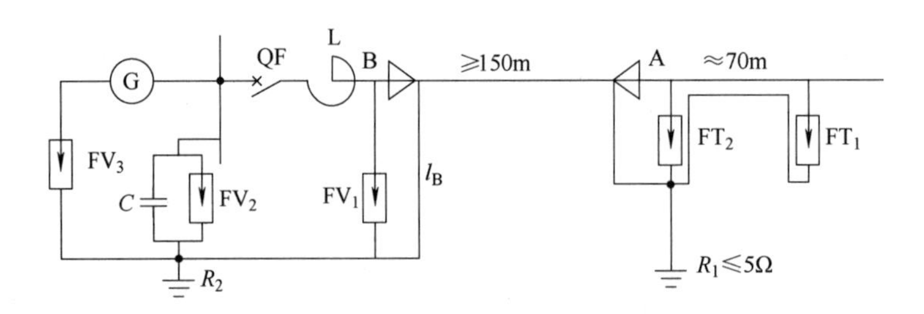

图 3-14　直配电机有电缆段的防雷保护接线

4. 建筑物的防雷措施

高层建筑的不断涌现和电气设备、电子设备的大量使用，使得雷电构成的威胁也日趋增加。

根据国家标准《建筑物防雷设计规范》（GB 50057—2010），建筑物应根据建筑物的重要性、使用性质、发生雷电事故的可能性和后果，按防雷要求分为下列 3 类：

1）第一类防雷建筑物是指因电火花而引起的爆炸，造成巨大破坏和人身伤亡的建筑物，如制造、使用或贮存大量爆炸物质（如炸药、火药等）的建筑物。

2）第二类防雷建筑物是指电火花不易引起爆炸或不致造成巨大破坏和人身伤亡的建筑物。

3）第三类防雷建筑物包括年预计雷击次数为0.01～0.05的部、省级办公建筑物和其他重要或人员密集的公共建筑物，以及火灾危险场所；年预计雷击次数为0.05～0.25的住宅、办公楼等一般性民用建筑物或一般性工业建筑物；在年平均雷暴日数大于15的地区高度在15m及以上，以及在年平均雷暴日数不超过15的地区，高度可为20m及以上的烟囱、水塔等孤立的高耸建筑物等。

第一类防雷建筑应有防直击雷、防感应雷和防雷电波侵入的措施。第二类防雷建筑物及第三类防雷建筑物应有防止直击雷和防雷电波侵入的措施。对其他不需要装设防直击雷装置的建筑物，只要求在进户处或终端杆上将绝缘子铁脚接地即可。

图3-15所示为某建筑防雷接地系统。

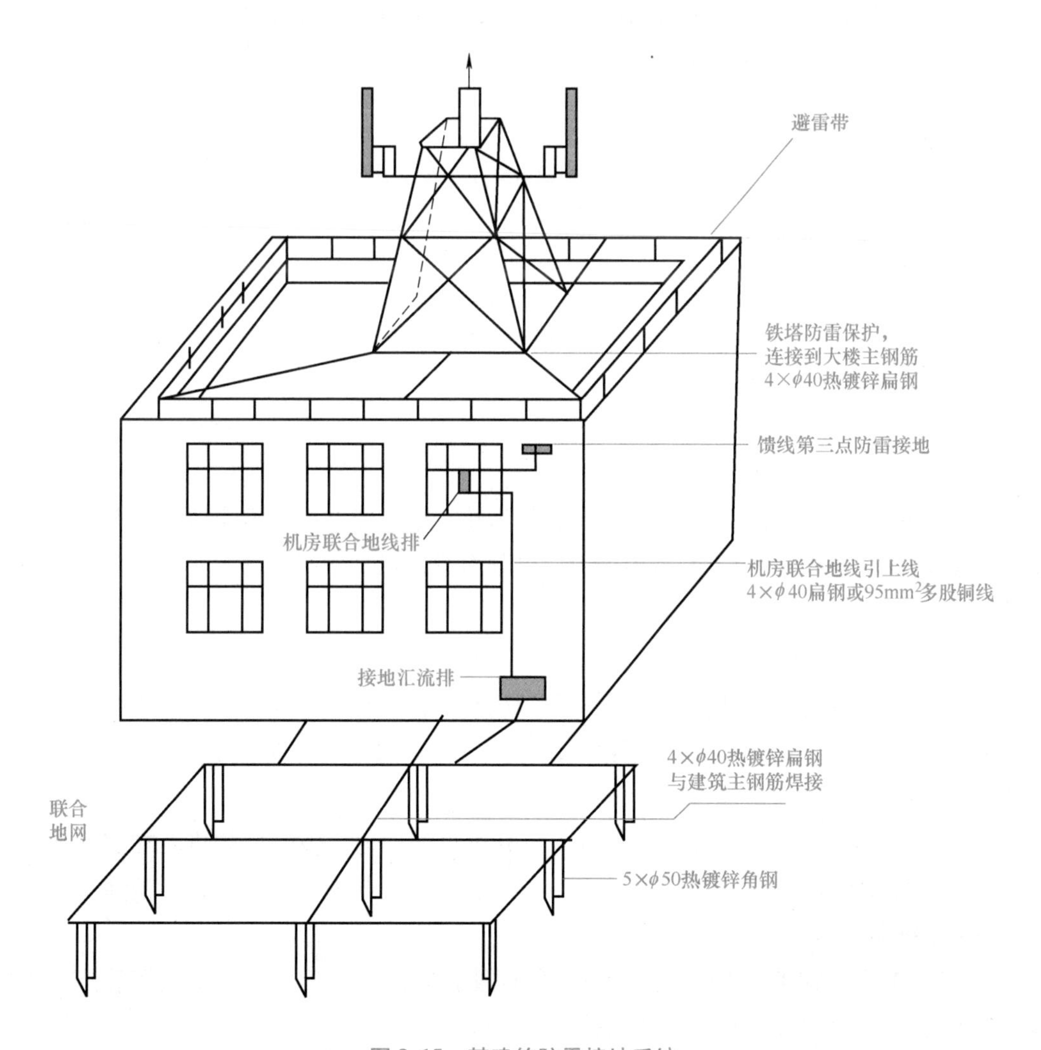

图3-15　某建筑防雷接地系统

建筑物安全防护系统包括建筑物防雷及接地、等电位联结和加装电源及通道保安器。图3-16所示为某建筑安全防护系统。

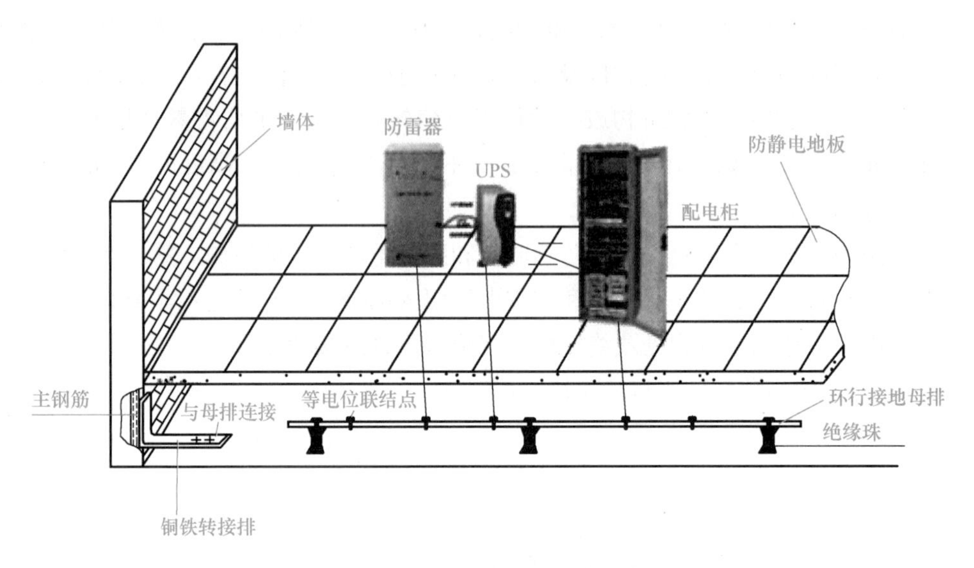

图 3-16 某建筑安全防护系统

二、静电防护

静电现象是十分普遍的电现象。人们在活动中，特别是生产工艺过程中产生的静电可能引起爆炸及其他危险和危害。

（一）静电的产生及危害

1. 静电的产生

摩擦能够产生静电是人们早就知道的，但为什么摩擦能够产生静电呢？实验证明，不仅仅是摩擦时，只要两种物质紧密接触而后再分离时，就可能产生静电。静电的产生是同接触电位差和接触面上的双电层直接相关的。

2. 静电的放电形式

1）接触分离起电。两种物体接触，其间距离小于 2.5×10^{-7}cm 时，由于不同原子得失电子的能力不同，不同原子（包括原子团和分子）外层电子的能级不同，其间即发生电子的转移。

2）破断起电。不论材料破断前其内电荷分布是否均匀，破断后均可能在宏观范围内导致正、负电荷的分离，即产生静电，这种起电称为破断起电。固体粉碎、液体分离过程的起电属于破断起电。

3）感应起电。在工业生产中，带静电物体能使附近不相连的导体如金属管道、零件表面的不同部位出现电荷的现象，这就是静电感应。

4）极化起电。绝缘体在静电场内，其内部和外表能出现电荷，是极化作用的结果。例如在绝缘的容器内盛装带电物体，容器外壁也因此极化产生电荷，就是这个原因。

5）流动带电。利用管路输送液体，液体与管路等固体接触时，在液体和固体的接触面形成双电层，双电层中的一部分电荷被带走而产生静电。

6）喷出带电。粉体、液体和气体从截面很小的出口喷出时，这些流动物体与喷口激烈摩擦，同时流体本身分子之间又相互碰撞，会产生大量的静电。

7）飞沫带电。喷在空中的液体，由于扩散和分离，出现了许多由细小液滴组成的新的液面，因而产生静电。

在现代工业生产中，静电的产生可能是由某种原因而造成的，但更多的可能是由多种原因综合作用的结果。

3. 静电的危害

在现代工业化生产中，静电可以造成危害：由于出现静电火花引起火灾和爆炸；静电的产生还会妨碍生产；静电还可能直接给人以电击等。在这些危害中，由静电引起的火灾和爆炸是最为严重的危害。静电电量虽然不大，但因其电压很高，很容易产生火花放电。

如果所在场所有易燃物品，又有易燃物品形成的爆炸性混合物，包括爆炸性气体、液体蒸汽和粉尘等，就可能由静电火花引起火灾和爆炸。因此，现代工业生产中，必须消除静电的危害。

（二）静电安全防护

静电安全防护是指为防止静电积累所引起的人身电击、火灾和爆炸、电子器件失效和损坏，以及对生产的不良影响而采取的防范措施。

1. 防止形成危险性混合物

静电引起火灾或爆炸的条件之一是有爆炸性混合物存在。为防止爆炸混合物的形成，以不可燃介质代替可燃介质，降低爆炸性混合物的浓度，使爆炸混合物的浓度低于爆炸下限；在爆炸和火灾危险场所采用通风装置，及时排除爆炸性混合物，防止静电火花引起的火灾或爆炸。

2. 工艺控制

工艺控制是指工艺上采取相应的措施，用以限制和避免静电的产生和积累，最常用的方法有：控制液体的流速；增强静电电荷的衰减；利用材质的搭配控制产生静电。

3. 防静电接地

防静电接地是消除导体上静电的最简单、最常用和最有效的方法，主要用来防止导体上贮存静电，同时也限制了带电物体的电位上升或由此而产生的静电放电，以及防止静电感应的危险。

防静电的接地方式，随物体导电性能的不同而不同。凡是可能产生静电和带电的金属导体，以及有可能受到静电感应的金属导体，均应采取直接接地。静电接地系统示意图如图3-17所示。

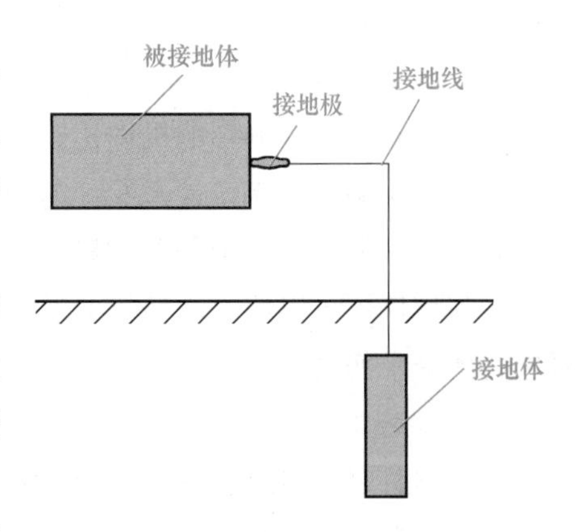

图3-17　静电接地系统示意图

不同对象的接地方法有所不同。例如，室外大型固定油罐一般都装有避雷接地，可不必单独安装静电接地，但应有两处以上的接地部位。而移动设备，例如铁路槽车和油罐汽车，都应利用设置在车体的专用接地导体进行静电接地等。

此外，有些工厂还应采用生产环境增加湿度、生产过程添加化学防静电剂以及采用专用静电消除器装置，以减小静电的危害。对特殊要求的场所，还必须采取相应措施，消除人体静电带电的危害，诸如工作人员人体接地，穿防静电工作服、工作鞋等。

想一想

如图 3-18 所示的汽车尾部的金属链，有何用途？

图 3-18 汽车尾部的金属链

三、电磁场防护

电磁污染是继水、气、噪声之后的第四大污染源。

（一）电磁场的危害

1. 电磁场的产生

电磁场是相互依存的电场和磁场的总称，是物理场的一种。任何一种交流电路都会向其周围的空间辐射电磁能量，形成有电力与磁力作用的空间，在此空间区域内，电场随时间变化引起磁场，磁场随时间变化又产生电场，二者互为因果，形成电磁场。

电子设备与电气装置广泛地应用在国民经济的各个领域，因此电磁辐射的危害已成为日益突出的问题。

2. 电磁场对生物体的影响

电磁场对生物体的影响机理比较复杂，涉及多门学科。

从动物实验和临床统计来看，电磁场可以对生物体的生殖系统、神经系统、心血管系统及肌体组织等产生一定程度的影响。适度的电磁场可以对生物体产生有益的生理效应，如一些理疗仪器可以给人治病，但过强的电磁场或长期暴露在一定强度的电磁场中，又会对生物体带来伤害。

3. 电磁场对人体的危害

1）超过一定强度的电磁场，会引起人的中枢神经系统的机能障碍和以交感神经疲乏紧张为主的自主神经紧张失调，其临床症状可表现为头昏脑涨、失眠多梦、疲劳无力、记忆力减退、心悸、头疼、四肢酸疼、食欲不振、脱发、多汗等，部分人员还会出现心动过缓、血压下降、心律不齐等症状。

2）电磁场对人体的危害程度，一般随频率的增高而递增。频率较低的电磁场的影响多数是功能性的，是可逆的，人体脱离电磁场的影响后，功能可逐渐恢复正常；频率高的电磁场往往会造成器质性的损伤，如眼睛晶状体混浊、皮肤灼伤等。

3）电磁场对人体的危害有一定的累积效应，随着人体在电磁场中暴露时间的增加和积累，症状会逐渐加重。

4）电磁场是无声、无光、无味的作用场，具有很强的“隐蔽性”，往往不被人们所察觉和重视。

4. 电磁场的环境和卫生标准

我国已颁布的与电磁场危害有关的环境和卫生标准有：《电磁环境控制限制》（GB 8702—2014）、《工业企业设计卫生标准》（GBZ 1—2010）、《工业场所有害因素职业接触限值　第2部分：物理因素》（GBZ 2.2—2007）等。具体指标限值详见上述各标准。

（二）电磁场安全防护

为了防止电磁场的伤害，应根据现场特点，采用不同材料的屏蔽装置以及采取相应的屏蔽措施。

图3-19所示为军用方仓电磁防护示意图。

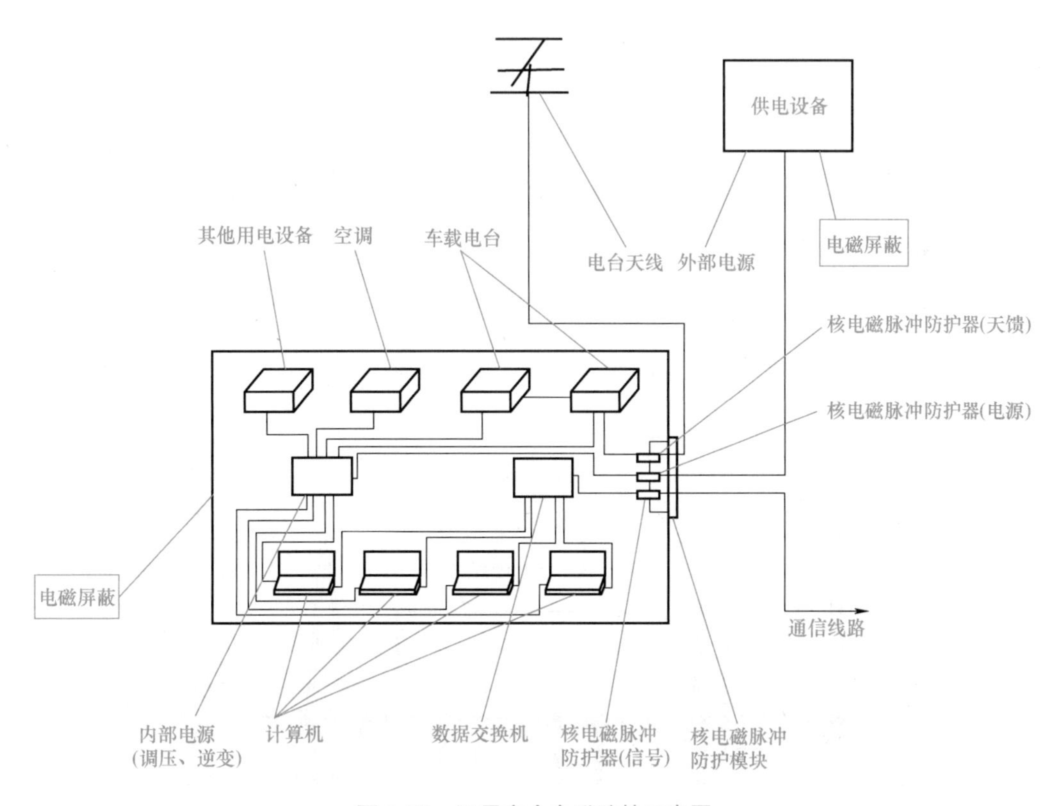

图3-19　军用方仓电磁防护示意图

1. 屏蔽

常采用钢板、铝板或网眼细小的铜、铝制成屏蔽体。对于微波电磁场，为了防止泄漏，除可采用一般屏蔽措施外，还可采用抑制电磁场泄漏和吸收电磁场能量的办法。为了防止微波电磁场对人体的伤害，在某些实现屏蔽或吸收有困难的情况下，工作人员可穿特制的金属服。

2. 高频接地

高频接地包括高频设备金属外壳接地和高频接地。高频接地线采用多股铜线或多层铜皮制成。

3. 改进操作工艺

采用远距离控制或自动化作业，使操作人员远离电场源。

4. 使用个人防护用具

适用于电磁波防护的个人防护用品有屏蔽服、屏蔽头盔和防护眼镜等。防护眼镜主要用于对微波的防护。

普通民众需要穿防辐射服吗？

认知实践

1）图 3-20 所示为 35kV 及以下等级的变电所必须安装独立避雷针的示意图，请指出避雷针的位置。

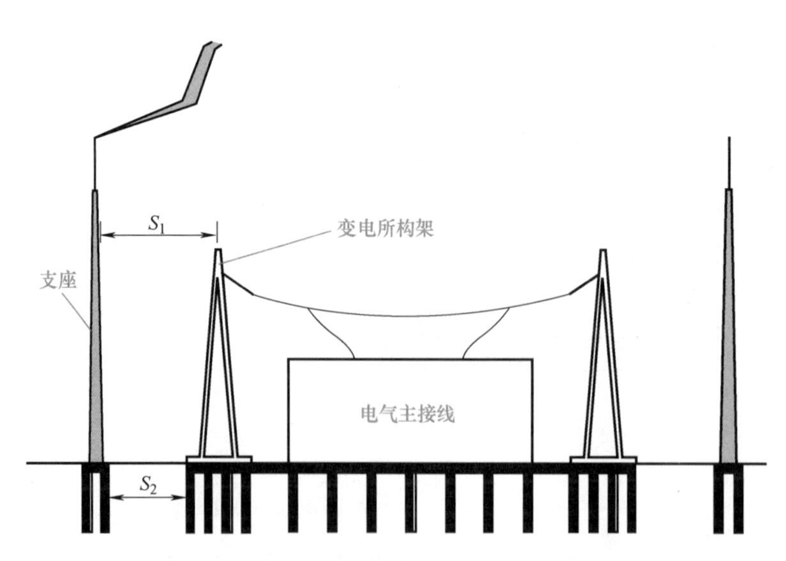

图 3-20　变电所必须安装独立避雷针的示意图

2）图 3-21 所示为集成电路生产、包装所用的防静电工作台，请查阅相关资料，将图中的三处防静电设施名称（有英文提示）补充完整。

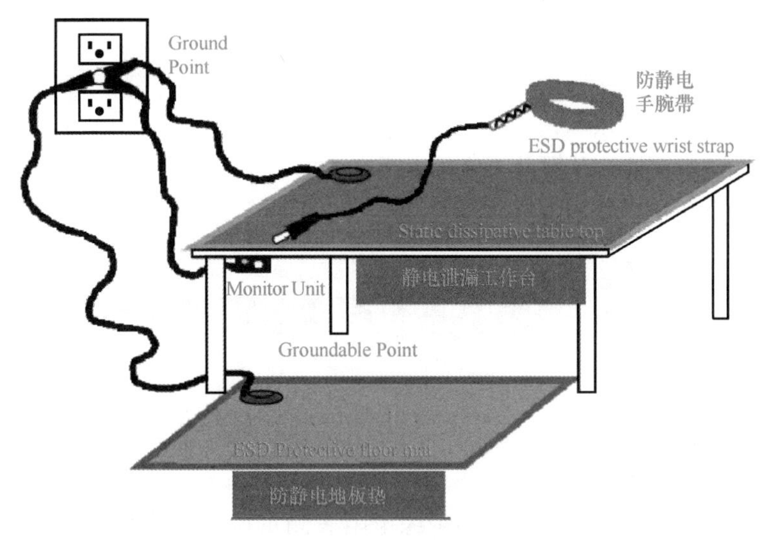

图3-21 防静电工作台

3）某同学说：避雷器应与被保护设备并联，装设在被保护设备的电源侧，如图3-22所示。说法对吗？

4）图3-23所示为某设备防静电接地的示意图，经过讨论，同学们认为图3-23a接法正确，图3-23b接法错误，对吗？为什么？

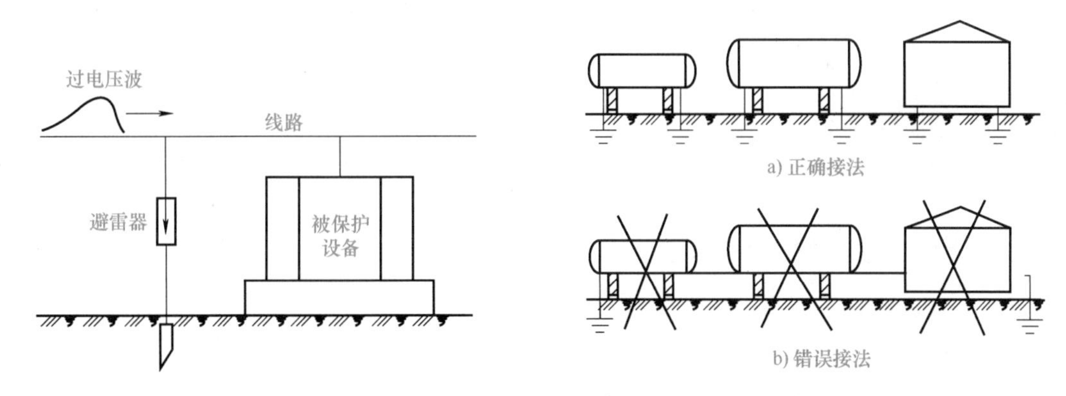

图3-22 避雷器与被保护设备的连接

图3-23 某设备防静电接地的示意图

5）图3-24所示为某设计院设计的接地网示意图。其中的铜排网有什么防护作用？

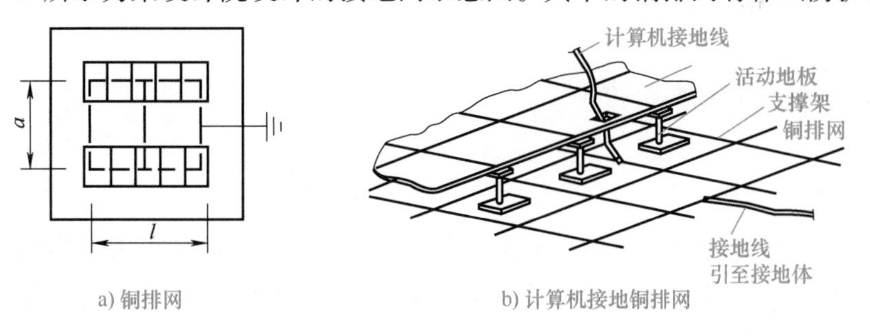

图3-24 接地网示意图

思考与练习

1. 雷电主要的危害是什么？
2. 防止静电危害主要应从哪几个方面入手？
3. 电磁场安全防护措施有哪些？

任务2　电气试验与测量安全技术

任务描述

电气设备的测量工作，主要指用绝缘电阻表测量设备的绝缘电阻、用便携式仪器测量高压设备的电压或进行设备定相、用远红外线测温仪器测量电气设备工作温度、用钳形电流表测量设备的负荷电流、用外界电源做设备的预防性绝缘试验及其他各项试验工作。

试验与测量工作和其他电气工作一样，为了保证人身和设备安全，在采取一般安全措施的同时，还必须根据试验和测量工作的特点，采取一些特殊的安全措施。

这里介绍电力生产过程中经常进行的几种电气试验与测量工作的安全注意事项。

知识要点

一、电气绝缘防护与检测

（一）绝缘防护与绝缘材料

1. 绝缘的作用

绝缘通常可分为气体绝缘、液体绝缘和固体绝缘三种。

绝缘防护是最基本的安全防护措施之一。所谓绝缘防护，就是使用绝缘材料将带电导体封护或与人体隔离，使电气设备及线路能正常工作，防止人身触电事故的发生。

2. 绝缘防护种类

绝缘防护种类见表3-1。

（二）绝缘破坏的形式

1. 绝缘击穿

击穿是电气绝缘遭受破坏的一种基本形式，绝缘物在强电场等因素作用下完全失去绝缘性能的现象称为绝缘击穿。电介质发生击穿时的电压称为击穿电压，击穿时的电场强度称为击穿强度。

表 3-1　绝缘防护种类

类型	图例	说明
电线电缆绝缘层	导体 EPR绝缘层 CPE/CR护套层	电线电缆绝缘层的主要作用是绝缘，另外，对于没有保护层的和使用时经常移动的电线电缆，它还起到机械保护的作用。绝缘层大多采用橡胶和塑料，它们的耐热等级决定电线电缆的允许工作温度
绝缘胶带		普通绝缘胶带可用于 1kV 以下低压电线电缆接头的绝缘包扎或架空电气引线作绝缘和密封，适用于防水线、电缆头和各种接头
绝缘子		绝缘子用来固定导线，使导线对地绝缘，绝缘子有低压绝缘子和高压绝缘子两大类
电线管及管件		电线管及管件有耐潮、防腐、使导线不易受机械损伤等作用，广泛适用于室内外照明和动力线路的明、暗装配线
工具绝缘手柄		电工常用工具应具有性能良好的绝缘手柄。使用工具前，必须检查绝缘手柄是否完好。如果绝缘体损坏或破裂，进行电工作业时容易发生触电事故

2. 绝缘老化

电气设备的绝缘材料在运行过程中，受到热、电、光、氧、机械力、微生物等因素的长期作用，会发生一系列的化学物理变化，从而导致其电气性能和机械性能的逐渐劣化称为绝缘老化。在低压电气设备中，绝缘老化主要是热老化；在高压电气设备中，绝缘老化主要是电老化，它是由绝缘材料的局部放电引起的。

3. 绝缘破坏

绝缘破坏是指绝缘材料受到外界腐蚀性液体、气体、蒸气、潮气、粉尘的污染和侵蚀，以及受到外界热源或机械因素的作用，在较短或很短的时间内失去电气性能或机械性能的现象。

（三）绝缘性能指标与测定

1. 绝缘电阻

绝缘材料的绝缘电阻是加于绝缘材料的直流电压与流经绝缘材料的电流（泄漏电流）之比。绝缘电阻是最基本的绝缘性能指标。足够的绝缘电阻能把泄漏电流限制在很小的范围内，有效地防止漏电造成的触电事故。

绝缘电阻通常用绝缘电阻表测定，绝缘电阻表测量实际上是给被测物加上直流电压，测量通过其中的泄漏电流（仪表表盘上的刻度是经过换算得到的绝缘电阻值）。不同线路或设备对绝缘电阻有不同的要求，一般来说，高压较低压要求高、新设备较老设备要求高、室外的较室内的要求高、移动的比固定的要求高。下面列出了几种主要线路和设备应达到的绝缘电阻值。

1）新装和大修后的低压线路和设备，要求绝缘电阻不低于 0.5MΩ。

2）运行中的线路和设备，绝缘电阻可降低为每伏工作电压 1000Ω。

3）在潮湿环境中绝缘电阻不应低于每伏工作电压 500Ω。

4）便携式电气设备的绝缘电阻不应低于 2MΩ。

5）控制线路的绝缘电阻不应低于 1MΩ，但在潮湿环境中可降低为 0.5MΩ。

6）高压线路和设备的绝缘电阻一般应不低于 1000MΩ。

7）架空线路每个悬式绝缘子的绝缘电阻应不低于 300MΩ。

8）电力变压器投入运行前，绝缘电阻应不低于出厂时的 70%。

2. 吸收比

吸收比是从开始测量起第 60s 的绝缘电阻 R_{60} 与第 15s 的绝缘电阻 R_{15} 的比值，用绝缘电阻表测定。测取绝缘的吸收比是为了判断绝缘的受潮情况。直流电压作用在电介质上，有 3 部分电流通过，即介质的泄漏电流、吸收电流和瞬时充电电流。吸收电流和瞬时充电电流在一定的时间后都趋近于零，而泄漏电流与时间无关。

（四）绝缘电阻检测方法

电气设备绝缘水平的好坏直接影响电气设备的安全运行和工作人员的安全，测量绝缘电阻是判断电气设备绝缘好坏最简单、最常用的方法。因此，电气设备（如发电机、变压器、电动机电缆）投入运行之前以及检修完毕以后，都要测量设备的绝缘电阻。

1. 绝缘电阻表的结构

绝缘电阻表是一种专门用来测量电气设备绝缘电阻的便携式仪表，如图 3-25 所示。传统的绝缘电阻表主要由手摇发电机、磁电系比率表以及测量线路组成。手摇直流发电机的额定电压主要有 500V、1000V、2500V 等几种。

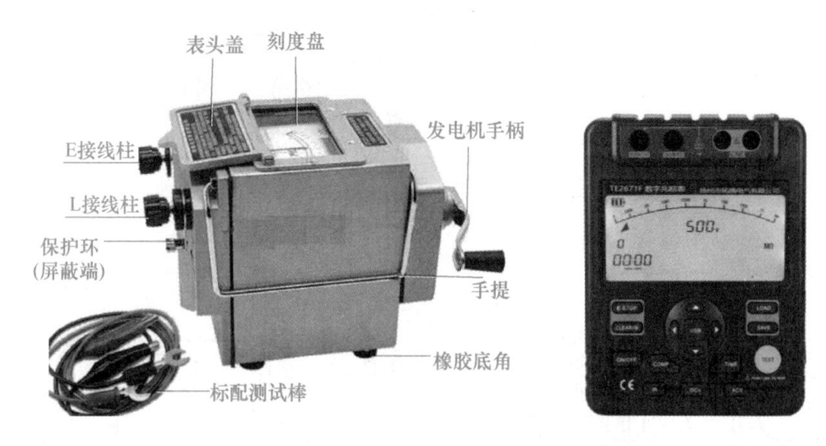

图3-25 手摇式和数字式绝缘电阻表

2. 手摇式绝缘电阻表（绝缘电阻表）使用前的检查

1）仪表使用前的检查。将绝缘电阻表水平放置，空摇绝缘电阻表，指针应该指到“∞”处，再慢慢摇动手柄，同时将L和E接线柱的连线瞬时短接，指针应迅速指零。注意：此L和E接线柱的连线短接时间不宜过长，否则会损坏绝缘电阻表。如果指针不能指零，说明仪表已损坏，不能正常使用。

2）被测电气设备和电路的检查。看其是否已全部切断电源，绝对不允许设备和线路带电时用绝缘电阻表去测量。对被测设备或线路中的电容应先放电再测量，以免危及人身安全、损坏仪表，同时注意清除测量处的污物，保证测量结果的准确性。

3. 绝缘电阻表的使用训练

1）测量线路的绝缘电阻。将绝缘电阻表的“接地”接线柱（即E接线柱）可靠接地（一般接到某一接地体上），将“线路”接线柱（即L接线柱）接到被测线路上，如图3-26a所示。连接好后，顺时针摇动绝缘电阻表，转速逐渐加快，保持在约120r/min后匀速摇动，当转速稳定且表的指针也稳定后，指针所指示的数值即为被测物的绝缘电阻值。

实际使用中，E和L两个接线柱也可以任意连接，即E接线柱可以与接被测物相连接，L接线柱可以与接地体连接（即接地），但屏蔽接线柱（即G接线柱）决不能接错。

2）测量电动机的绝缘电阻。将绝缘电阻表的E接线柱接机壳（即接地），L接线柱接到电动机某一相的绕组上，如图3-26b所示，测出的绝缘电阻值就是某一相的对地绝缘电阻。

3）测量电缆的绝缘电阻。测量电缆的导电线芯与电缆外壳的绝缘电阻时，将E接线柱与电缆外壳相连接，L接线柱与线芯连接，同时将G接线柱与电缆外壳、线芯之间的绝缘层相连接，如图3-26c所示。

4. 使用注意事项与选用

1）使用前应做开路和短路试验。如图3-27所示。使L和E两个接线柱处在断开状态，摇动绝缘电阻表，指针应指向“∞”；将L和E两个接线柱短接，慢慢地转动，指针应指向“0”处。这两项都满足要求，说明绝缘电阻表是好的。

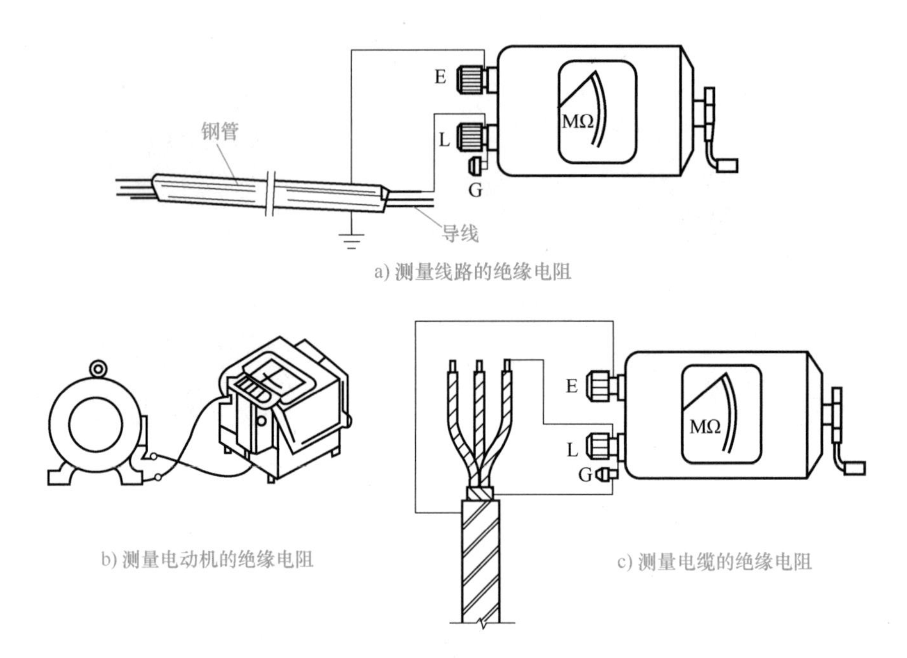

a) 测量线路的绝缘电阻

b) 测量电动机的绝缘电阻

c) 测量电缆的绝缘电阻

图 3-26　绝缘电阻表的接线方法

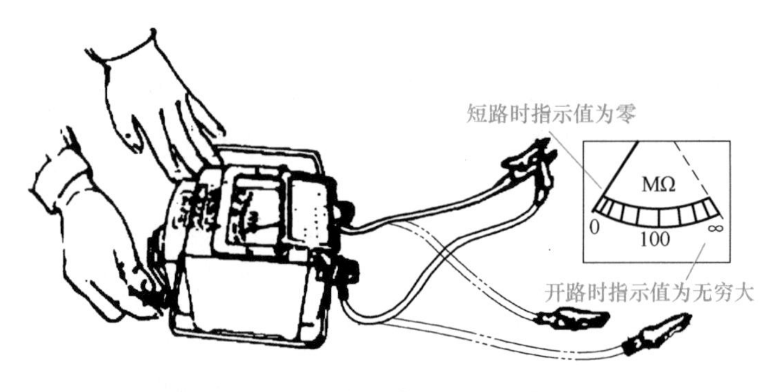

图 3-27　绝缘电阻表开路、短路试验

2）测量电气设备的绝缘电阻时，必须先切断电源，然后将设备进行放电，以保证人身安全和测量准确。

3）绝缘电阻表测量时应放在水平位置，并用力按住绝缘电阻表，防止在摇动中晃动，摇动的转速为 120r/min。

4）引接线应采用多股软线，且要有良好的绝缘性能，两根引线切忌绞在一起，以免造成测量数据的不准确。

5）测量完后，应立即对被测物放电，在绝缘电阻表的手柄未停止转动和被测物未放电前，不可用手去触及被测物的测量部分或拆除导线，以防触电。

6）绝缘电阻表的选用。根据被测线路或设备的额定电压，选择相对应电压等级的绝缘电阻表。额定电压在 500V 以下的低压设备或线路，应选用 500V 绝缘电阻表；额定电压在 500V 以上的低压设备或线路，应选用 1000V 的绝缘电阻表；高压设备或线路应选用

2500V 的绝缘电阻表。

二、运行温度检测

（一）电气设备温度监测的意义

在电力系统中，许多重大事故都是由于电气设备过热激化造成的。如能正确判断，及时发现电气设备过热隐患，可大大减少供电系统的运行事故，提高供电的可靠性。

各种电气设备，不管是静止的还是旋转的，只要接入电力系统，就要承受一定的电压，通过一定的电流，就会产生一定的热量，温度就会升高。电气设备的高温过热与多种因素有关，其中材料性能、结构特点、绝缘等级和负荷大小起着决定因素。

（二）电力设备温度监测

长期过热将加快电气设备绝缘老化，严重影响其使用寿命（绝缘材料使用温度超过允许值 8～12℃，其使用寿命减半）。所以要密切关注和监视电气设备运行中各部分温升的变化，使其在允许范围内工作。

1. 变色漆和温蜡片测温法

变色漆和温蜡片测温法主要用于测量母线和导线接头处及熔丝夹头外部的温度变化，一般母线有焊接、压接和搭接三种连接方法。

变色漆是随温度改变颜色的一种涂料。把它涂在接头处，常温是黄色，30℃以上开始变色，45℃为橙色，65℃为橙赤色。温度越高，颜色越深。温度下降，颜色变回。

用温蜡片监视载流导线接头温度，达到预定温度，温蜡片开始熔化，据此可判断导线接头温度的变化。

2. 温度计测温法

将酒精温度计的球体用锡纸包缠后插入电机吊环孔内，使温度计球体与孔内四周紧贴，然后用棉花将孔封严。此时温度计测得的温度比电机绕组最热点低 10℃左右，故把所测得的温度加上 10℃，再减去环境温度即为电机实际温升。该法最简单，在中、小电机现场应用最广。

3. 电阻测温法

采用电阻法，首先用电桥或其他电阻表测出电机绕组冷态直流电阻 R_1 的数值和温度值下，再测出电机运行后绕组热态直流电阻 R_2，代入式（3-1）中算出绕组的温升（单位为 K）。

$$T_2=[(R_2-R_1)R_1](T_1+K) \tag{3-1}$$

式中，T_2 为绕组温升（K）；T_1 为冷态环境温度（℃）；K 为温度系数，铜线为 235，铝线为 225。

用电阻法推算出来的是平均温升，平均温升和最高温升允许相差 5K 左右。如推算出来的温升是 60K，实际最热点的温升已到 65K。

4. 埋置检温计法

埋置温度计法常将铜或铂电阻温度计或热电偶埋置在绕组、铁心或其他需要测量预期且温度最高的部件里。其测量结果反映出测温元件接触处的温度。大型电机常采用此法来监视电机的运行温度。

1）电阻体温度计是利用铂电阻或半导体电阻值随温度改变的性质而制成的，结构示例如图 3-28 所示。

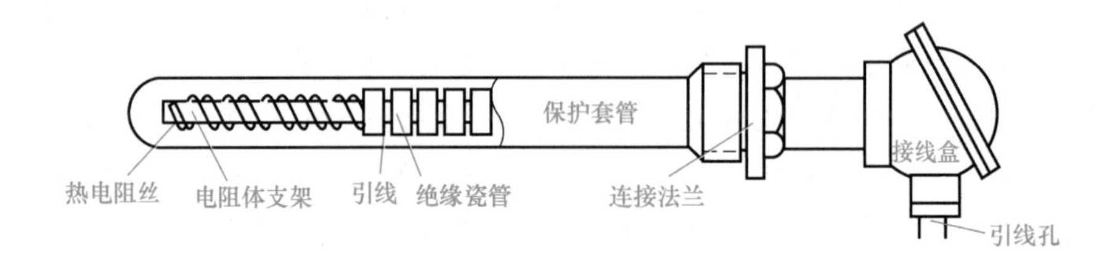

图 3-28　电阻体温度计示例

使用半导体 PTC 热敏电阻或半导体温度继电器，将其埋置在电机定子槽底与铁心之间，或定子绕组端部，用来直接检测绕组温度，用以保护电机。

2）热电偶温度计以热电效应为基础，结构示例如图 3-29 所示。

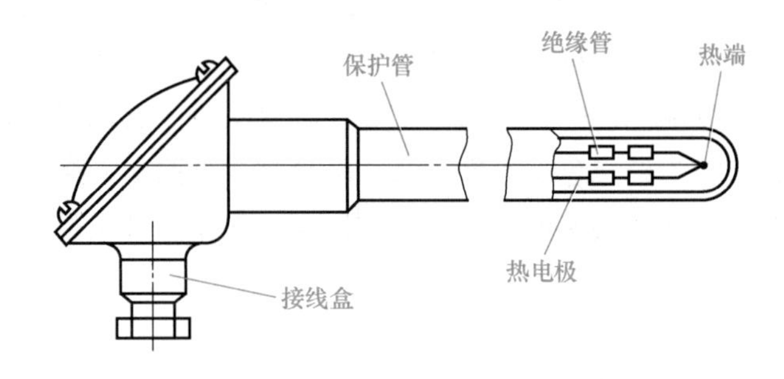

图 3-29　热电偶温度计示例

5. 红外测温仪法

目前，电力系统广泛采用远红外线测温仪器对设备进行测温。红外测温仪器主要有三种类型：红外热像仪、红外热电视和红外测温仪（点温仪）。

红外测温仪器通过对物体自身辐射的红外能量的测量，便能准确地测定它的表面温度。

6. 电力设备温度在线监测技术

电力设备温度在线监测技术一般由先进的传感器技术、通信系统、计算机与信息处理技术、专家分析系统及系统数据信息库组成。随着科学技术的不断发展，电力设备温度在线监测技术向着自动化、智能化、实用化的方向发展，与物联网、移动应用 APP 等技术的结合将是未来发展的趋势。

1）物联网技术的应用。面向电力设备温度在线监测的物联网架构分为三层：感知层、网络层、应用层。

2）无源传感器技术。采用无源传感器技术的温度在线监测传感器可以在电力设备生命周期内免维护，提升了电力设备温度在线监测系统的可靠性。

3）点线面结合，温度全面监测。根据不同电力设备的特点和重要程度，对其采用不同的温度监测方式。

4）移动应用 APP，随时随地监测设备状态。将电力设备状态监测信息通过互联网和移动网络共享至移动应用平台，在手机或平板电脑中安装电力设备状态监测移动应用 APP。

三、接地电阻检测

（一）接地电阻概述

接地电阻是用来衡量接地状态是否良好的一个重要参数，是电流由接地装置流入大地，再经大地流向另一接地体或向远处扩散所遇到的电阻，它包括接地线和接地体本身的电阻、接地体与大地之间的接触电阻，以及两接地体之间大地电阻或接地体到无限远处的大地电阻。

接地电阻大小直接体现了电气装置与“地”接触的良好程度。接地电阻的概念只适用于小型接地网；随着接地网占地面积的加大以及土壤电阻率的降低，接地阻抗中感性分量的作用越来越大，大型地网应采用接地阻抗设计。

对于高压和超高压变电所来说，应当用“接地阻抗”的概念取代“接地电阻”。

影响接地电阻的因素有接地极的大小（长度、粗细）、形状、数量、埋设深度、周围地理环境（如平地、沟渠、坡地是不同的）、土壤湿度和质地等。

测量接地电阻的目的是检查接地装置的接地电阻是否符合规程和设计的要求、接地体是否存在严重锈蚀、有无被冲刷外露或断脱等缺陷。

（二）接地电阻测量仪

接地电阻测量仪按照结构形式不同可分为指针式接地电阻测量仪和数字式接地电阻测量仪。接地电阻测量仪适用于电力、邮电、铁路、通信、矿山等部门测量各种装置的接地电阻以及测量低电阻的导体电阻值；接地电阻测量仪还可以测量土壤电阻率及地电压。

1. 数字式接地电阻测量仪

数字式接地电阻测量仪（多功能型）是检验测量接地电阻的常用仪表，采用了超大 LCD 灰白屏背光显示和微处理器技术，满足二线、三线测试电阻要求。

（1）精密法测量接地电阻

精密法测量接地电阻采用三线连接，辅助接地棒、测试线都连接好后，切换功能测量电阻 R 模式，按“TEST”键开始测量，测量中 LED 指示灯闪烁，LCD 倒计数显示，测量完成后指示灯灭，LCD 显示测量值。

从被测物体开始，每隔 5 ~ 10m 分别将辅助接地棒呈一直线插入大地，将接地测试线（红、黄、绿）从仪表的 H、S、E 接口开始对应连接到辅助电流极 H、辅助电压极 S、被测接地极 E 上，如图 3-30 所示。

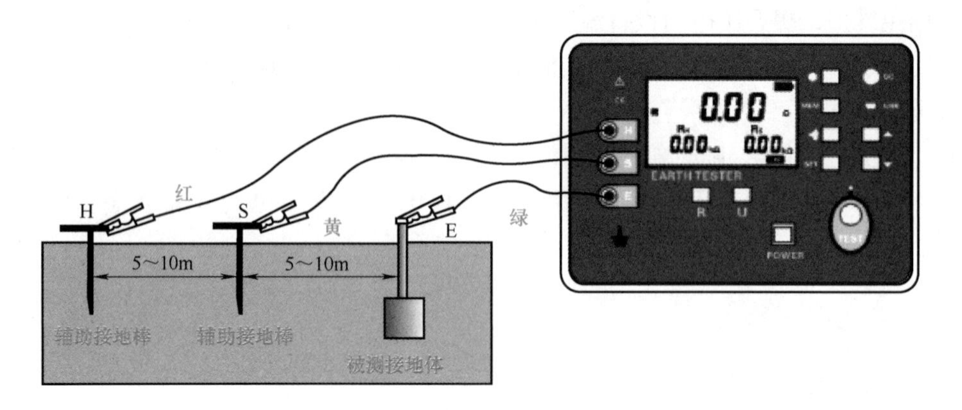

图 3-30　精密法测量接地电阻

（2）简易法测量接地电阻

此方法是不使用辅助接地棒的简易测量法，利用现有的接地电阻值小的接地极作为辅助接地极，使用两条简易测试线连接（即其中 H、S 接口短接）。

可以利用金属水管、消防栓等金属埋设物、商用电力系统的共同接地或建筑物的防雷接地极等来代替辅助接地棒 H、S，测量时注意去除所选金属辅助接地体连接点的氧化层。

接地电阻简易测试接线如图 3-31 所示，其他操作和精密法测量相同。

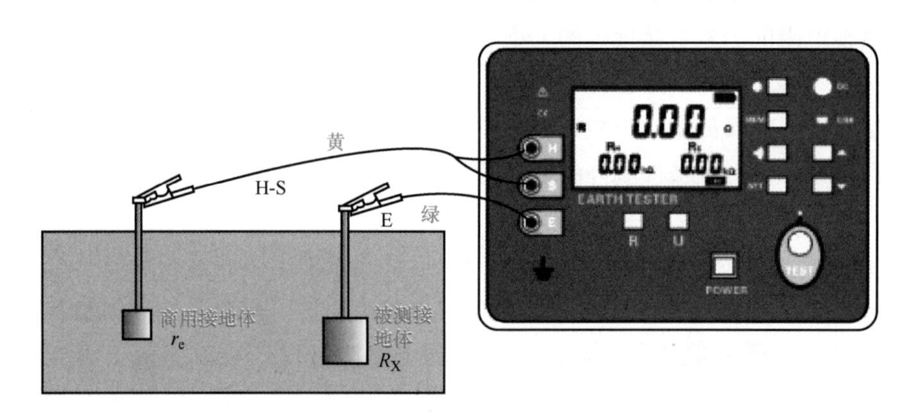

图 3-31　简易法测量接地电阻

被测接地体的接地电阻值为 $R_X = R_E$（仪表读数值）$- r_e$（商用电力系统等共同接地体的接地电阻值）。

（3）双钳法测量接地电阻值

双钳法适合测量独立多点接地系统的情况，如图 3-32 所示，在多点接地系统中无需打地桩测量接地电阻值，将两个电流钳 A 和 B 同时钳入被测接地引下线中，注意两个电流钳方向要一致并且保持间距大于 30cm，两个电流钳不得互换，否则会产生误差。

按一下仪表红色“TEST”键开始测试，测试完毕后显示稳定的数据，即被测接地体的接地电阻值。

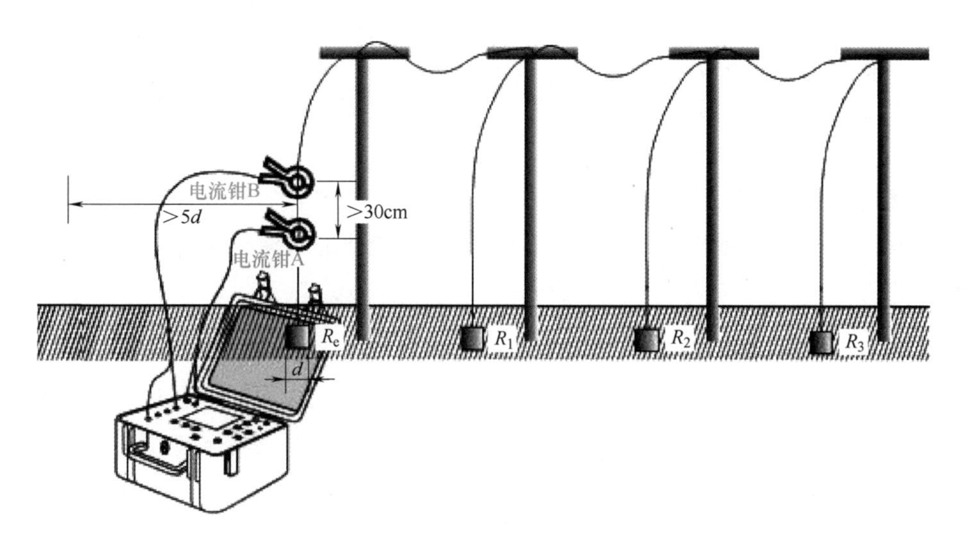

图 3-32　双钳法测量接地电阻值

2. ZC-8 型接地电阻测量仪

ZC-8 型接地电阻测量仪的外形与普通绝缘电阻表差不多。ZC 型接地电阻测量仪的外形结构随型号的不同稍有变化，但使用方法基本相同。ZC-8 型接地电阻测量仪的结构如图 3-33 所示，测量仪还随表附带导线三根、接地探测棒两支。

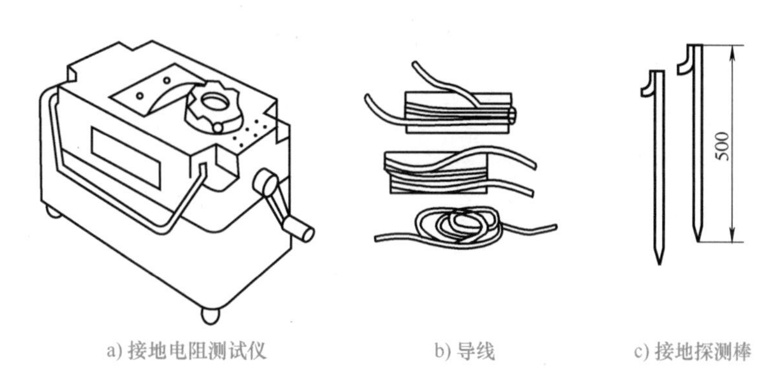

图 3-33　ZC-8 型接地电阻测量仪

它由一只高灵敏度的磁电系检流计、手摇交流发电机、电流互感器以及调节电位器等组成。考虑到被测接地电阻大小不同，量程有 0～1/10/100Ω 和 0～10/100/1000Ω 两种。

接地电阻测量仪的工作原理如图 3-34 所示，是根据补偿法原理制成的。接地电阻测量仪有 3 个量程，可以测量不同接地电阻的大小，用联动的转换开关 S 同时改变互感器二次侧的并联电阻和检流计的并联电阻，即可改变量程。通过选择不同的量程档，并调节仪表面板上电位器补偿电阻 R 的旋钮使检流计指零，使 P_1 电极的电位与 R 可调端的电位相等，就可以由读数盘上读得 r 的值，则被测接地电阻为

$$R_X = Kr$$

式中，K 为电流互感器的电流比。

为了保证检流计的灵敏度不变，测量仪还设置了检流计的分流器电阻 $R_5 \sim R_8$，为了隔断地中直流杂散电流，测量仪在 P_1 端用了电容 C。

一般接地电阻测量仪采用的是交流电源，但用作指零仪表的检流计是磁电系的，所以仪表还备有机械整流器或相敏整流器，以便将交流发电机的交流电压整流为检流计所需的直流电压。

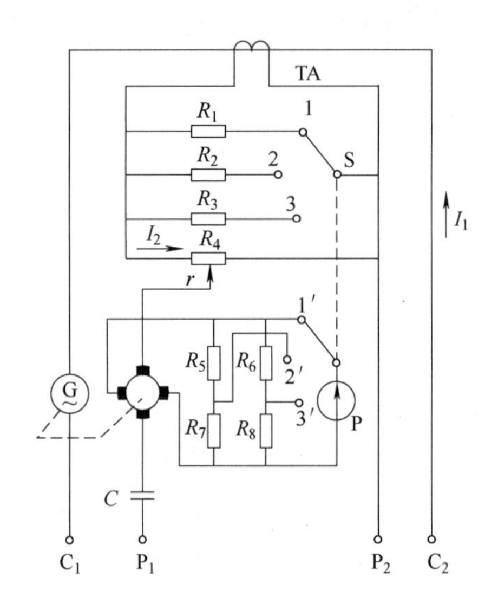

图 3-34　ZC 型接地电阻测量仪的工作原理

四、电流检测

（一）钳形电流表

1. 钳形电流表概述

钳形电流表又称为钳表，是一种便携式仪表，它是测量交流电流的专用电工仪表，一般用于不断开电路测量电流的场合。

钳形电流表使用方法简单，如图 3-35 所示，握紧钳形电流表的手柄时，铁心张开，将通有被测电流的导线放入钳口中。松开手柄后铁心闭合，被测载流导线相当于电流互感器的一次绕组，绕在钳形表铁心上的线圈相当于电流互感器的二次绕组。

于是二次绕组便感应出电流，送入整流系电流表，使指针偏转，指示出被测电流值（电流表的标度值是按一次电流刻度的）。

不过现在数字显示钳形电流表的广泛使用，给钳形表增加了很多万用表的功能，比如电压、温度、电阻等（有时称这类多功能钳形表为钳形万用表），可通过旋钮选择不同功能，使用方法与一般数字万用表相差无几，对于一些功能按钮的含义，则应参考对应的说明书。

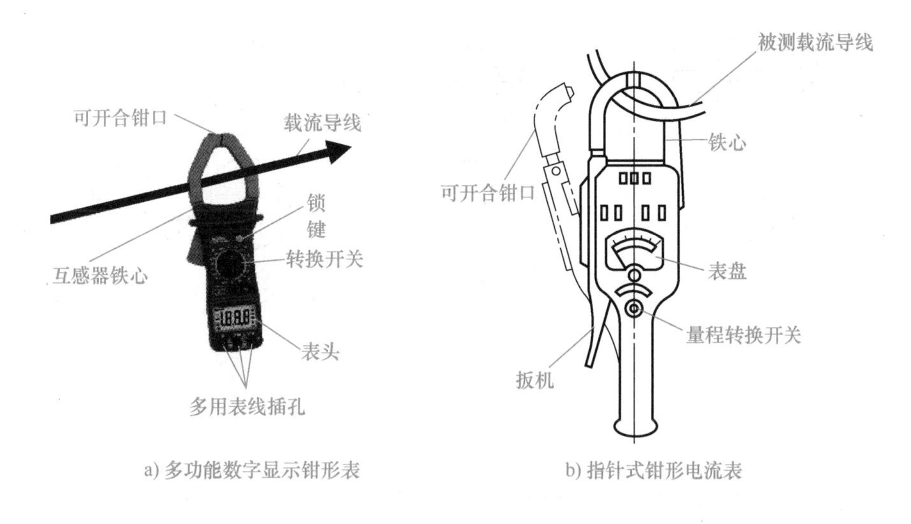

a) 多功能数字显示钳形表　　b) 指针式钳形电流表

图 3-35　钳形电流表

2. 钳形电流表测电流

用钳形电流表测电流的方法如图 3-36 所示。

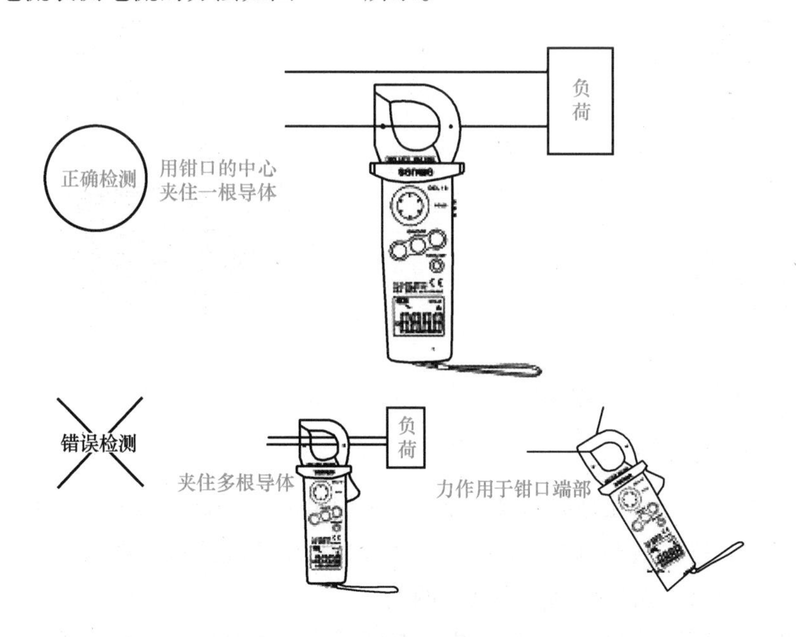

图 3-36　用钳形电流表测电流

用钳形电流表测量漏电电流的方法如图 3-37 所示。

测量漏电电流时，两根（单相二线式）或三根（单相三线式、三相三线式）要全部夹住，也可夹住接地线进行测量。

在低压电路上测量漏电电流的绝缘管理方法，已成为首选的判断手段，在不能停电的楼宇和工厂，便逐渐采用钳形电流表测量漏电电流。

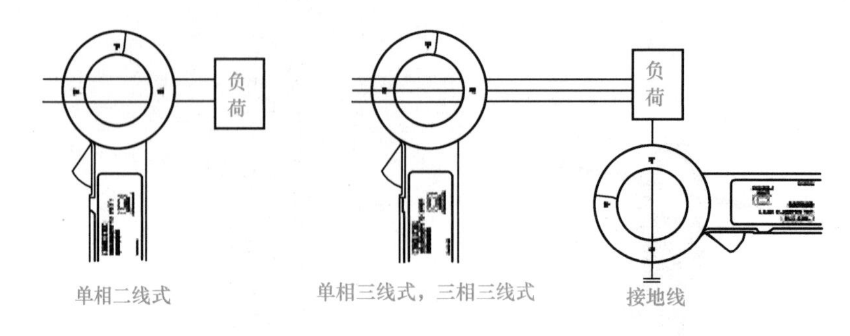

图 3-37　用钳形电流表测量漏电电流的方法

（二）电流互感器

1. 电流互感器概述

电流互感器是依据电磁感应原理将一次大电流转换成二次小电流来测量的仪器。电流互感器由闭合的铁心和绕组组成。它的一次绕组匝数很少，串联在需要测量电流的线路中。LMZJ1-0. 5 型电流互感器如图 3-38 所示，LQJ-10 型电流互感器如图 3-39 所示。

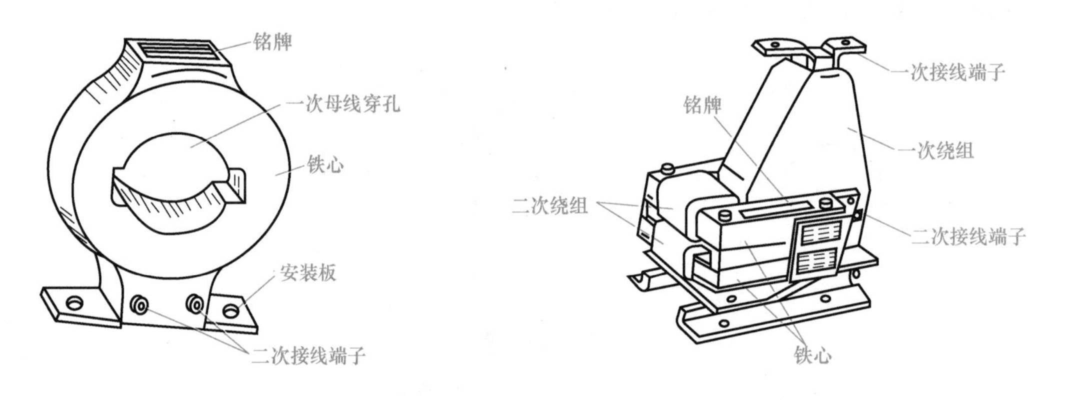

图 3-38　LMZJ1-0. 5 型电流互感器图　　图 3-39　LQJ-10 型电流互感器

2. 电流互感器分类

按照用途不同，电流互感器大致可分为测量用电流互感器（在正常工作电流范围内，向测量、计量等装置提供电网的电流信息）和保护用电流互感器（在电网故障状态下，向继电保护等装置提供电网故障电流信息）两类。

保护用电流互感器分为过负荷保护电流互感器、差动保护电流互感器、接地保护电流互感器（零序电流互感器）三类。

保护用电流互感器主要与继电装置配合，在线路发生短路过负荷等故障时，向继电装置提供信号切断故障电路，以保护供电系统的安全。

3. 电流互感器接线

电流互感器的接线方式按其所接负荷的运行要求确定。用于电流保护的电流互感器的常用接线方式如图 3-40 所示。若测量电流值，则将图中的过电流继电器换成电流表。

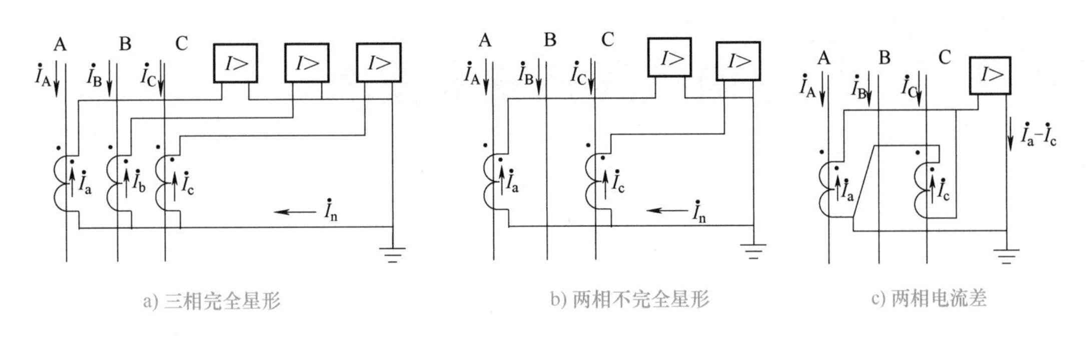

图3-40 用于电流保护的电流互感器的常用接线方式

思考与练习

1. 简述绝缘电阻表的结构与原理。
2. 绝缘电阻表有哪些使用注意事项?
3. 用便携式仪器进行高压测量时，应注意的安全事项有哪几条?

认知实践

图3-41所示为用ZC-90系列高阻绝缘电阻表测量多芯电缆绝缘电阻示意图，请查阅相关资料，和同学们一起交流操作步骤和注意事项。

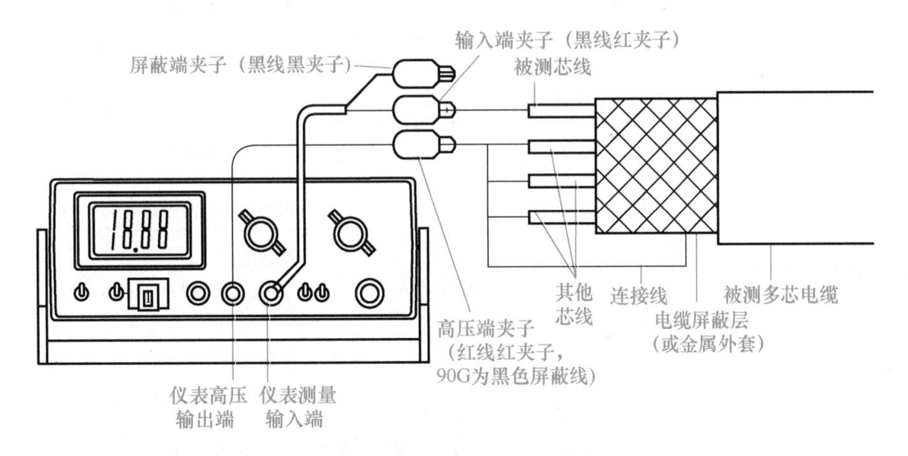

图3-41 测量多芯电缆绝缘电阻

项目 4 电气线路安全技术

项目引入

电气线路是电力系统的重要组成部分。电气线路可包括电力线路和控制线路，前者完成输送电能和分配电能的任务；后者供保护和测量的连接之用。电气线路除应满足供电可靠性或控制可靠性的要求外，还必须满足各项安全要求。

知识图谱

图 4-1 所示为项目 4 的知识图谱。

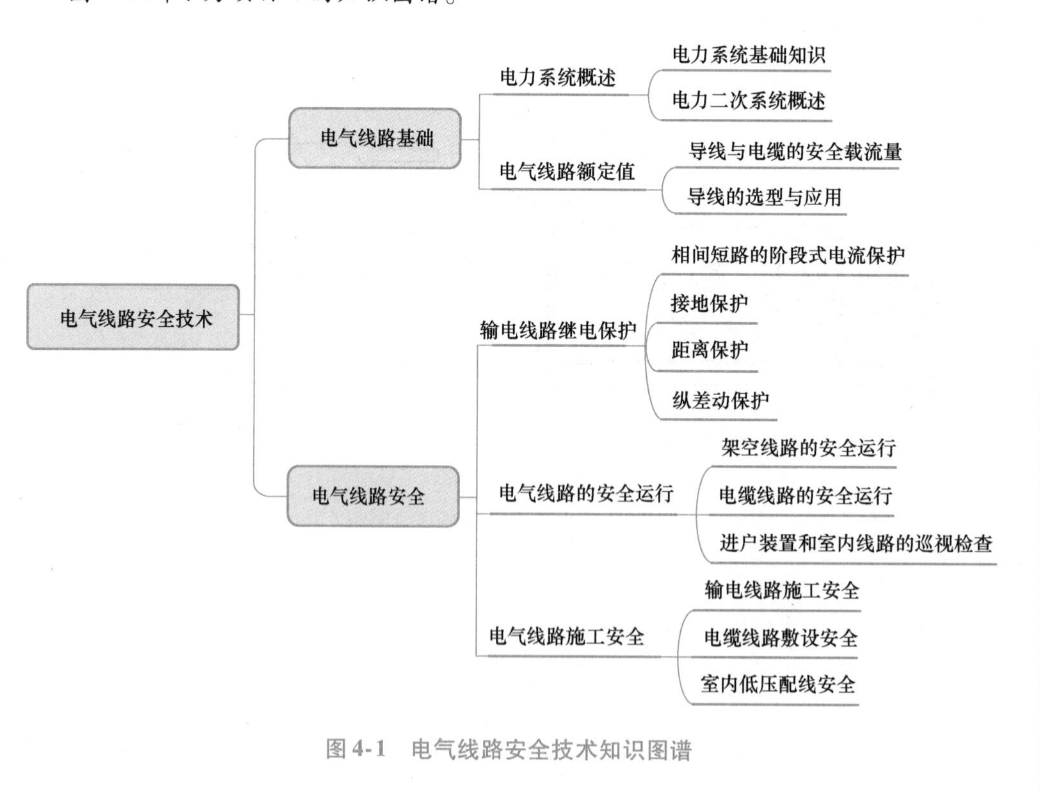

图 4-1　电气线路安全技术知识图谱

任务1 电气线路基础

任务描述

继电保护、自动装置对电力系统起到保护和安全控制的作用，因此首先应明确所要保护和控制对象的相关情况，涉及的内容包括电力系统构成、电力系统中性点运行方式及其特点、电力系统短路故障及其相关概念。

电气线路在运行中超过安全载流量或额定值，称为过载或过负荷。

国家标准《低压配电设计规范》（GB 50054—2011）明确规定，配电线路应装设过负荷保护。通常采用装设断路器、熔断器之类的过电流防护电器来防范电气过负荷引起的灾害。

知识要点

一、电力系统概述

（一）电力系统基础知识

1. 电力系统构成

电力系统是由发电厂、变电站（所）、送电线路、配电线路、电力用户组成的整体。其中，联系发电厂与用户的中间环节称为电力网，主要由送电线路、变电所、配电所和配电线路组成，如图4-2中的点画线框所示。电力系统和动力设备组成了动力系统，动力设备包括锅炉、汽轮机和水轮机等。在电力系统中，各种电气设备多是三相的，且三相系统基本上呈现或设计为对称形式，所以可以将三相电力系统用单相图表述。动力系统、电力系统及电力网之间的关系示意图如图4-2所示。

需要指出的是，为了保证电力系统一次电力设施的正常运行，还需要配置继电保护、自动装置、计量装置、通信和电网调度自动化设施等。

2. 电力系统中性点运行方式

电力系统中性点运行方式即中性点接地方式，是指电力系统中发电机或变压器的中性点的接地方式，是一种工作接地。

1）中性点直接接地方式。中性点直接接地是指电力系统中至少有一个中性点直接与接地设施相连接，通常应用于500kV、330kV、220kV、110kV电网。

中性点直接接地系统保持接地中性点零电位，发生单相接地故障时如图4-3所示，非故障相对地电压数值变化较小。

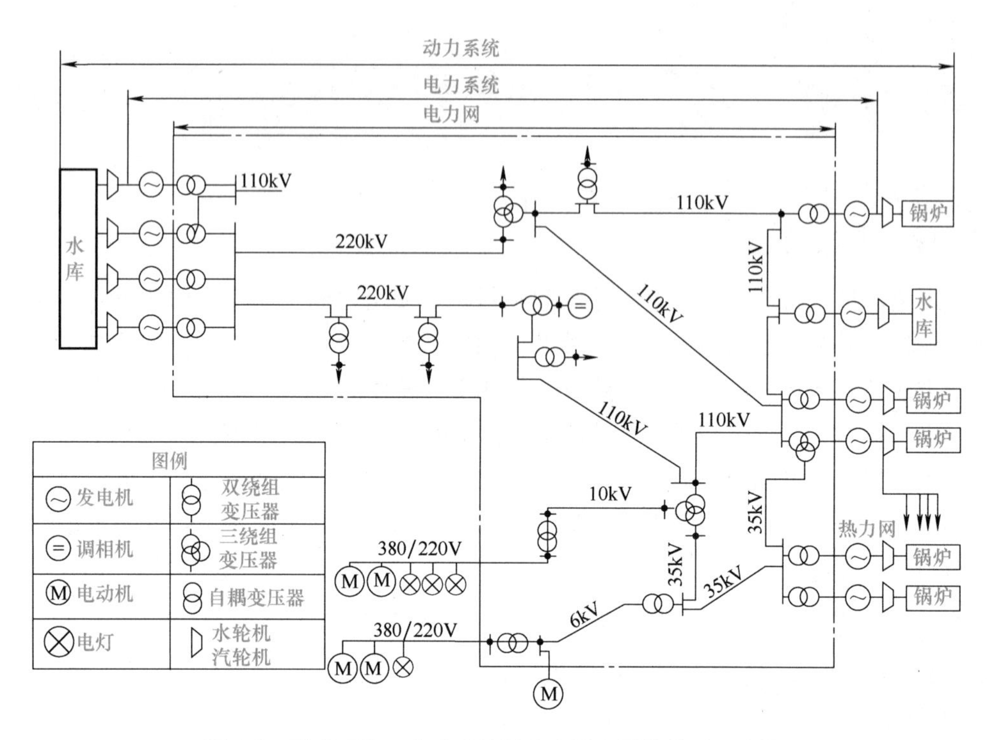

图 4-2　动力系统、电力系统及电力网之间的关系示意图

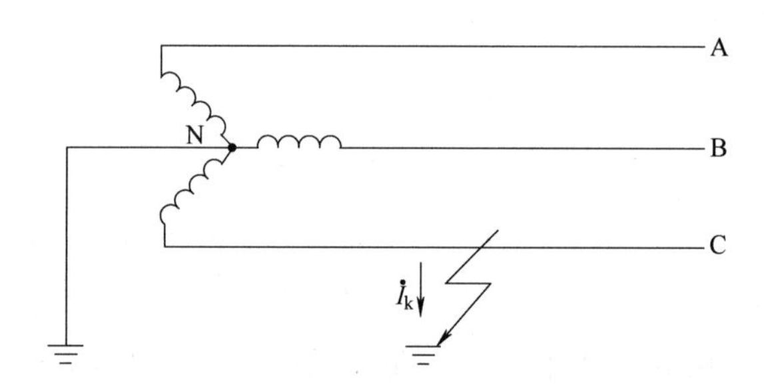

图 4-3　中性点直接接地系统单相接地故障

2）中性点不接地方式。中性点不接地系统指电力系统中性点不接地。中性点不接地系统发生单相接地故障时如图 4-4 所示，中性点电压发生位移，但是三相之间的线电压仍然对称，且数值不变；但非故障相对地电压升高，数值最大为额定相电压的$\sqrt{3}$倍。中性点不接地方式具有跳闸次数少的优点，因此普遍应用于接地电容电流不大的系统，例如 66kV、35kV 电网。

3）中性点经消弧线圈接地方式。对于 6kV 和 10kV 主要由架空线构成的系统，单相接地故障电流较小时（接地故障电流小于 10A），可以采用中性点经高值电阻接地。此时发生单相接地故障时，不会立即跳闸，可运行一段时间。

3. 电力系统短路故障

电力系统应该正常不间断地供电，保证用户生产和生活的正常进行。

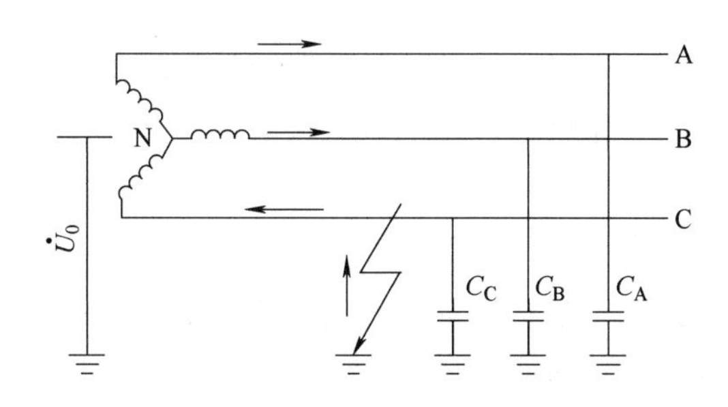

图 4-4　中性点不接地系统单相接地故障

“短路”是指电力系统中相与相之间或相与地之间，通过电弧或其他较小阻抗形成的一种非正常连接。电力系统中发生短路的原因有多种，归纳如下。

1）电气设备绝缘损坏，其原因有设计不合理、安装不合格、维护不当等，还有外界原因如架空线断线、倒杆及挖沟时损坏电缆、雷击或过电压等。

2）运行人员误操作，如带负荷拉合隔离开关（刀开关）、带地线合闸、误将带地线的设备投入等。

3）其他原因，如鸟兽跨接导体造成短路等。

电力系统各种短路故障示意图和代表符号见表 4-1，其中三相短路为对称短路，其他为不对称短路。不对称短路的部分特征见表 4-2。

表 4-1　短路故障示意图和代表符号

短路类型	示意图	代表符号
三相短路		$k^{(3)}$
两相短路		$k^{(2)}$
单相接地短路		$k^{(1)}$
两相接地短路		$k^{(1,1)}$

表 4-2　不对称短路的部分特征

短路类型	两相短路	单相接地短路（中性点直接接地系统）	两相接地短路
对称性	三相不对称	三相不对称	三相不对称
负序电流	有负序电流	有负序电流	有负序电流
零序电流	无零序电流	有零序电流	有零序电流

运行经验和统计数据表明，电力系统中各种短路故障发生的概率是不同的，其中发生三相短路的概率最少，发生单相接地短路的概率最大。

（二）电力二次系统概述

1. 继电保护

针对电力系统可能发生的故障和异常运行状态，需要装设继电保护装置。继电保护装置是在电力系统故障或异常运行情况下动作的一种自动装置，与其他辅助设备及相应的二次回路一起构成继电保护系统。因此，继电保护系统是保证电力系统和电气设备安全运行，迅速检出故障或异常情况，并发出信号或向断路器发跳闸命令，将故障设备从电力系统切除或终止异常运行的一整套设备。

继电保护的任务介绍如下。

1）反映电力系统元件和电气设备故障，自动、有选择性、迅速地将故障元件或设备切除，保证非故障部分继续运行，将故障影响限制在最小范围。

2）反映电力系统的异常运行状态，根据运行维护条件和设备的承受能力，自动发出信号，减负荷或延时跳闸。

2. 自动装置

电力系统自动装置可分为自动调节装置和自动操作装置。

自动调节装置一般是为了保证电能质量、消除系统异常运行状态等对某些电量实施自动调节，例如同步发电机励磁自动调节、电力系统频率自动调节等。

自动操作装置的作用对象往往是某些断路器，自动操作的目的是提高电力系统的供电可靠性和保证安全运行，例如备用电源自动投入装置、线路自动重合闸装置、低频减载装置等；还有某些自动操作装置用来提高电力系统的自动化程度，例如发电机自动并列装置等。

3. 二次回路

发电厂、变电站的电气系统，按其作用分为一次系统和二次系统。一次系统是直接生产、传输和分配电能的设备及相互连接的电路。在电能生产和使用的过程中，对一次电力系统的发电、输配电以及用电的全过程进行监视、控制、调节、调度，以及必要时的保护等作用的设备称为二次设备，二次设备及其相互间的连接电路称为二次系统或二次回路。

1）继电保护和自动装置系统由互感器、变换器、各种继电保护装置和自动装置、选择开关及其回路接线构成，实现电力系统故障和异常运行时的自动处理。

2）控制系统由各种控制开关和控制对象（断路器、隔离开关）的操动机构组成，实现对开关设备的就地和远方跳、合闸操作，满足改变一次系统运行方式和故障处理的需要。

3）测量及监测系统由各种电气测量仪表、监测装置、切换开关及其回路接线构成，实现指示或记录一次系统和设备的运行状态和参数。

4）信号系统由信号发送机构、接收显示元件及其回路接线构成，实现准确、及时显示一次系统和设备的工作状态。

5）调节系统由测量机构、传送设备、执行元件及其回路接线构成，实现对某些设备工作参数的调节。

6）操作电源系统由直流电源设备和供电网络构成，实现供给以上二次系统工作电源。

4. 对继电保护的基本要求

1）选择性。选择性是指继电保护装置动作时，仅将故障元件或设备切除，使非故障部分继续运行，停电范围尽可能小。

以图4-5为例，说明继电保护的选择性。

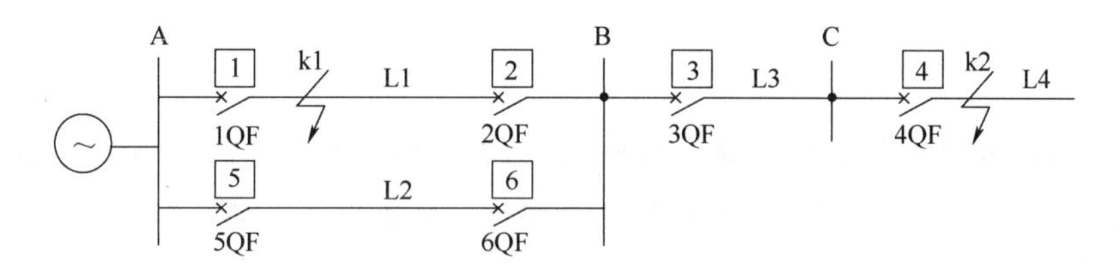

图4-5 继电保护的选择性

当k1点发生故障时，应该由保护1和保护2动作使断路器1QF和2QF跳闸，切除故障线路L1，保证系统其他部分继续运行；k2点发生故障时，应该由保护4动作使断路器4QF跳闸切除故障线路L4，保证系统其他部分继续运行。

2）快速性。快速性是指继电保护装置应以尽可能快的速度动作切除故障元件或设备。

3）灵敏性。灵敏性是指继电保护装置对保护范围内故障的反应能力，通常用灵敏系数K_{sen}来衡量，也称为灵敏度。

对上、下级保护之间的灵敏性和动作时限还有配合的要求，一般用在后备保护（例如过电流保护），指下一级保护的灵敏度应高于上一级保护的灵敏度，下一级保护的动作延时应小于上一级保护的动作延时，如图4-6所示。各级保护的灵敏度之间应满足关系$K_{sen.1} > K_{sen.2} > K_{sen.3}$；动作时限之间应满足关系$t_1 < t_2 < t_3$。

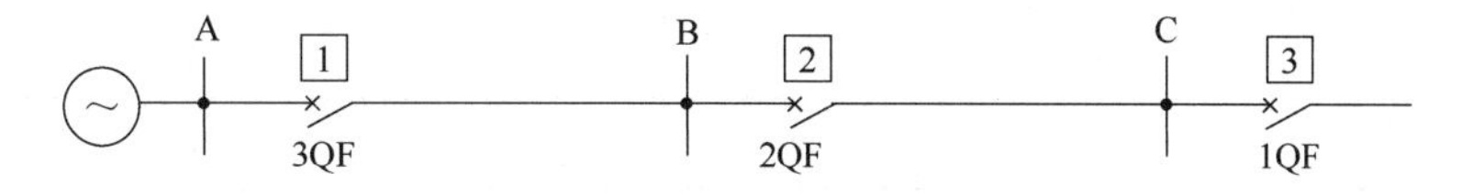

图4-6 继电保护的灵敏性

4）可靠性。可靠性是指继电保护装置在需要它动作时可靠动作（不拒动、可依赖性），不需要它动作时可靠不动作（不误动、安全性）。

继电保护的可靠性是对继电保护最根本的要求。

需要指出的是，电力系统对继电保护的四个基本要求，是分析研究继电保护的基础，是设计评价继电保护的依据。四个基本要求既相互依赖又存在矛盾，需要具体处理基本要求之间的关系，取得合理统一。

电力系统对自动装置的要求，参照以上基本要求。

5. 继电保护和自动装置的基本构成及发展

1）继电保护和自动装置的基本构成。形式虽然多样，而且具有不同功能，但就一般情况而言，整套装置总是由测量部分、逻辑部分和执行部分构成。继电保护原理结构框图如图 4-7 所示。

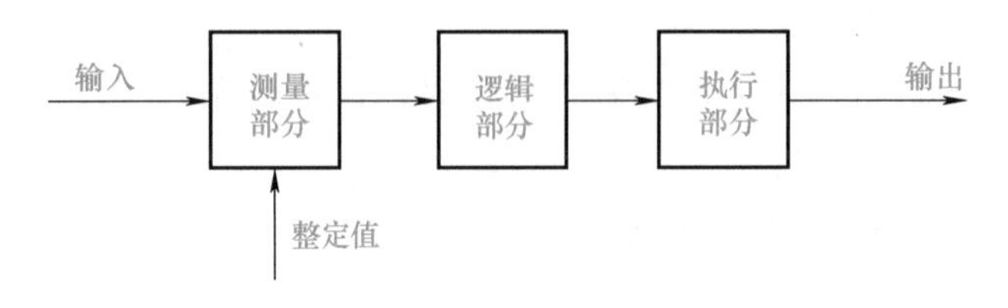

图 4-7　继电保护原理结构框图

2）继电保护和自动装置的发展。目前在电力系统中运行着大量的微机型继电保护，能够实现复杂原理保护，并且除常规的保护功能外，还能同时实现故障录波、故障测距和通信等功能。

二、电气线路额定值

（一）导线与电缆的安全载流量

1. 安全载流量及其与安全的关系

导线长期允许通过的电流称为导线的安全载流量。安全载流量主要取决于线芯的最高允许温度，必须将导线的工作电流限制在安全载流量内。

为防止线路过热，保证线路正常工作，导线运行最高温度不得超过表 4-3 所示的限值。

表 4-3　导线运行最高温度限值

导线名称	温度限值/℃
橡胶绝缘线	65
塑料绝缘线	70
裸线	70
铅包或铝包电缆	80
塑料电缆	65

2. 导线和电缆的安全载流量

导线的安全载流量与导线的截面面积、绝缘材料的种类、环境温度、敷设方式等因素有关，详见各种技术资料和手册。但应该注意，由于适用条件不同，数据会有所差异。

因为电流产生的热量与电流的二次方成正比，所以，各种导线的许用电流（即安全载流量）见表 4-4。根据发热与散热平衡的原则，可计算导线的许用电流。由于导线运行温度受很多因素的影响，许用电流的理论计算比较复杂。为了方便，按照不同的导电材料、绝缘材料、规格、安装方式、环境条件提供有很多许用电流的表格，可查阅相关电工手册。

表4-4　各种导线的许用电流（即安全载流量）

导线截面积/mm^2	2.5	4	6	10	16	25	35	50	70	95	120	150
电流密度/(A/mm^2)	5	5	5	5	4	4	3	3	2.5	2.5	2	2
塑铝线承载安全电流/A	12.5	20	30	50	64	100	105	150	175	237.5	240	300
裸线承载安全电流/A	7.5	7.5	7.5	7.5	6	6	4.5	4.5	3.8	3.8	3	3
穿管导线安全电流/A	4	4	4	4	3.2	3.2	2.4	2.4	2	2	1.6	1.6
高温环境安全电流/A	4.5	4.5	4.5	4.5	3.6	3.6	2.7	2.7	2.3	2.3	1.8	1.8

橡胶绝缘导线的安全载流量比聚氯乙烯绝缘导线的约大5%；穿钢管导线的安全载流量比穿硬塑料管导线的约大10%；明敷导线的安全载流量比穿硬塑料管导线的约大55%。

必须指出，在选择导线截面时，除了载流量应满足要求外，还应考虑机械强度和电压损耗的要求。

（二）导线的选型与应用

1. 导线的选型原则

送电线路的导线和地线长期在旷野、山区或湖海边缘运行，需要经常耐受风、冰、气温变化等外界条件的作用，以及化学气体等的侵袭，同时受国家资源和线路造价等因素的限制。选定导线的材质、结构一般应考虑以下原则。

1）导线材料应具有较高的电导率。但考虑国家资源情况，一般不应采用铜线。

2）导线和地线应具有较高的机械强度和抗振性能。

3）导线和地线应具有一定的耐化学腐蚀、抗氧化能力。

4）选择导线材质和结构时，除满足传输容量外还应保证线路的造价经济和技术合理。

2. 导线截面的选择

架空送电线路导线截面一般按经济电流密度来选择，并应根据事故情况下的发热条件、电压损耗、机械强度和电晕进行校验。

按经济电流密度选择导线截面所用的输送容量，应考虑线路投入运行后5～10年电力系统的发展规划，在计算中必须采用正常进行方式下经常重复出现的最大负荷。但在系统还不明确的情况下，应注意勿使导线截面选得过小。

导线截面面积的计算公式为

$$S=\frac{P_S}{\sqrt{3}U_eJ\cos\varphi} \tag{4-1}$$

式中，S为导线截面面积（mm^2）；P_S为输送容量（kW）；U_e为线路额度电压（kV）；J为经济电流密度（A/mm^2）；$\cos\varphi$为功率因数。经济电流密度见表4-5。

表 4-5　经济电流密度　（单位：A/mm^2）

导线材料	最大负荷利用小时数 T_{max}		
	3000h 以下	3000～5000h	5000h 以上
铝线	1.65	1.15	0.9
铜线	3.0	2.25	1.75

3. 校验导线截面

从相关手册中选取一种与 S 最接近的标准导线截面面积，然后按照其他技术条件校验截面是否满足要求。

1）机械强度校验。运行中的导线将受到自重、风力、热应力、电磁力和覆冰重力的作用。因此，必须保证足够的机械强度。按照机械强度的要求，架空线路导线截面面积不得小于表 4-6 所列数值。低压配线截面面积不得小于表 4-7 所列数值。

表 4-6　架空线路导线最小截面面积　（单位：mm^2）

类别	铜	铝及铝合金	铁
单股	6	10	6
多股	6	16	10

表 4-7　低压配线最小截面面积　（单位：mm^2）

类别		最小截面面积		
		铜芯软线	铜线	铝线
移动式设备电源线	生活用	0.2	—	—
	生产用	1.0	—	—
吊灯引线	民用建筑，户内	0.4	0.5	1.5
	工业建筑，户内	0.5	0.8	2.5
	户外	1.0	1.0	2.5
支点间距离为 d 的支持件上的绝缘导线	$d \leqslant 1m$，户内	—	1.0	1.5
	$d \leqslant 1m$，户外	—	1.5	2.5
	$d \leqslant 2m$，户内	—	1.0	2.5
	$d \leqslant 2m$，户外	—	1.5	2.5
	$d \leqslant 6m$，户内	—	2.5	4.0
	$d \leqslant 6m$，户外	—	2.5	6.0
接户线	≤10m	—	2.5	6.0
	≤25m	—	4.0	10.0
穿管线		1.0	1.0	2.5
塑料护套线		—	1.0	1.5

应当注意，移动式设备的电源线和吊灯引线必须使用铜芯软线，而除穿管线之外，其他形式的配线不得使用软线。

2）短路电流及热稳定性校验。所选导线的最大容许持续电流应大于该线路在正常或故障后运行方式下可能通过的最大电流。

短路电流一般都很大。各种导线在遭受短路电流冲击时，不得有熔化、明显变形等破坏迹象。为此，导线截面面积（单位为 mm^2）应满足式（4-2）要求。

$$S = I_S \frac{\sqrt{t}}{C} \tag{4-2}$$

式中，I_S 为短路电流稳态值（A）；t 为短路电流可能持续的时间（s）；C 为计算系数，铜母线及导线取175，铝母线及导线取92，铜心电缆取162，不与电器连接的钢母线取70，与电器连接的钢母线取63。

另一方面，短路电流也不能太小，以保证短路时速断保护装置能可靠动作。这要求导线有足够大的截面面积。特别是在TN系统中，为了保证接地保护的可靠性，相线与保护中性线回路的阻抗不能太大，要求单相短路电流应大于熔断器熔体额定电流的4倍（爆炸危险环境应大于5倍），或大于低压断路器瞬时动作过电流脱扣器整定电流的1.5倍。

3）电压损耗校验。电压损失太大，不但用电设备不能正常工作，而且可能导致电气设备和电气线路发热。

电压太高将导致电气设备的铁心磁通增大和照明线路电流增大；电压太低可能导致接触器等吸合不牢，吸引线圈电流增大；对于恒功率输出的电动机，电压太低也将导致电流增大；过分低的电压还可能导致电动机堵转。以上这些情况都将导致电气设备损坏和电气线路发热。

《电能质量　供电电压偏差》（GB/T 12325—2008）规定，35kV及以上供电电压正、负偏差绝对值之和不超过标称电压的10%（如供电电压上下偏差同号（均为正或负）时，按较大的偏差绝对值作为衡量依据）；20kV及以下三相供电电压偏差为标称电压的±7%；220V单相供电电压偏差为标称电压的+7%，−10%。

4）电晕条件校验。在高压输电线中，导线周围产生很强的电场，当电场强度达到一定数值时，导线周围的空气就发生游离，形成放电，这种放电现象就是电晕。在高海拔地区，110~220kV线路及330kV以上电压线路的导线截面，电晕条件往往起主要作用。

导线产生电晕会带来两个不良后果：①增加送电线路的电能损失；②对无线电通信和载波通信产生干扰。至于电晕对导线的腐蚀，从我国东北高压输电系统从154kV升压至220kV线路的实际运行情况来看，没有明显的影响，可暂不考虑。

海拔不超过1000m地区，如导线外径不小于《110kV~750kV架空输电线路设计规范》（GB 50545—2010）中5.0.2条表2所列数值，通常可不验算电晕；线路所经地区海拔超过1000m，不必验算电晕的导线最小外径为该规范5.0.2条表3所列数值。

在校验过程中，若不满足上述条件的哪一条，应按照该技术条件决定导线截面。

电路中铜线和铝线为什么不能直接连接？

认知实践

图 4-8 所示是几种常见的导线。请查阅资料，了解它们的用途与特点。

a) 漆包线

b) 裸钢芯铝绞线

c) 聚氯乙烯护套软电线

d) 电缆

e) 屏蔽线

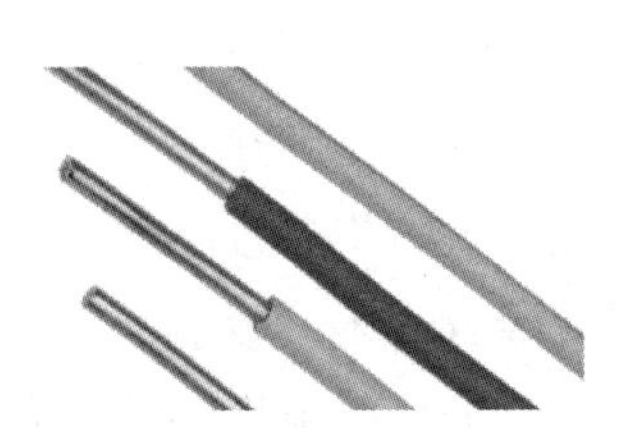
f) 单股铜芯线

图 4-8 几种常见的导线

任务 2 电气线路安全

任务描述

电气线路应当满足供电可靠性或控制可靠性的要求，应满足经济指标的要求，应满足维护管理方便的要求，还必须满足各项安全要求，这些要求对于保证电气线路运行的可靠性及其他要求在不同程度上也是有效的。巡视检查是线路运行维护的基本内容之一。

知识要点

一、输电线路继电保护

应用于 110kV 及以下电网、反映输电线路各种短路故障的主要继电保护包括反映相间短路的三段式电流保护、中性点直接接地系统阶段式零序电流保护、距离保护和纵差动保护。其中三段式电流保护是最简单、最基础的线路保护，其分析问题的方法和思路同样适用于其他类型的保护。

（一）相间短路的阶段式电流保护

相间短路通常仅考虑两相短路和三相短路的情况。电力系统发生相间短路的主要特征是电流明显增大，利用这一特点可以构成反映电流增大的阶段式电流保护。

1. 瞬时电流速断保护

由电磁继电器构成的瞬时电流速断保护的原理接线如图 4-9 所示。

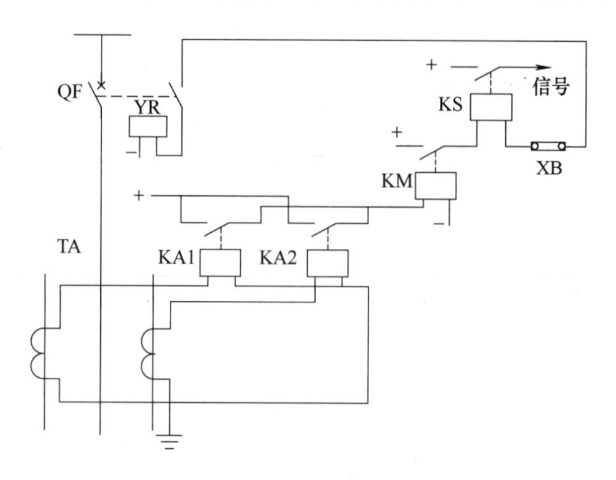

图 4-9 瞬时电流速断保护的原理接线

电流继电器 KA1 和 KA2 是保护的测量元件，保护范围内相间短路故障时动作，常开触点闭合，起动中间继电器 KM，KM 是保护的执行元件（也称为保护的出口继电器），动作后常开触点闭合，经信号继电器 KS 线圈和断路器 QF 的辅助触点，使断路器跳闸线圈 YR 带电，断路器 QF 跳闸切除故障，同时信号继电器发出保护动作信号。

XB 是保护出口连接片（或称为压板），用于投入或退出保护时，接通或断开保护的出口回路。

2. 限时电流速断保护

电磁继电器构成的限时电流速断保护的原理接线如图 4-10 所示。

电流继电器 KA1 和 KA2 是保护的测量元件，保护范围内相间短路故障时动作，常开触点闭合。时间继电器 KT 是保护的逻辑及执行元件，起动后常开触点延时闭合，经信号继电器 KS 线圈和断路器 QF 的辅助触点，使断路器跳闸线圈 YR 带电，断路器 QF 跳闸切除故障，同时信号继电器发出保护动作信号。

3. 定时限过电流保护

如图 4-11 所示，在保护 1 瞬时电流速断保护和限时电流速断保护拒动时，线路 L1 的定时限过电流保护作为本线路的近后备保护，动作于跳闸；同时作为线路 L2 的远后备保护，在保护 2 拒动或断路器 2QF 拒动时动作。

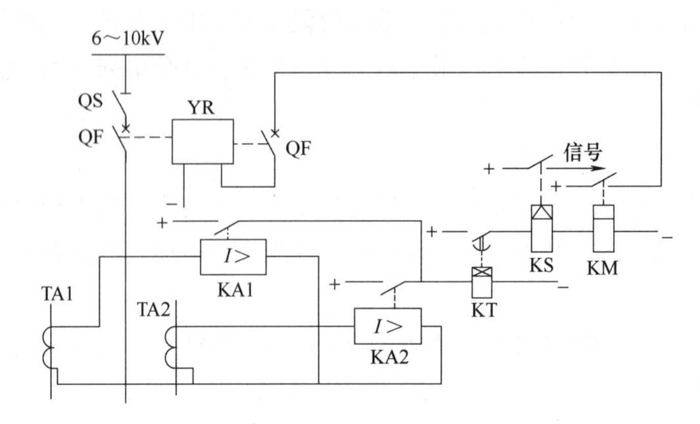

图 4-10　限时电流速断保护的原理接线

显然，线路 L1 的定时限过电流保护的保护范围应该包括线路 L1 和 L2 的全部，必然延伸到线路 L3。

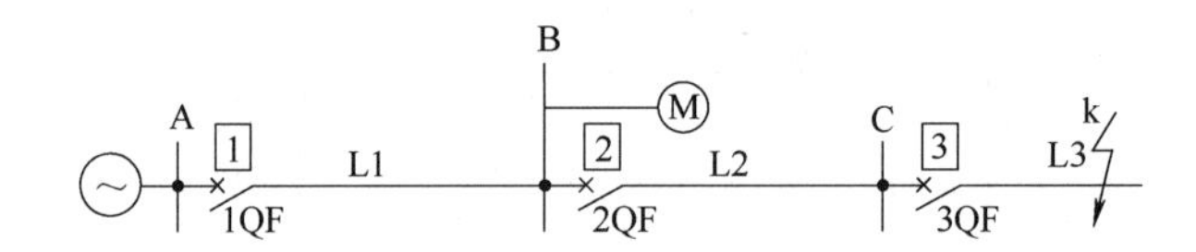

图 4-11　定时限过电流保护原理示意图

由定时限过电流保护原理可知，保护的构成元件与限时电流速断保护相同，所以接线图也相同。

4. 三段式电流保护

通常，将瞬时电流速断保护、限时电流速断保护和定时限过电流保护组合在一起，构成三段式电流保护。

三段式电流保护的原理接线图及展开图如图 4-12 所示。

KA1、KA2、KS1 构成第Ⅰ段瞬时电流速断；KA3、KA4、KT1、KS2 构成第Ⅱ段限时电流速断；KA5、KA6、KT2、KS3 构成第Ⅲ段定时限过电流。

三段保护均作用于一个公共的出口中间继电器 KOM，任何一段保护动作均起动 KOM，使断路器跳闸，同时相应段的信号继电器动作掉牌，值班人员便可从其掉牌指示判断是哪套保护动作，进而对故障的大概范围做出判断。

5. 方向电流保护

三段式电流保护的选择性是通过动作电流、动作时间整定来保证的，对于双侧有电源的线路或环网线路，在有些情况下通过动作电流、动作时间整定不能保证保护的选择性。

电流保护加装功率方向元件后，即可构成方向电流保护。方向电流保护的原理接线如图 4-13 所示。

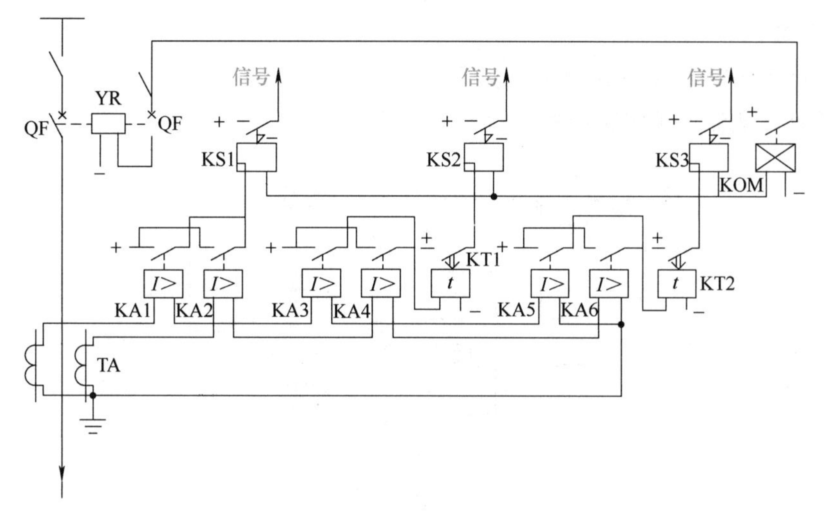

a) 原理接线图

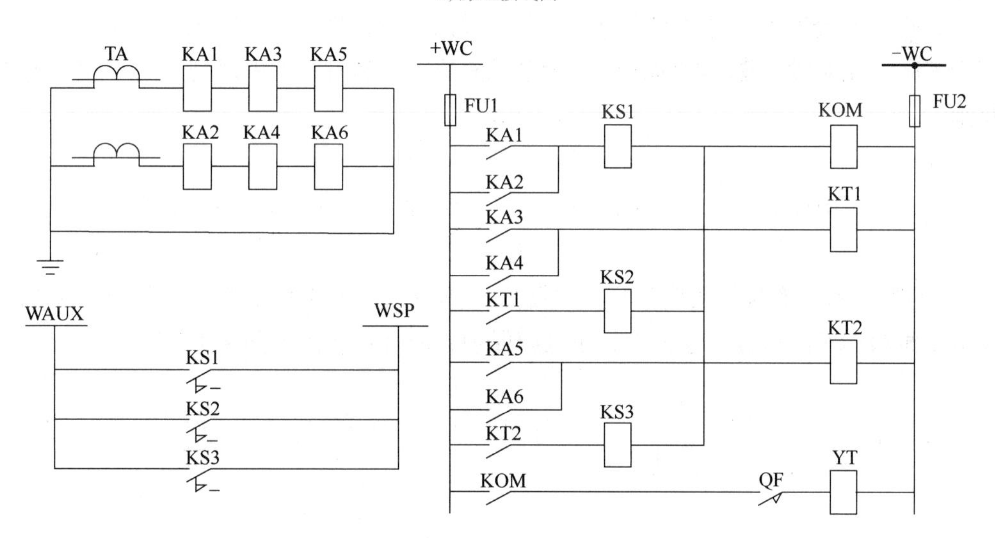

b) 展开图

图 4-12　三段式电流保护的原理接线图及展开图

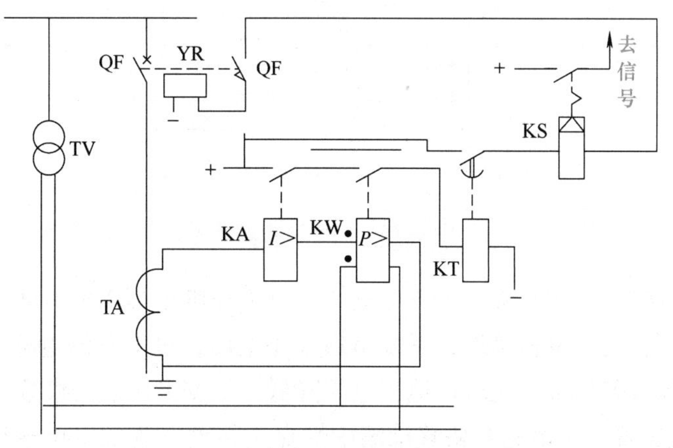

图 4-13　方向电流保护的原理接线图

（二）接地保护

1. 中性点直接接地系统的零序电流保护

三段式零序电流保护的原理框图如图 4-14 所示。

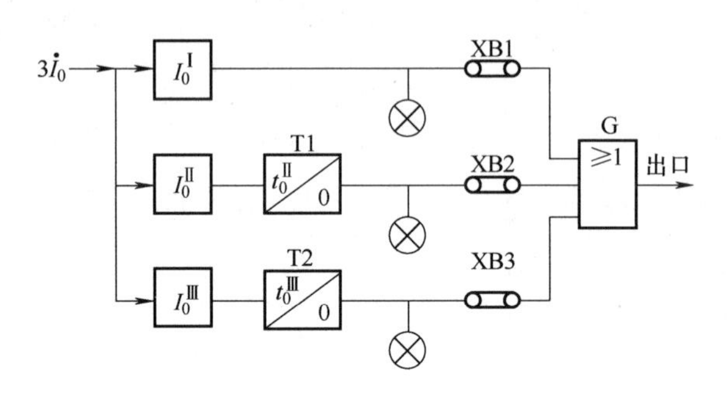

图 4-14　三段式零序电流保护的原理框图

I_0^{I}、I_0^{II}、I_0^{III}分别为零序电流Ⅰ段、Ⅱ段、Ⅲ段测量元件，反映输入零序电流；t_0^{II}、t_0^{III}分别为零序电流Ⅱ段、Ⅲ段时间元件，建立保护的动作延时；保护通过或门 G 出口使断路器跳闸。

2. 中性点非直接接地系统的零序保护

目前，对于中性点不接地系统，通常采用绝缘监视和接地选线的方式实现单相接地保护。

1）绝缘监视。绝缘监视装置反映中性点不接地系统发生单相接地故障时，系统出现零序电压而动作发出信号，也称为零序电压保护，原理接线图如图 4-15 所示。

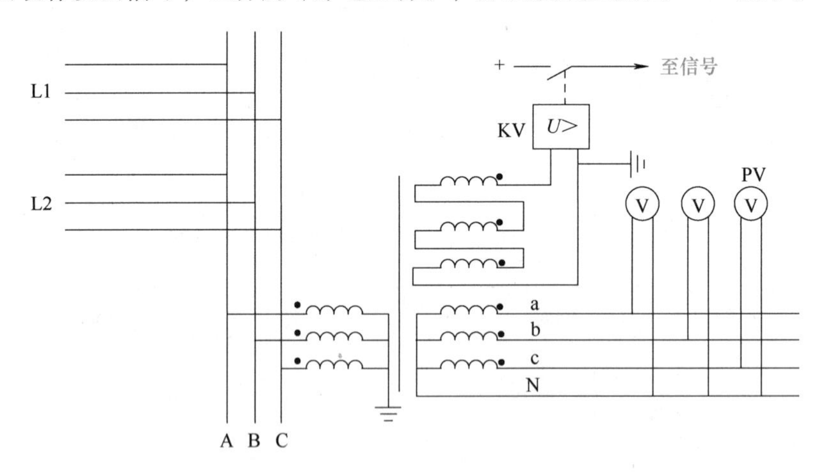

图 4-15　绝缘监视装置

系统正常运行时，三相对称，无零序电压，过电压继电器 KV 不动作，三个电压表指示相同，为相电压；发生单相接地，系统出现零序电压，过电压继电器 KV 动作后接通信号回路，发出接地故障信号，此时接地相电压降低，根据电压表的读数可判断接地相。

2）接地选线装置。接地选线装置检测中性点不接地系统发生单相接地故障，并选择故障线路。随着微机保护的发展，目前国内已经生产出多种型号的接地选线装置。在系统发生接地故障时，接地选线装置正确选择出故障线路，为检修提供了方便。

（三）距离保护

距离保护反映保护安装处至故障点之间的阻抗（距离），距离保护的动作原理示意图如图4-16所示。

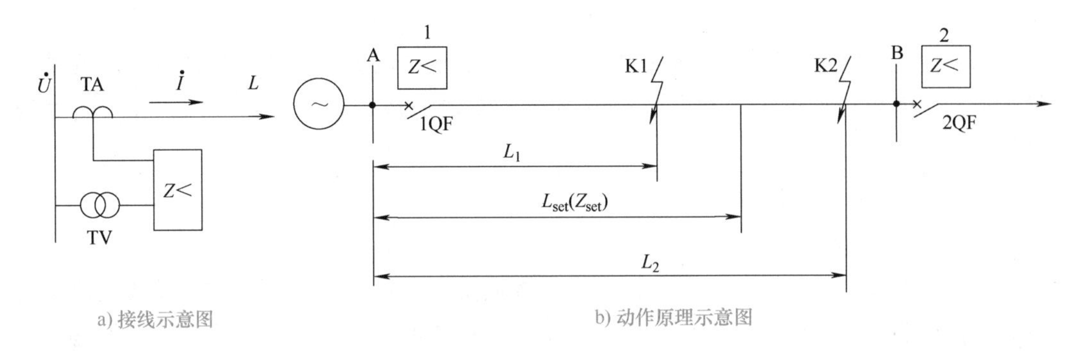

图4-16 距离保护的动作原理示意图

通常距离保护也采用三段式，并有相间距离保护和接地距离保护之分，分别反映相间故障和接地故障。距离保护的测量元件即阻抗测量元件，能够实现带方向的测量特性和无方向的测量特性。

（四）纵差动保护

纵差动保护是一种依据被保护电气设备进出线两端电流差值的变化构成的对电气设备的保护装置，被保护线路两端装有同型号同电流比的电流互感器，用于测量线路两端的电流，电流互感器二次回路采用差动接线，在差动回路接入电流元件KD（差动继电器）。纵差动保护接线图如图4-17所示。

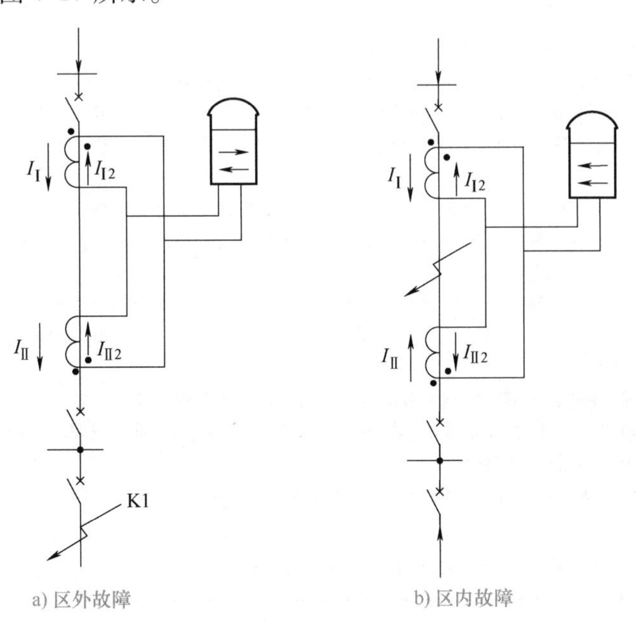

图4-17 纵差动保护接线图

系统正常运行或区外短路时，线路上流经两个电流互感器的电流为0，保护不会动作。线路上发生短路，线路上流经两个电流互感器的电流数值很大，使保护动作切除故障。

二、电气线路的安全运行

巡视检查是线路运行维护的基本内容之一。通过巡视检查可及时发现缺陷，以便采取防范措施，保障线路的安全运行。巡视人员应将发现的缺陷记入记录本内，并及时报告上级。

（一）架空线路的安全运行

1. 架空线路的技术规范

架空线路导线、绝缘子、金具、杆塔和机械强度安全系数以及架空线路导线与地面的垂直距离，与建筑物的水平距离，与树木的垂直、水平距离，与各种架空管线的平行、交叉距离等，均应符合《66kV 及以下架空电力线路设计规范》（GB 50061—2010）规定的数值，并应考虑最大弧垂或最大风偏。

2. 架空线路的巡视检查

架空线路运行中通常采取巡视检查的方法来确保线路的安全运行。巡视检查的内容见表4-8 所示。

表 4-8　架空线路安全运行的巡视检查内容

项目	内容
定期巡视（每月至少一次）	沿线情况；杆塔；导线及架空地线导线；架空地线的固定和连接处；防雷及接地装置；拉线；变压器台；灯塔
不定期巡视	（1）水泥电杆无混凝土脱落、露筋现象 （2）线路上使用的器材，不应有松股、交叉、折叠和破损等缺陷 （3）导线截面和弛度应符合要求，一个档距内一根导线上的接头不得超过一个，且接头位置距导线固定处应在0.5m以上；裸铝绞线不应有严重腐蚀现象；钢绞线、镀锌铁线的表面良好，无锈蚀 （4）金具应光洁，无裂纹、砂眼、气孔等缺陷，安全强度系数不应小于2.5 （5）绝缘子瓷件与铁件应结合紧密，铁件镀锌良好；绝缘子瓷釉光滑，无裂纹、斑点，无损坏、歪斜，绑线未松脱 （6）横担应符合相关规程要求，上下歪斜和左右扭斜不得超过20mm （7）拉线未严重锈蚀和严重断股；居民区、厂矿内的混凝土电杆的拉线从导线间穿过时，应设拉线绝缘子 （8）线间、交叉、跨越和对地距离，均应符合相关规程要求 （9）防雷、防振设施良好，接地装置完整无损，接地电阻符合要求，避雷器预防试验合格 （10）运行标志完整醒目 （11）运行资料齐全，数据正确，且与现场情况相符
特殊巡视	发生自然灾害时；线路故障时；夜间负荷高峰时

（二）电缆线路的安全运行

1. 电缆线路的技术规范

电缆线路的设计应符合《城市电力电缆线路设计技术规定》（DL/T 5221—2016）中的有关规定。电缆敷设应按《电气装置安装工程　电缆线路施工及验收标准》（GB 50168—2018）的规定执行。

电缆沟道、直埋、明设电缆与其他管线、建筑物之间的安全净距和必要的防护措施必须符合上述两个标准的规定。

有爆炸和火灾危险的电缆线路的设计、电缆、电缆附件的选择，必须按《爆炸危险环境电力装置设计规范》（GB 50058—2014）的规定执行。

2. 电缆线路的巡视检查

电缆线路的定期巡视一般为每季度一次，户外电缆终端头每月巡视一次。电缆线路巡视检查主要内容见表4-9。

表4-9　电缆线路巡视检查主要内容

运行中的维护项目	检查项目
（1）直埋电缆线路标桩是否完好；沿线路地面上是否堆放垃圾及其他重物，有无临时建筑；线路附近地面是否开挖；线路附近有无酸碱等腐蚀性排放物，地面上是否堆放石灰等可构成腐蚀的物质；露出地面的电缆有无穿管保护；保护管有无损坏或锈蚀，固定是否牢固；电缆引入室内处的封堵是否严密；洪水期间或暴雨过后，巡视附近有无严重冲刷或塌陷现象等 （2）沟道内的电缆线路，沟道的盖板是否完整无缺；沟道是否渗水、沟内有无积水、沟道内是否堆放有易燃易爆物品；电缆铠装或铅包有无腐蚀；全塑电缆有无被老鼠啃咬的痕迹；洪水期间或暴雨过后，巡视室内沟道是否进水，室外沟道泄水是否畅通等 （3）电缆终端头和中间接头终端头的瓷套管有无裂纹、脏污及闪络痕迹；充有电缆胶（油）的终端头有无溢胶（漏油）现象；接线端子连接是否良好；有无过热迹象；接地线是否完好、有无松动；中间接头有无变形、温度是否过高等 （4）明敷电缆沿线的挂钩或支架是否牢固；电缆外皮有无腐蚀或损伤；线路附近是否堆放有易燃、易爆或强烈腐蚀性物质等	（1）线路巡视 （2）耐压试验 （3）负荷测量 （4）温度检查 （5）防止腐蚀

（三）进户装置和室内线路的巡视检查

1）进户线须经磁管、硬塑料管或钢管穿墙引入。穿墙保护管在户外一端（反口管）的应稍低，端部弯头朝下，进户线做成防水弯，户外一端应保持有200mm的弛度。

2）进户线的安全载流量应满足计算负荷的需要。

3）进户线的最小截面面积允许铜线为1.5mm^2，铝线为2.5mm^2。进户线不宜用软线，中间不可有接头。

4）室内线路的巡视检查。

① 导线与建筑物等是否摩擦、相蹭；绝缘、支持物是否损坏和脱落。

② 车间裸导线各相的弛度和线间距离是否保持一致。

③ 车间裸导线的防护网板与裸导线的距离有无变动。

④ 明敷导线管和槽板等有无碰裂、砸伤现象，铁管的接地是否完好。

⑤ 铁管或塑料管的防水弯头有无脱落或导线蹭管口现象。

⑥ 敷设在车间地下的塑料管线路，其上方是否堆放重物。

⑦ 三相四线制照明线路，其中性线回路各连接点接触是否良好，有无腐蚀或脱开现象。

⑧ 是否未经电气负责人许可，有私自在线路上接用的电气设备以及乱拉、乱扯的线路。

小提示

守规程，按规定，强弱电线不混用。
电话网络电力线，分开各敷己路径。
线路绝缘设备好，一相一地不准用。
用电设施符规定，验收合格方可用。
巡视检查保安全，防护用具要齐备。
做好记录备检查，安全时刻记心中。

三、电气线路施工安全

（一）输电线路施工安全

安全文明施工作为管理的一项重要内容，对于电力线路施工具有其独特的要求和特点。输电线路施工（电气）安全措施解读见表 4-10。输电线路施工运输及装卸作业、铁塔组立、灌注桩基础施工等安全措施，请读者查阅相关资料。

表 4-10　输电线路施工（电气）安全措施解读

项目	安全措施	图解
工器具	① 工作前应检查所使用工具的完好情况，严禁不合格的工器具进场作业 ② 配备合格的安全防护用品	为什么又要换安全帽啊，我已经对我现在的安全帽有感情了 安全帽是有使用年限要求的。我们要配备合格的安全防护用品

（续）

项目	安全措施	图解
临时用电	① 发电机（配电箱）和用电设备外壳应绝缘良好，具有防水、防火功能，必须接地良好 ② 施工用电设施的安装、维护，应由取得合格证的电工实施 ③ 必须执行一机一闸一漏 ④ 严禁使用其他金属丝代替熔丝	
架线工程	安全带必须挂在牢固的构件上，不得低挂高用，转移作业时，不得失去保护	
	在带电区域作业，各电压等级的区域设置限高和安全距离标志，并设专人监护，确保人员和车辆与带电体的安全距离。起重机和升降车在带电区内工作时，车体应良好接地；使用前对机具进行检查、试用	
	对特种、特殊人员的资格证件事前报审和现场检查	

（续）

项目	安全措施	图解
施工测量及分坑作业	带电线路导线的垂直距离应用测量仪测量。严禁使用皮尺、线尺（夹有金属丝者）等工具直接测量带电线路导线的垂直距离	
挂绝缘子串及放线滑车作业	严禁利用麻绳作起吊绳吊装绝缘子和进行放线滑车	
附件安装	① 提升金具、工具必须绑扎牢固，拉绳人员不准在垂直下方，杆塔上作业人员所用工具材料不准投抛，传递时应用绳索 ② 抬运时应步调一致，同起同落，有人指挥	

（二）电缆线路敷设安全

1. 电缆线路概述

电力电缆线路主要由电力电缆、终端接头和中间接头组成。电力电缆结构如图 4-18 所示。

电缆接头事故占电缆事故的 70%，其安全运行十分重要。

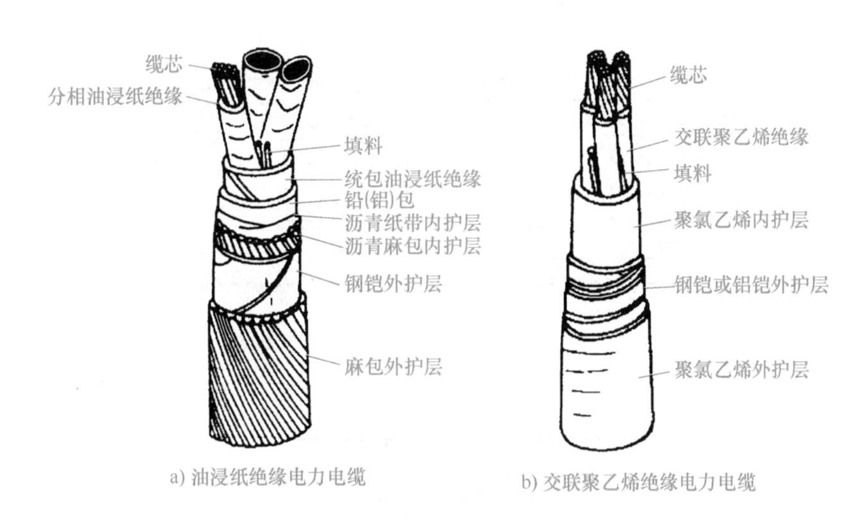

图4-18 电力电缆结构

2. 电缆线路的敷设方式

敷设电缆常用方式有直接埋地（见图4-19）；电缆隧道、沿墙敷设（见图4-20）和电缆暗沟敷设（见图4-21）。

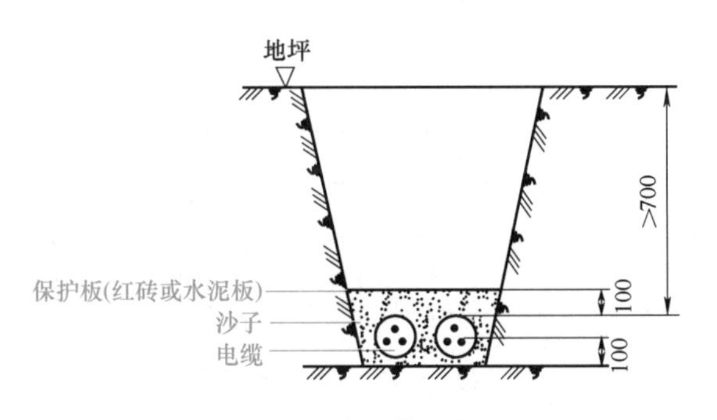

图4-19 直埋敷设方式

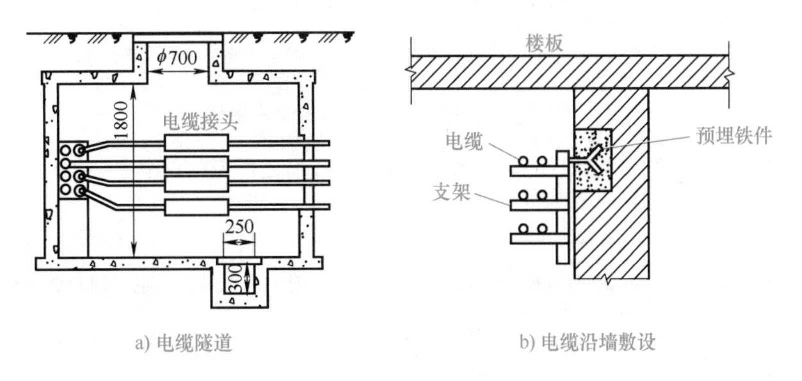

图4-20 电缆隧道和沿墙敷设方式

3. 电缆线路敷设安全技术

电缆线路敷设安全技术见表4-11。

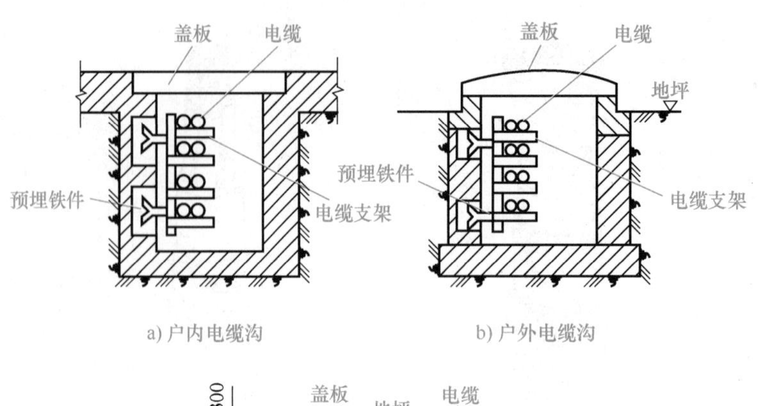

a) 户内电缆沟　　b) 户外电缆沟

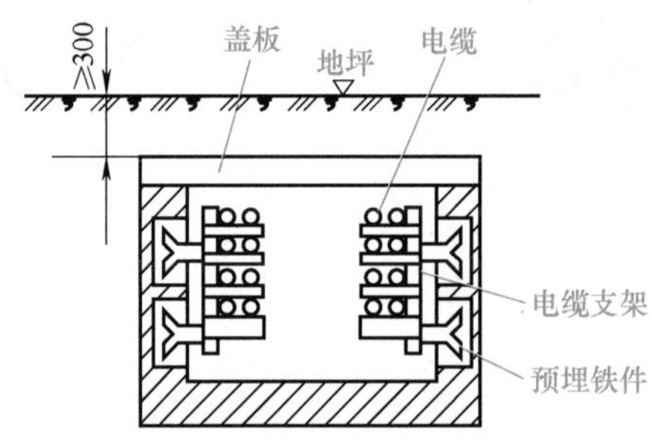

c) 厂区电缆沟

图 4-21　电缆暗沟敷设方式

表 4-11　电缆线路敷设安全技术

项目	安全技术要求
电缆线路敷设	① 电缆干线应采用埋地或架空敷设，严禁沿地面明设，并应避免机械损伤和介质腐蚀 ② 电缆类型应根据敷设方式、环境条件选择，电缆截面面积应根据允许载流量和允许电压损失确定 ③ 电缆在室外直接埋地敷设的深度应不小于 0.6m，并应在电缆上下各均匀铺设不小于 50mm 厚的细砂，然后覆盖砖等硬质保护层 ④ 电缆穿越建筑物、构筑物、道路、易受机械损伤的场所及引出地面从 2m 高度至地下 0.2m 处，必须加设防护套管 ⑤ 电缆线路与其附近热力管道的平行间距不得小于 2m，交叉间距不得小于 1m ⑥ 埋地敷设电缆的接头应设在地面上的接线盒内，接线盒内应能防水、防尘、防机械损伤并应远离易燃、易爆、易腐蚀场所 ⑦ 橡胶电缆架空敷设时，应沿墙壁或电杆设置，并用绝缘子固定，严禁使用金属裸线作绑线。固定点间距应保证橡胶电缆能承受自重所带来的荷重，橡胶电缆的最大弧垂距地面不得小于 2.5m ⑧ 电缆接头应牢固可靠；并应做绝缘包扎，保持绝缘强度，不得承受张力 ⑨ 在建高层建筑的临时电缆配电必须采用电缆埋地引入。电缆垂直敷设的位置应充分利用在建工程的竖井、垂直孔洞等，并应靠近电负荷中心，固定点每楼层不得少于一处，电缆水平敷设沿墙或门口固定，最大弧垂距地面不得小于 1.8m
防火措施	① 必须把电缆穿越楼板、墙壁、电缆沟（道）及电缆竖井的孔洞，用非燃烧材料严密封堵，进行隔绝，防止电缆火灾蔓延扩大 ② 在电缆沟（道）的分叉处和电缆通往建筑物的出入口，应设防火隔墙或防火门。防火隔墙上电缆穿越的孔隙，也应用非燃烧材料封填 ③ 电缆穿越楼板、墙壁等地方，若用金属穿管，应将金属管口空隙用石棉或石棉泥填塞严密 ④ 采用电缆防火材料 ⑤ 要经常对电缆进行检测和维护工作，加强线路巡视，进行耐压及负荷测量时，若发现故障、升温应及时消除，以保证电缆的安全运行，防止在运行中发生事故

（续）

项目	安全技术要求
施工的安全措施	① 在靠近电缆挖沟或挖掘已设电缆当深度达0.4m时，只许使用铁锹。冬季作业如需烘烤冻结的土层时，烘烤处所与电缆之间的土层厚度：一般黏土不应小于0.1m；砂土不应小于0.2m。在邻近交通地点挖沟时，应设置防护。挖掘中如发现煤气、油管泄漏时，应采取堵漏措施，并严禁烟火，同时迅速报告有关部门处理 ② 电缆的移设、撤换及接头盒的移动，一般应停电及放电后进行。如带电移动时，应先调查该电缆的历史记录，由敷设电缆有经验的人员，在专人统一指挥下平行移动，防止损伤绝缘和短路。尽量避免在寒冷季节移设电缆 ③ 高压电缆停电检修时，首先详细核对电缆回线名称和标示牌是否与工作票所写的相符，然后从各方面断开电源，在电缆封端处进行检电及设置临时接地线时，在断开电源处悬挂“禁止合闸，有人工作”的标示牌 ④ 锯高压电缆前，必须与电缆图样核对无误，并验明电缆无电压后，用接地的带木柄的铁钎钉入电缆芯后方可工作。扶木柄的人戴绝缘手套，并站在绝缘垫上 ⑤ 进电缆井前应排除井内浊气。在电缆井内工作，应戴安全帽和口罩，并做好防火和防止物体坠落的准备，电缆井应由专人看守 ⑥ 制作环氧树脂电缆头和调配环氧树脂过程中，应采取有效的防毒和防火措施

（三）室内低压配线安全

1. 配线方式的适用范围和各种环境条件对线路的要求

室内配线种类繁多，有硬线和软线之分，干线有明线、暗线和地下管配线之分，支线有护套线直敷配线、瓷夹板或塑料夹板配线、鼓形绝缘子或针式绝缘子配线、钢管配线、塑料管配线等多种形式。

室内配线方式应与环境条件、负荷特征、建筑要求相适应。各种配线方式的适用范围见表4-12；各种环境条件对线路的要求见表4-13。

表4-12　各种配线方式的适用范围

导线类别			塑料护配线	绝缘线						裸导线
敷设方式			直敷配线	瓷、塑料夹板	鼓形绝缘子	针式绝缘子	焊接钢管	电线管	硬塑料管	绝缘子明设
场所特征	干燥	生产	O	O	O	+	O	O	+	×
		生活	O	O	O	O	O	O	+	O
	潮湿		+	×	—	O	O	+	O	+
	特别潮湿		×	×	—	O	+	×	O	—
	高温		×	×	O	O	O	O	×	O
	振动		—	×	O	O	O	O	—	O③
	多尘		+	×	—	+	O	O	O	+
	腐蚀		+	×	×	+	+②	×	O	—
	火灾危险场所	H-1	—	×	×	+①	O	O	—	+④
		H-2	—	×	×	×	O	O	—	+④
		H-3	—	×	×	+①	O	O	—	+④

（续）

导线类别			塑料护配线	绝缘线						裸导线
敷设方式			直敷配线	瓷、塑料夹板	鼓形绝缘子	针式绝缘子	焊接钢管	电线管	硬塑料管	绝缘子明设
场所特征	爆炸危险场所	Q-1	×	×	×	×	O	×	×	×
		Q-2	×	×	×	×	O	×	×	×
		Q-3	×	×	×	×	O	×	×	—
		G-1	×	×	×	×	O	×	×	×
		G-2	×	×	×	×	O	×	×	×
	室外		×	×	+⑤	O		×	×	×

注：“O”推荐采用，“+”可以采用，“—”建议不采用，“×”不允许采用。

① 线路应远离可燃物质，且不应敷设在未抹灰的木顶棚或墙壁上，以及可燃液体管道的栈桥上。

② 钢管镀锌并刷防腐漆。

③ 不宜用铝导线（因其韧性差，受振动易断），应当用铜导线。

④ 可用裸导线，但应采用熔焊或钎焊连接；需拆卸处用螺栓可靠连接。在 H-1、H-3 级场所宜有保护罩；当用金属网罩时，网孔直径不应大于 12mm。在 H-2 级场所应有防尘罩。

⑤ 用在不受阳光直接曝晒和雨雪不能淋着的场所。

表 4-13　各种环境条件对线路的要求（线路敷设方式导线材料选择）

环境特征	线路敷设方式	常用电线、电缆型号
正常干燥环境	绝缘线瓷珠、瓷夹板或铝皮卡子明配线	BBLX、BLV、BLVV
	绝缘线、裸线瓷绝缘子明配线	BBLX、BLV、LJ、LMJ
	绝缘线穿管明敷或暗敷	BBLX、BLX
	电缆明敷或沿电缆沟敷设	ZLL、ZL11、VLV、YJV、XLV、ZLQ
潮湿和特别潮湿的环境	绝缘线瓷绝缘子明配线（高度大于 3.5m）	BBLX、BLV
	绝缘线穿塑料管、钢管明敷或暗敷	BBLX、BLV
	电缆明敷	ZL11、VLV、YJV、XLV
多尘环境（不包括火灾及爆炸危险粉尘）	绝缘线瓷珠、瓷绝缘子明配线	BBLX、BLV、BLVV
	绝缘线穿钢管明敷或暗敷	BBLX、BLV
	电缆明敷或沿电缆沟敷设	ZLL、ZLQ、VLV、YJV、KLV、VLHF
有腐蚀性的环境	塑料线瓷珠、瓷绝缘子配线	BLV、BLVV
	绝缘线穿塑料管明敷或暗敷	BBLX、BLV、BV
	电缆明敷	VLV、YJV、ZL11、XLV
火灾危险环境	绝缘线瓷绝缘子明配线	BBLX、BLV
	绝缘线穿钢管明敷或暗敷	BBLX、BLV
	电缆明敷或沿电缆沟敷设	ZLL、ZLQ、VLV、YJV、KLV、VLHF
爆炸危险环境	绝缘线穿钢管明敷或暗敷	BBV、BV
	电缆明敷	ZL20、ZQ20、VV20
户外配线	绝缘线、裸线瓷绝缘子明配线	BBLF、BLX-1、LJ
	绝缘线穿钢管沿外墙明敷	BBLF、BBLX、BLV
	电缆埋地	ZL11、ZIQ2、VLV、VLV-2、YJV、VJV2

2. 室内低压配线（绝缘导线敷设）安全技术

照明线路的各种敷设方式示意图如图4-22所示。

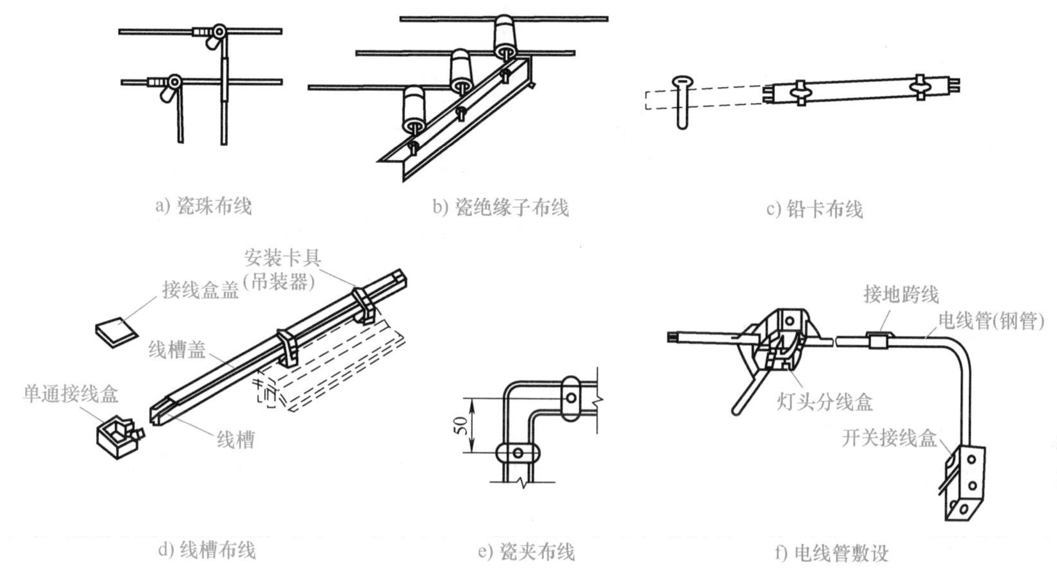

图4-22 照明线路的各种敷设方式示意图

室内低压配线（绝缘导线敷设）安全技术要求见表4-14。

表4-14 室内低压配线（绝缘导线敷设）安全技术要求

敷设方式	安全技术要求
穿管布线	① 适宜易燃、易爆、潮湿或有腐蚀性的场所，以及对建筑美观需要较高的场所。布线方式分明敷（记M）和暗敷（记A）两种 ② 穿管有钢管（水、煤气管，G）、电线管（薄壁钢管，DG）和硬塑料管（SG）三种。钢管适用于潮湿场所的明敷、埋地暗敷和防爆场所。电线管适用于干燥场所的明敷和暗敷。在有腐蚀性的场所宜用硬塑料管 ③ 为便于施工和维护，直管长度不得超过45m。有一个弯时，长度不超过30m；有两个弯时，长度不超过20m；有三个弯时，长度不超过12m。否则，应加设接线盒（箱）或将管径放大一级 ④ 不同回路、不同电压、不同电流种类的导线不得共管。可供管穿线的情况：一台电动机的所有回路（包括控制回路）；电压相同的同类照明支线（但不宜超过8根）等 ⑤ 多线共管时，导线总截面面积不应超过管内截面面积的40%
线槽布线	① 金属线槽布线一般适用于正常环境的室内场所明敷，但对有严重腐蚀的场所不应采用，具有槽盖的封闭式金属线槽，可在建筑顶棚内敷设 ② 塑料线槽布线一般适用于正常环境的室内场所，在高温和易受机械损伤的场所不宜采用。弱电线路可采用难燃型带盖塑料线槽，在建筑物顶棚内敷设 ③ 同一路径无防干扰要求的线路，可敷设于同一线槽内。线槽内电线或电缆的总截面面积（包括外护层）不应超过线槽内截面面积的20%，载流导线不宜超过30根。控制、信号或与其相类似的线路，电线或电缆的总截面面积不应超过线槽内截面面积的50%，电缆或电线根数不限 ④ 同一回路的所有相线和中性线（如果有中性线），应敷设在同一金属线槽内。金属线槽布线，不得在穿过楼板或墙壁等处进行连接。金属线槽垂直敷设或倾斜敷设时，应采取措施防止电线或电缆在槽内移动。在地面内暗装金属线槽布线时，强、弱电线路应分槽敷设，两种线路交叉处应设置有屏蔽分线板的分线盒 ⑤ 强、弱电线路不应敷设在同一塑料线槽内。塑料线槽内不得有接头，分支接头应在接线盒内进行
一般规定	所有绝缘电线和电缆都应具有与最高标称电压回路绝缘相同的绝缘等级。布线用塑料管、塑料线槽及附件应采用难燃型制品

图 4-23 所示 A、B、C、D、E 是哪种配线方式？

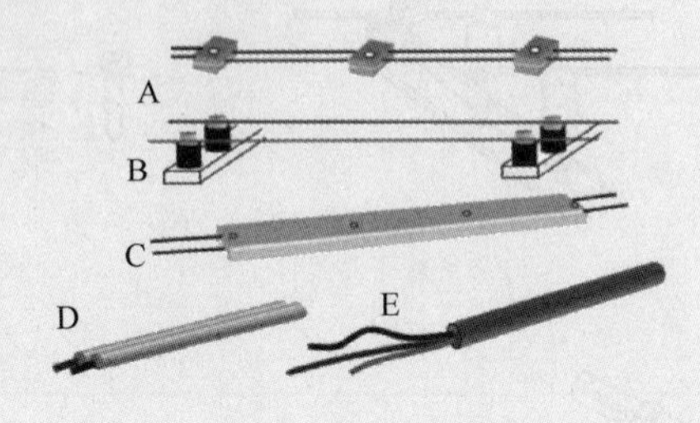

图 4-23　配线方式

认知实践

为提高电能质量和减少电气故障的发生，10kV 架空配电线路上增加了不少辅助设备（见图 4-24）。请同学们在网上查阅相关资料，说一说还有哪些辅助设备？

a) 十字拉线，增加支杆稳定性

b) 调压器，改善整条线路的电压质量

c) 配电网无功补偿装置，提高电网的功率因数

d) 避雷器，限制雷电过电压

图 4-24　10kV 架空配电线路辅助设备

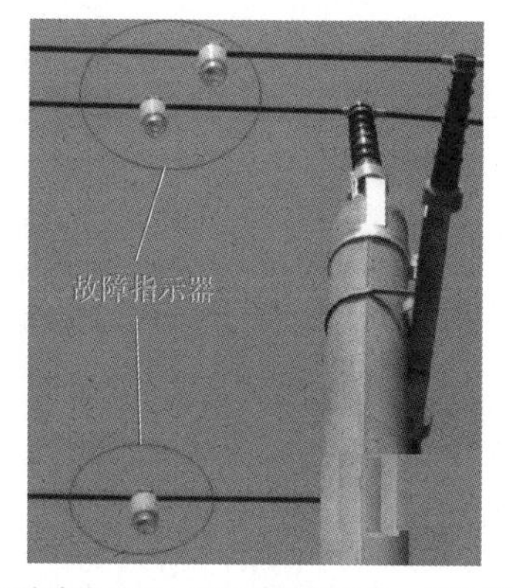

e) 故障指示器，迅速确定故障点，排除故障

f) 风车驱鸟器，解决鸟电矛盾

图 4-24　10kV 架空配电线路辅助设备（续）

图 4-25 列举了部分违反输电线路施工安全图片，请同学们结合图片和所学过的输电线路施工安全措施，进一步体会电气线路施工安全的重要性。

a) 违规使用钢卷尺

工作票编号：RJ2_2015-01-0099

危险点、危险源分析要点：

1. 工作场地的特点（高空、井下、容器内、带电作业、交叉作业）
2. 工作环境的特点（高温、高压、易燃、易爆、辐射、缺氧、有毒气体）
3. 工作中使用的机械设备
4. 工作中使用的设施（脚手架、踏板、梯子、安全带）
5. 操作的程序和工艺流程的颠倒、操作方法失误、不安全行为和设备异常可能给作业人员带来的伤害
6. 作业人员当时身体状况、思想情绪和技术水平
7. 室外作业时的天气状况
8. 其他可能对作业人员造成的伤害

工作内容：159020HFB14　2 号锅炉 4 号给煤机系统定期检查

作业项目	危险点	危害后果	控制措施
1.进入现场	走错间隔	造成其他设备停运	核对设备名称，正确无误后方可工作
2.办理工作票	措施为执行	设备安全，人身安全	办理工作票，确认安全措施执行完善，组织人员宣读，签字方可开工
3.检修工作	工具伤人	人身安全	使用合格的工具，电动工具装设防护罩
4.工作结束	地面污染	文明生产	及时清理地面上的杂物，积水

工作负责人签字：武军　时间：2015 年 01 月 17 日 21 时 25 分

我声明对上述危险点和控制措施已清楚并保证认真执行

工作成员签字：

未签名

工作票签发人签字：　时间：2015 年 01 月 17 日 21 时 25 分

工作开始时间：　年　月　日　时　分　工作结束时间　年　月　日　时　分

备注：

未填写开始和结束时间

b) 工作票填写

c) 未设置交通警示牌

d) 跨越架顶上无警告标志

图 4-25　输电线路施工安全措施

思考与练习

1. 电力系统中性点运行方式有几种？分别加以说明。
2. 导线截面校验的方式有几种？
3. 简述导线截面的选择方法。
4. 电气线路保护哪几项？分别加以说明。
5. 架空线路安全运行的巡视检查内容是什么？
6. 室内线路的巡视检查一般包括哪些内容？

项目5 电气设备安全技术

项目引入

电气设备的安全运行是安全用电的一个重要方面，在安装、运行、维修以及试验与测试时，必须考虑到安全要求，以防止或减少事故的发生。

日常检查和检修电气设备时，尤其是在工作场地狭窄、潮湿、高空等危险场所容易发生触电事故和高空摔跌事故，给国家造成经济损失，给人身造成终生痛苦。因此，要树立“安全第一，生产必须安全，安全促进生产”的思想，确保正常生产和人身安全，防止事故发生。

知识图谱

图5-1所示为项目5的知识图谱。

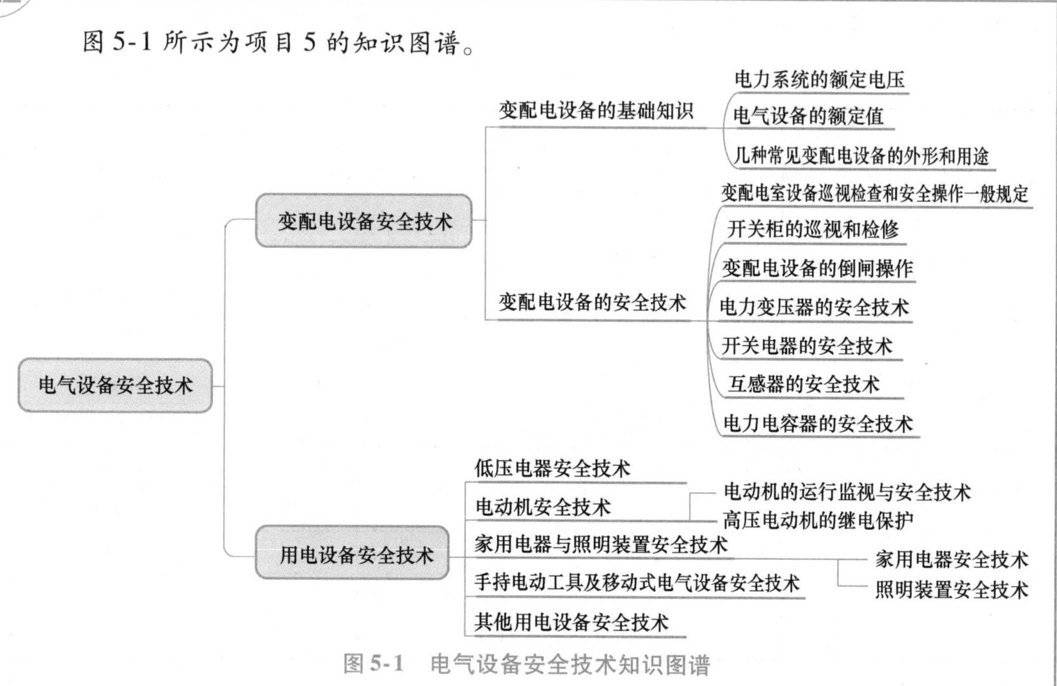

图5-1 电气设备安全技术知识图谱

任务1 变配电设备安全技术

任务描述

电力系统在生产过程中，有可能发生各类故障和各种不正常情况。今天我们来学习一下安全用电的重要环节——电力系统变配电的有关知识。

电力变压器是变电所内最关键的设备，除此之外，还有许多变配电设备参与运行。

知识要点

一、变配电设备的基础知识

（一）电力系统的额定电压

1. 额定电压等级

为了便于电器制造业的生产标准化和系列化，国家规定了标准电压等级系列。在设计时，应选择最合适的额定电压等级。所谓额定电压，就是某一受电器（电动机、电灯等）、发电机和变压器等在正常运行时具有最大经济效益的电压。

我国规定了电力设备的统一电压等级标准，交流额定电压等级见表5-1。

表5-1 交流额定电压等级（线电压） （单位：kV）

受电器	发电机	变压器	
		一次绕组	二次绕组
0.22	0.23	0.22	0.23
0.38	0.40	0.38	0.40
3	3.15	3及3.15①	3.15及3.3
6	6.3	6及6.3①	6.3及6.6
10	10.5	10及10.5①	10及11
35	13.8	35	38.5
110	15.75	110	121
220	18.0	220	242
330	20.0	330	363
500		500	550
750		750	825

① 适用于升压变压器。

电力网中各点的电压是不同的，其变化情况如图5-2所示。

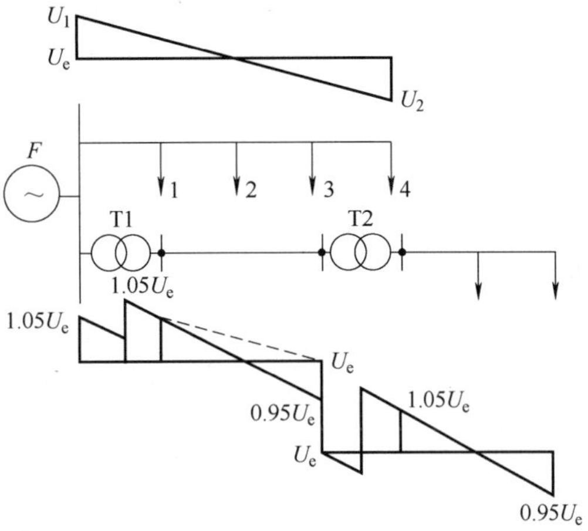

图5-2 电力网中电压的变化

2. 变压器额定电压的确定

接到电力网始端即发电机电压母线的变压器（如图5-2中的T1），可以采用高出电力网额定电压5%的电压作为该变压器一次绕组的额定电压。接到电力网受电端的变压器（如图5-2中的T2），其一次绕组可以当作受电器看待，因而其额定电压取与受电器的额定电压（即电力网额定电压）相等。

变压器二次绕组的额定电压是指变压器空负荷情况下的额定电压。当变压器带负荷运行时，其一、二次绕组均有电压降，二次绕组的端电压将低于其额定电压，则必须选择变压器二次绕组（如图5-2中的T1、T2）的额定电压比电力网额定电压高出10%。

当电力网受电端变压器供电的线路很短时，如排灌站专用变压器，其线路压降很小，也可采用高出电力网额定电压的5%（如3.15kV、6.3kV、10.5kV），作为该变压器二次绕组的额定电压。

由于电力网中各点电压是不同的，而且随着负荷及运行方式的变化，电力网各点的电压也要变化。为了保证电力网各点的电压在各种情况下均符合要求，变压器均有用以改变电压比的若干分接头的绕组（一般为高、中压绕组）。适当地选择变压器的分接头，可调整变压器的出口电压，使用电设备处的电压能够接近它的额定值。

（二）电气设备的额定值

1. 电气设备的额定值、负荷级别与供电方式

电气设备或元器件的额定值多为电气量（如电压、电流、功率、频率和阻抗等），也有一些是非电量（如温升、转速、时间、气压、力矩和位移等）。

按照额定参数运行是保证电气设备安全的必要条件。额定值是选择、安装、使用和维修电气设备的重要依据。

（1）额定电压与设备安全的关系

所有电气设备、电工材料的选择和投入运行，首先必须保证其额定电压与电网的额定

电压相符；其次，电网电压的波动引起的电压偏移必须在允许范围内。

（2）额定电流与设备安全的关系

额定电流是指在一定的周围介质温度和绝缘材料允许的温度下，允许长期通过电气设备的最大工作电流值。不使电气设备所通过的电流超过其额定电流，是保证设备安全运行的重要条件。

2. 负荷级别与供电方式

负荷的安全级别与供电方式见表5-2。

表5-2 负荷的安全级别与供电方式

安全级别	释义	供电方式
一级负荷	凡供电中断将造成人身伤亡，或将造成重大政治影响，或重大设备损坏且难以恢复，或将给国民经济带来重大损失以及将造成公共场所秩序严重混乱者	一级负荷必须由两个独立的电源供电
二级负荷	凡供电中断会造成产品的大量减产、大量原材料报废，或将发生重大设备损坏事故，交通运输停顿，给公共场所的正常秩序造成混乱者	尽量由双回路供电，当采用双回路有困难时，则允许由一回路专线供电
三级负荷	凡不属于一、二级负荷	单回路供电

所谓独立电源，是指其中任一个电源发生故障或停电检修时，不影响其他电源继续供电。

各级电力负荷的供电方式如图5-3所示。

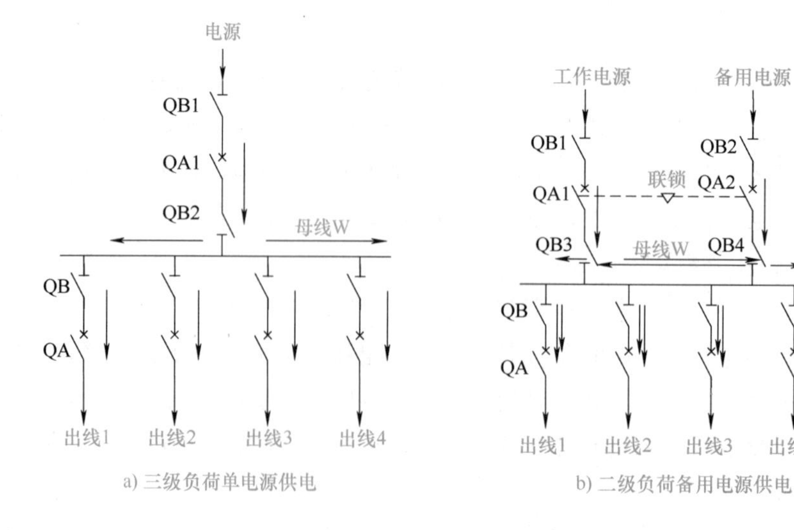

图5-3 各级电力负荷的供电方式

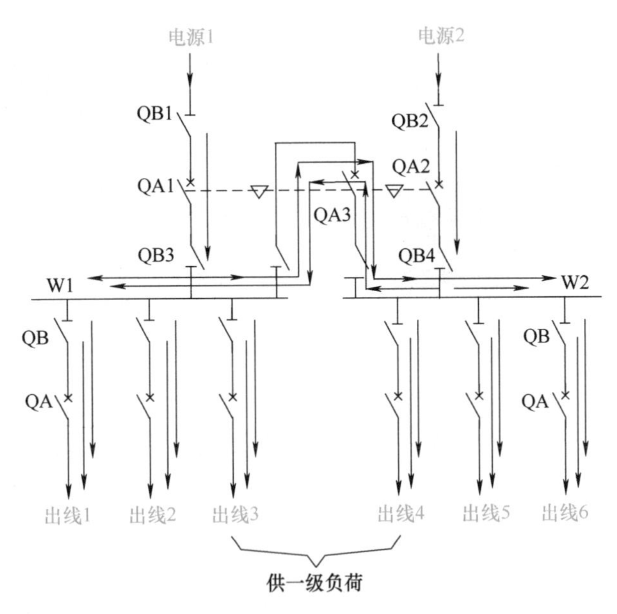

c）一级负荷两个独立的电源供电

图5-3　各级电力负荷的供电方式（续）

3. 一次回路与二次回路

1）一次电路（一次回路）是指在工厂供配电系统中担负输送、变换和分配电能任务的电路。一次电路中的所有电气设备，称为一次设备或一次元件。

2）二次电路（二次回路）是用来控制、指示、监测和保护主电路及其主电路中设备运行的电路。二次电路中的所有电气设备，称为二次设备或二次元件。

（三）几种常见变配电设备的外形和用途

变配电设备是指工厂变配电所的电气设备，包括变压器、配电装置、电力电容器以及相关的二次设备和二次回路。

几种常见变配电设备的外形和用途见表5-3。

表5-3　几种常见变配电设备的外形和用途

设备名称	设备外形	设备特点
油浸式有载（芯式）变压器		储油柜采用隔膜式，使变压器油与大气隔离，避免油受潮和老化，储油柜端头装有磁铁式油位计，可直接查看油面位置，变压器具有完善的导油、导气管路系统，变压器油箱顶部装有两个压力释放器，当变压器内部压力达到一定值时能可靠释放能量，确保设备安全运行
干式变压器		干式变压器在我国使用普通。此类变压器故障后不会爆炸，广泛用于高层建筑、地铁、车站、机场、商业中心以及政府机关、电台、电视台等重要部门

（续）

设备名称	设备外形	设备特点
S11 系列全密封电力变压器		新型全密封变压器省去了储油柜装置，采用波纹油箱，油箱可随内部温度升高而产生一定变形，使变压器进行自主"呼吸"，此种全密封变压器可以几十年免维护，目前多应用于城市供电
固定式高压开关柜		高压成套配电装置（高压开关柜）是按不同用途的接线方案，将所需的高压设备和相关一、二次设备组装而成的成套设备，用于供配电系统的控制、监测和保护
GCKI-5 型低压抽出式开关柜		抽屉式低压开关柜的安装方式为抽出式，每个抽屉为一个功能单元，按一、二次线路方案要求，将有关功能单元的抽屉叠装在封闭的金属柜体内，这种开关柜适用于三相交流系统中，可作为电动机控制中心的配电和控制装置
箱式变电站		组合式变电站又称箱式变电站，它把变压器和高、低压电气设备按一次接线方案组合在一起，置于一个箱体内，是将高压柜、变压器、低压柜、计量单元及智能系统优化组合成的完整的智能化配电成套装置
FN3 型户内高压负荷开关		高压负荷开关能通断正常的负荷电流和过负荷电流，隔离高压电源 高压负荷开关只有简单的灭弧装置，因此它不能切断或接通短路电流，使用时通常与高压熔断器配合，利用熔断器来切断短路故障
GW4 型户外交流高压隔离开关		高压隔离开关具有明显的分断间隙，因此它主要用来隔离高压电源，保证安全检修，并能通断一定的小电流。它没有专门的灭弧装置，因此不允许切断正常的负荷电流，更不能用来切断短路电流

二、变配电设备的安全技术

（一）变配电室设备巡视检查和安全操作一般规定

为了监视设备的运行情况，以便及时发现和消除设备缺陷，预防事故的发生，确保设备安全运行，应对变电设备进行巡视检查。每个值班人员必须严格按照规程要求，认真负责，一丝不苟地做好设备检查工作。及时发现异常和缺陷，及时汇报调度和上级，杜绝事故发生。变电站设备的巡视检查，一般分为正常巡视、全面巡视、熄灯巡视及特殊巡视四种。

1）各配电室设备电工每班巡查不少于两次，并认真做好电压、电流、功率及其他运行参数的记录。

2）巡视检查只允许在遮栏外进行，与高低压带电导体按规范保持安全距离。变压器只允许在低压侧抄录油温，观察储油柜油面和其他检查，严禁走向高压侧。对高压配电柜，严禁打开柜门，进行各种违章作业。

3）巡视用目视、耳听、鼻嗅，并做好记录。应对所有的高低压开关、刀开关、互感器、变压器、支柱绝缘子、母线汇流排、电缆、电缆头、熔断器、各种计量和指示表计等进行仔细巡视，认真分析异常现象，及时向上级主管反映。

4）严格执行电业安全工作规程，各配电室的安全用具（高压试电笔、携带型接地线、绝缘器具）及消防器材应处于完好状态，以供随时使用。

5）停电拉闸操作必须严格按照开关→负荷侧刀开关→母线侧刀开关顺序依次操作；送电合闸顺序与此相反。严禁带负荷拉刀闸。

6）10kV 操作时必须一人操作一人监护，严禁单人操作。操作中发生疑问时，不准擅自更改操作内容，必须向主管人员报告，弄清楚后再进行操作。

7）用绝缘棒拉合刀开关应戴绝缘手套，雨天操作室外高压设备时，绝缘棒应有防雨罩，还应穿绝缘靴。雷电时，禁止进行倒闸操作。

8）在电容器组上工作时，应将电容器逐个多次放电并接地后，方可进行工作。

9）若遇电气设备着火时，应立即将有关设备的电源切断，然后进行救火。对电气设备应使用干式灭火器、二氧化碳灭火器或四氯化碳灭火器等灭火、不得使用泡沫灭火器灭火。对注油设备应使用泡沫灭火器或干燥的沙子等灭火。

10）任何工作人员发现有违反以上条文的，并足以危及人身和设备安全者，应立即给予制止。

（二）开关柜的巡视和检修

开关柜是一种电设备，开关柜外线先进入柜内主控开关，然后进入分控开关，各分路按其需要设置。开关柜的主要作用是在电力系统进行发电、输电、配电和电能转换的过程中，进行开合、控制和保护用电设备。

开关柜的巡视和检修见表5-4。

表 5-4　开关柜的巡视和检修

主要设备	运行中的巡视检查项目	停电后的检修要求
固定式高压开关柜	① 母线和各连接点是否有过热现象，示温蜡片是否熔化 ② 注油设备的油位是否正常，油色是否变深，有无渗漏油现象 ③ 开关柜中各电气元器件在运行中有无异常气味和声响 ④ 仪表、信号、指示灯等指示是否正确，继电保护连接片位置是否正确 ⑤ 继电器及直流设备运行是否良好 ⑥ 接地装置的连接线有无松脱和断线 ⑦ 高低压配电室的通风、照明及安全防火装置是否正常	① 应按具体情况对柜中装设的断路器进行大修、小修及达到允许遮断故障次数的内检、试验 ② 支持绝缘子及穿墙套管应清洁、无裂纹及放电痕迹 ③ 各电气连接部分的接触应可靠，并涂有中性凡士林油 ④ 框架的固定应牢固、无松动现象 ⑤ 断路器及隔离开关的传动部分应可靠、灵活 ⑥ 断路器及隔离开关的闭锁应可靠、灵活
手车式高压开关柜	① 开关柜中各电气元器件在运行中有无异常气味和声响 ② 仪表及指示灯指示是否正常	① 手车开关隔离触头的弹簧弹性良好，触指应无烧伤痕迹，触头涂中性凡士林油 ② 手车推入、拉出应灵活、无卡涩，一次隔离触头的中心线应同水平和垂直中心线相重合，动、静触头的底面间隙应为 (15 ±3) mm ③ 接地触头的表面应清洁，接触电阻不应大于 1Ω ④ 断路器的防误闭锁可靠 ⑤ 断路器及接地隔离开关的传动部分应可靠、灵活
低压开关柜	① 低压断路器及刀开关拉合是否可靠、灵活 ② 各电气连接部分是否可靠 ③ 各电气元器件的固定是否牢固、可靠 ④ 可动触头与固定触头接触是否可靠 ⑤ 各电气元器件是否清洁	① 安装在柜内的电器，应能方便更换，更换时不影响其他回路运行 ② 断路器及刀开关拉合可靠、灵活 ③ 各电气连接部分可靠，并涂中性凡士林油 ④ 各电气元器件的固定应牢固、可靠 ⑤ 抽屉式开关柜中的抽屉应能互换 ⑥ 可动触头与固定触头接触可靠 ⑦ 各电气元器件应清洁、无尘土

（三）变配电设备的倒闸操作

1. 倒闸操作的定义

倒闸操作是指拉开或合上某些断路器和隔离开关、直流回路，切除或投入继电保护装置，拆装临时接地线等操作。

2. 操作票制度

操作票（见附录 E）是指在电力系统中进行电气操作的书面依据，包括调度指令票和变电操作票。

操作票是防止误操作（误拉、误合、带负荷拉/合隔离开关、带地线合闸等）的主要措施。

1）倒闸操作应由两人进行，一人监护、一人操作。单人值班时可由一人操作。

2）除事故处理、拉合断路器（开关）的单一操作、拉开接地开关或全站仅有的一组接地线外的倒闸操作，均应使用操作票。事故处理的善后操作应使用操作票。

3）倒闸操作票使用前应统一编号，在一个年度内不得使用重复号，操作票应按编号顺序使用。

4）操作票应根据值班调度员（或值班负责人）下达的操作命令（操作计划和操作命令及检修单位的工作票内容）填写。调度下达操作命令（操作计划）时，必须使用双重名称（设备名称和编号），要认真进行复诵，并将接受的操作命令（操作计划）及时记录在“运行日志”中。

5）开关的双重编号（设备名称和编号）可只用于“操作任务”栏，“操作项目”栏只写编号可不写设备名称。

6）填写完操作票后，要进行模拟操作，正确后，方可到现场进行操作。

7）操作票在执行中不得颠倒顺序，也不能增减步骤、跳步、隔步，如需改变应重新填写操作票。

8）在操作中每执行完一个操作项后，应在该项前面“执行”栏内画钩。整个操作任务完成后，在操作票上加盖“已执行”章。

9）执行后的操作票应按值移交，复查人将复查情况记入“备注”栏并签名，每月由专人进行整理收存。

10）若一个操作任务连续使用几页操作票，则在前一页“备注”栏内写“接下页”，在后一页的“操作任务”栏内写“接上页”，也可以写页的编号。

11）操作票因故作废，应在“操作任务”栏内盖“作废”章。

12）在操作票执行过程中因故中断操作，应在“备注”栏内注明中断原因。若此任务还有几页未操作的票，则应在未执行的各页“操作任务”栏盖“作废”章。

13）“操作任务”栏写满后，继续在“操作项目”栏内填写，任务写完后，空一行再写操作步骤。

14）开关、刀开关、接地开关、接地线、压板、切换把手、保护直流、操作直流、信号直流、电流回路切换连片（每组连片）等均应视为独立的操作对象，填写操作票时不允许并项，应列单独的操作项。

15）填写操作票严禁并项（如：验电、装设接地线不得合在一起）、添项及用勾划的方法颠倒操作顺序。

16）操作票填写要字迹工整、清楚，不得任意涂改。

3. 倒闸操作安全作业要点

倒闸操作安全作业要点见表5-5。

表 5-5 倒闸操作安全作业要点

作业项目	安全隐患	安全作业要点
停送柱上开关、隔离开关或跌开式熔断器	高低压感电	① 倒闸操作要严格执行操作票，严禁无票操作 ② 倒闸操作应由两人进行，一人操作，一人监护 ③ 操作机械传动的开关或刀开关应戴绝缘手套；操作没有机械传动的开关或刀开关，应使用合格的绝缘杆；雨天操作应使用有防雨罩的绝缘杆 ④ 雷电时严禁进行开关倒闸操作 ⑤ 登杆操作时，操作人员严禁穿越和碰触低压导线（含路灯线）
	弧光灼伤	① 杆上同时有刀开关和开关时，应先拉开关后拉刀开关，送电时与此相反 ② 作业结束合线路分段开关时，必须检查地线全部拆除后方可操作 ③ 负荷开关主触头不到位时，严禁进行操作 ④ 操作油开关时，操作人员应穿阻燃服或在安全距离外进行操作
	高空坠落	① 操作时，操作人和监护人应戴安全帽，套杆操作应系好安全带 ② 登杆前应检查登杆工具是否完好，采取防滑措施
变压器台停送电	感电伤人	① 要严格执行变压器程序票 ② 操作应由两人进行，一人操作，一人监护 ③ 应使用合格绝缘杆；雨大操作应使用有防雨罩的绝缘杆 ④ 摘挂跌开式熔断器应使用绝缘棒，其他人员不得触及设备 ⑤ 应先拉二次负荷开关，再拉一次跌开式开关 ⑥ 雷电时严禁进行变压器台更换熔丝工作
	物体打击	操作时，操作人应好戴安全帽

小提示

电气操作两人制，一个任务一张票。
操作先看分合位，再核设备名称号。
送电先送总开关，停电先断分开关。

（四）电力变压器的安全技术

变压器是电力系统中使用较多的一种电气设备，它对电能的经济传输、灵活分配和安全使用起着举足轻重的作用。其他部门也广泛使用着各种类型的变压器，以提供特种电源或满足特殊的用途。

电力变压器是变电所内最关键的设备。

1. 电力变压器的安全技术

电力变压器的安全技术见表 5-6。

表 5-6　电力变压器的安全技术

项目	安全技术要求
变压器在安装过程中的安全技术要求	① 变压器在安装前，应进行外观检查和必要的测试 ② 变压器的安装位置应符合规定 ③ 变压器基础的轨道应水平，轨距与轮距应配合良好 ④ 装有气体继电器的变压器，安装时应使其顶盖沿气体继电器气流方向有 1% ~1.5% 的升高坡度 ⑤ 变压器的所有法兰连接处，应用耐油橡胶密封垫密封 ⑥ 冷却装置安装前应用合格的变压器油进行冲洗 ⑦ 变压器顶盖上的温度计座内应注入变压器油，密封良好，无渗油现象 ⑧ 变压器外壳应可靠接地 ⑨ 变压器室的门或栅栏应加锁，应悬挂“高压危险”的警告牌；室外安装的变压器周围装设的围栏不低于 1.7m
变压器运行、维护中的注意事项	① 变压器投入运行前，应检查分接开关的位置、油位、接线等是否符合要求，并进行绝缘电阻测试 ② 变压器投入运行后，应注意电流的异常情况，当电流有异常升高且 2s 内不能恢复正常，或三相指示显著不平衡者，应立即切断电源 ③ 并列运行的变压器，必须满足联结组别相同、电压比相等、短路电压相等三个条件，而且容量之比不宜超过 3∶1 ④ 应加强对变压器的运行监视。日常监视的项目有电压、电流、温升等 ⑤ 正常的巡视检查时，应查看油位、油温等是否正常，有无漏油现象，接地线是否完好等
变压器立即停止工作	① 变压器内部油温超过允许值，并不断上升 ② 变压器油位降低到所能允许的油位以下 ③ 音响很大且不均匀或有“噼啪”爆裂声 ④ 储油柜或防爆管喷油 ⑤ 套管闪络放电或表面有严重裂纹 ⑥ 油质很坏，油色过深，油内出现碳粒

2. 变压器故障和异常运行状态继电保护

为了保证电力系统的安全运行，将故障和异常运行的影响限制在最小范围，根据继电保护有关规定，变压器应装设保护。

（1）气体保护

双绕组变压器气体保护原理接线如图 5-4 所示。

KG 为气体继电器，上触点是轻气体，闭合时发出轻气体动作信号；下触点是重气体，闭合时经信号继电器 KS 瞬时起动中间继电器 KM，跳开变压器两侧断路器。中间继电器 KM 具有自保持功能，在重气体动作期间，防止由于气流及油流不稳定造成触点接触不可靠时，影响断路器可靠跳闸；同时，为缩短切出故障时间，中间继电器 KM 应是快速动作的继电器。

切换片 XB 有两个位置，分别为保护动作时跳闸位置和试验位置。

（2）双绕组单相变压器差动保护

双绕组单相变压器差动保护原理接线图如图 5-5 所示。

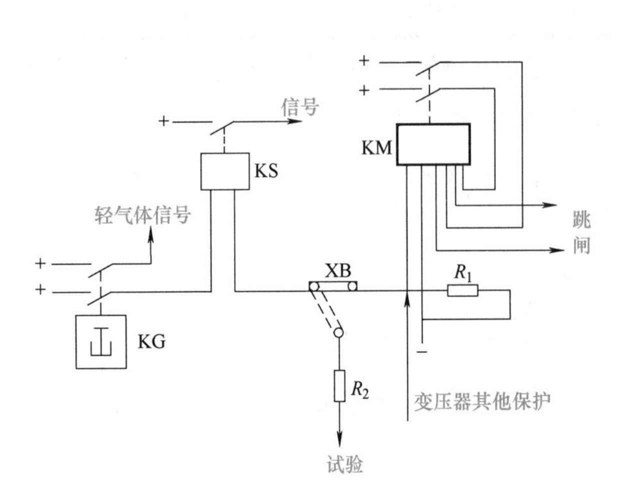

图 5-4　双绕组变压器气体保护原理接线

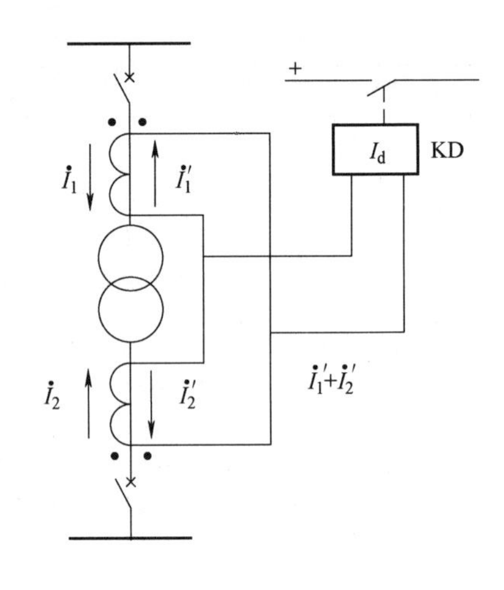

图 5-5　双绕组单相变压器差动保护原理图

变压器差动保护的动作原理与线路纵差动保护相同，通过比较变压器两侧电流的大小和相位决定保护是否动作，这里不再赘述。

（3）电流速断保护

对于中、小容量的变压器，可以装设单独的电流速断保护，与气体保护配合构成变压器的主保护。

变压器电流速断保护单相原理接线示意图如图 5-6 所示，保护接在变压器的电源侧，动作时跳开变压器两侧断路器。

电流速断保护与线路电流保护 I 段原理相同，作为变压器主保护，动作无延时，利用动作电流保证保护的选择性，只能保护变压器一部分绕组（高压侧）的相间短路故障。

（4）跌落式熔断器

跌落式熔断器在短路电流通过后，装有熔丝的管子自由下落，是一种短路和过负荷保护装置，如图 5-7 所示。

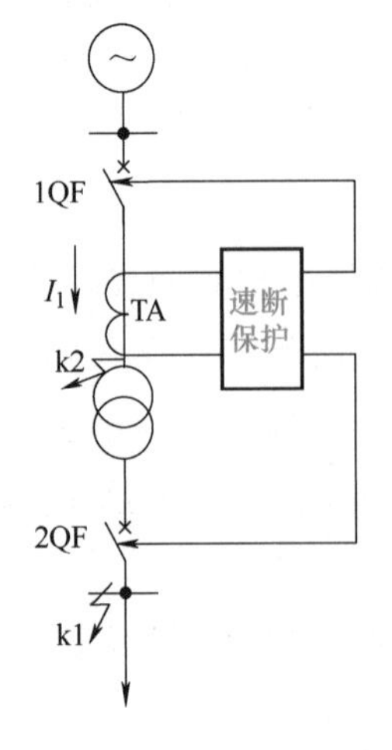

图 5-6　变压器电流速断保护单相原理图

图 5-7　跌落式熔断器

跌落式熔断器主要用作配电变压器、电容器组、短段电缆线路、架空线路分段或分支线路的短路故障保护。图 5-8 所示跌落式熔断器作为 10kV 变压器保护，FU 为熔断器。

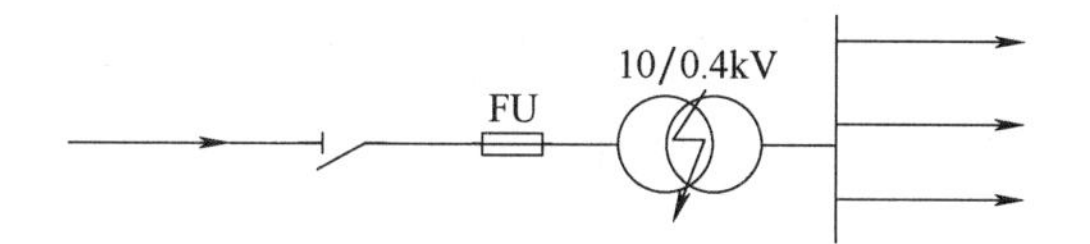

图 5-8　跌落式熔断器作为 10kV 变压器保护

（5）变压器相间短路的后备（低电压起动的过电流）保护

变压器过电流保护与线路定时限过电流保护原理相同，装设在变压器电源侧，由电流元件和时间元件构成，保护动作后切除变压器。

变压器低电压起动的过电流保护原理框图如图 5-9 所示。

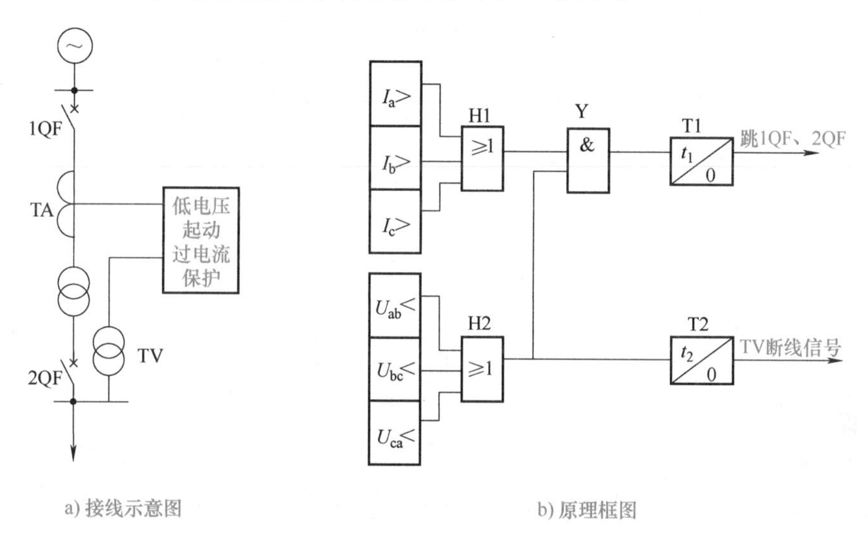

a) 接线示意图　　b) 原理框图

图 5-9　变压器低电压起动的过电流保护原理框图

（6）变压器接地（零序）保护

中性点直接接地运行的变压器，接地保护通常采用两段式零序电流保护，保护原理框图如图 5-10 所示。变压器中性点通过接地开关 QS 接地，当变压器星形侧绕组以及连接元件发生接地短路时，零序电流流过变压器中性点，保护零序电流取自变压器中性点电流互感器二次侧。

中性点有放电间隙的分级绝缘变压器接地保护原理框图如图 5-11 所示，两段式零序电流保护部分可参见图 5-10。

（7）过负荷保护

变压器过负荷通常是三相对称的，所以过负荷保护只接一相电流，经过延时发出信号。对于双绕组变压器，过负荷保护装在电源侧。对于单侧电源三绕组降压变压器，如果三侧容量相同，过负荷保护装在电源侧；如果三侧容量不相同，过负荷保护分别装在电源侧和容量较小一侧。对于双侧电源三绕组降压变压器或联络变压器，过负荷保护分别装在三侧。

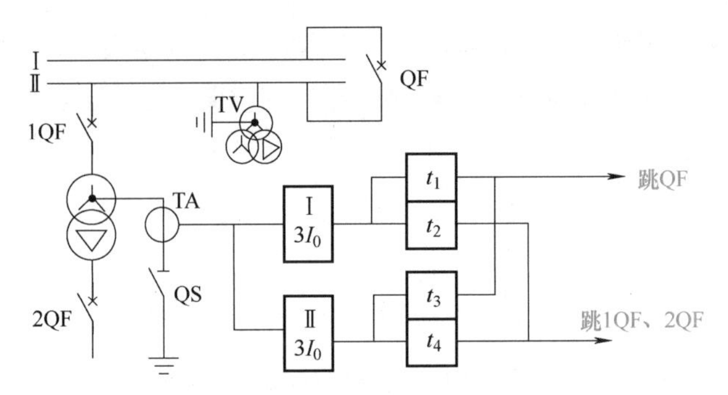

图5-10　变压器两段式零序电流保护原理框图

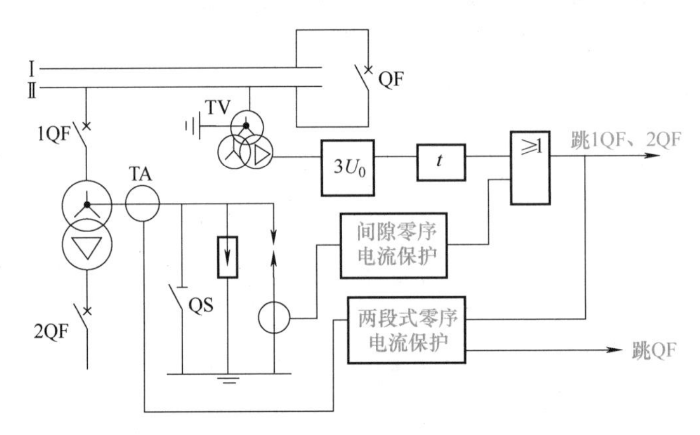

图5-11　中性点有放电间隙的分级绝缘变压器接地保护原理框图

想一想

如图5-12所示，为了提高电力变压器散热效果，户外电力变压器外壳上涂以深色油漆。这是为什么呢？

图5-12　户外杆上电力变压器

（五）开关电器的安全技术

开关电器是指能根据外界的信号和要求，手动或自动接通或断开电路，实现对电路或非电对象切换、控制、保护、检测和调节的元件或设备，可以分为高压开关电器和低压开关电器两种。

电力系统中的高、低压电器以开关电器为主；开关电器中又以断路器为主要和典型的研究对象，工作条件最为苛刻，以三相交流电为主。

开关电器的安全技术见表5-7。

表5-7　开关电器的安全技术

名称	安全技术要求
断路器	① 严禁使用容量不足的断路器 ② 断路器事故跳闸后，应进行全面检查 ③ 严禁将拒绝跳闸的断路器投入运行 ④ 严禁将缺油的断路器拉闸 ⑤ 在操作机构异常时，不得对断路器进行分合闸操作 ⑥ 油断路器具有下列严重缺陷之一，必须停用。严重漏油造成油面降低而看不到油面时；绝缘油耐压试验不合格；支架绝缘子断裂或套管炸裂；操作机构不能可靠地跳闸或操作电源不能保证可靠地跳闸；内部发出放电响声；故障跳闸后，断路器严重喷油冒烟 ⑦ 断路器油箱涂成灰色，表明油箱不带电；涂成红色，表明油箱带电，不可触及
隔离开关	① 隔离开关无灭弧装置，不能切断负荷电流，其作用是将待检修设备与电源隔离，造成明显断开点，以保证工作人员安全 ② 除一些小电流高压回路外，严禁带负荷操作隔离开关 ③ 隔离开关有下列严重缺陷时必须停用：绝缘子破损或严重脏污，且有放电现象；刀开关接触不良，刀片与刀嘴间有放电现象；严重过负荷，接触部分温升过高；操作机构动作失灵；耐压试验不合格
跌落开关	跌落开关兼有断路器和隔离开关两者的作用，被广泛用作小型配电变压器的电源开关。操作时要注意绝缘防护

（六）互感器的安全技术

互感器又称为仪用变压器，是电流互感器和电压互感器的统称。其功能主要是将高电压或大电流按比例变换成标准低电压（100V）或标准小电流（5A或1A，均指额定值），以便实现测量仪表、保护设备及自动控制设备的标准化、小型化。同时互感器还可用来隔开高电压系统，以保证人身和设备的安全。

互感器的安全技术见表5-8。

表5-8　互感器的安全技术

名称		安全技术要求
电压互感器	运行特点	① 在正常运行时，二次绕组电流很小，电压互感器接近于空负荷状态 ② 二次绕组必须可靠接地 ③ 二次绕组严禁短路。一、二次绕组回路都必须装设熔断器保护 ④二次绕组回路断线或短路会引起保护误动作 ⑤ 在任何情况下，不允许超过最大容量运行
	注意事项	① 送电前，应测量绝缘电阻并定相，目的是确保相位的正确性 ② 投入运行后，再将其所带的保护及自动装置投入运行，停用时反之 ③ 充油式电压互感器有下列故障之一时应停用：高压侧熔断器连续熔断两三次；温度过高甚至冒烟起火；内部有噼啪声或异常噪声；严重漏油、喷油；内部散出焦臭味；线圈或引线对外壳发生火花放电

（续）

名称		安全技术要求
电流互感器	运行特点	① 一次绕组的电流与二次绕组的负荷大小无关，只取决于主电路的负荷 ② 正常运行时，接近于短路状态 ③ 严禁电流互感器二次绕组开路运行 ④ 二次绕组的一端应和铁心同时接地 ⑤ 在连接二次绕组电路时，应注意绕组的极性 ⑥ 在任何情况下，不允许超过最大容量运行
	注意事项	① 电流互感器的启、停用一般在断路器断开停电后进行，停用的方法是将连接板由纵向改为横向；启用则将横向改为纵向 ② 电流互感器在运行中严禁二次侧开路 ③ 值班人员应定期对电流互感器进行巡视检查，检查的项目有瓷质有无破损和放电现象；有无异声及焦臭味；有无渗油、漏油现象，油位是否正常；一、二次绕组接线是否牢固；外壳接地及二次回路的一点接地是否良好；定期放油取样，进行油质试验

某同学说：如图 5-13 所示，互感器如果不只绕一匝，那么，实际用电量 = 互感器倍率/互感器匝数 × 实际读数。匝数，指互感器内圈导线条数，不指外圈。说法对吗？

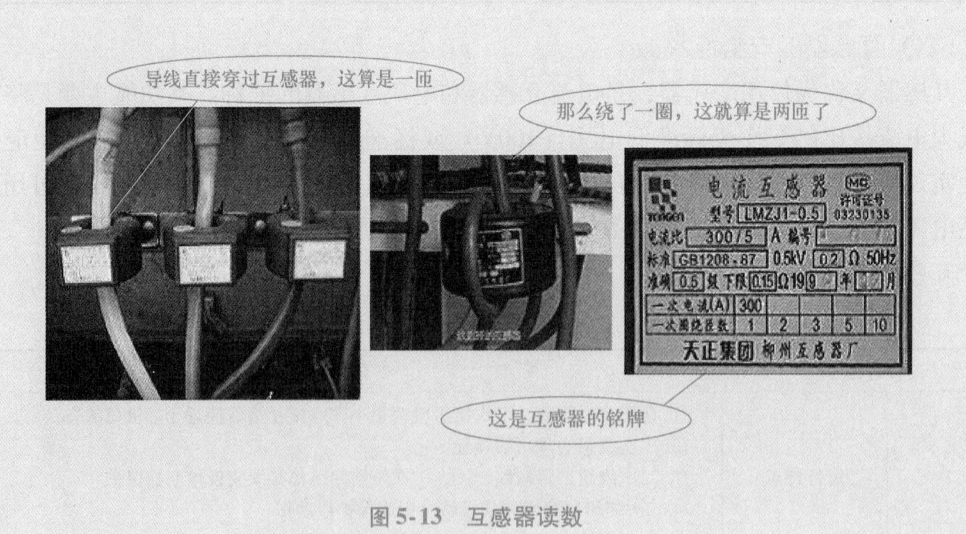

图 5-13　互感器读数

（七）电力电容器的安全技术

电力电容器分为串联电容器和并联电容器，它们能改善电力系统的电压质量和提高输电线路的输电能力，是电力系统的重要设备。

电容器的正常运行状态是指在额定条件下，在额定参数允许的范围内，电容器能连续运行，且无任何异常现象。

1. 电力电容器的安全技术

电力电容器的安全技术见表5-9。

表5-9 电力电容器的安全技术

项目	安全技术要求
电力电容器	① 电容器应在额定电流下运行，应有短路保护装置 ② 电容器在运行中，电压不应超过额定电压的1.1倍 ③ 应加强对电容器的温度监视 ④ 如发现电容器外壳鼓肚、漏油时，应将其停止运行 ⑤ 对电容器进行维护前必须先放电 ⑥ 禁止将带有残留电荷的电容器合闸 ⑦ 变电所发生停电事故时，断开线路的同时，也要断开电容器 ⑧ 由于电容器事故造成跳闸，应查明故障电容器
电力电容器禁止带电荷合闸	电容器不允许装设自动重合闸装置，应装设无压释放自动跳闸装置。电容器组每次切除后必须随即进行放电，待电荷消失后方可再次合闸。所以电容器组每次重新合闸，必须在电容器组断开3min后进行
不正常工作状态	① 电容器组过负荷。一般可不设保护，需要时装设反时限过电流保护作为过负荷保护，延时动作于信号 ② 母线电压升高。当母线电压超过110%额定电压时，装设过电压保护，延时动作于信号或跳闸 ③ 单相接地保护。当电容器组所接电网接地电容电流大于10A时，装设单相接地保护，原理同小接地电流系统中线路的单相接地保护

2. 电力电容器继电保护

为了提高功率因数，经常在高压配电站或车间配电柜内装设电力电容器。为了使这些补偿设备安全、可靠地运行，一般应考虑以下几种保护。

（1）熔丝保护

每台电容器都要有单独的熔丝保护，当某一台电容器有故障时，其熔丝熔断，这样就可以保证其他电容器继续运行。熔丝的熔断电流可按1.5～2.5倍额定电流选择，同时更有足够的熔断容量。电力电容器主接线如图5-14所示。

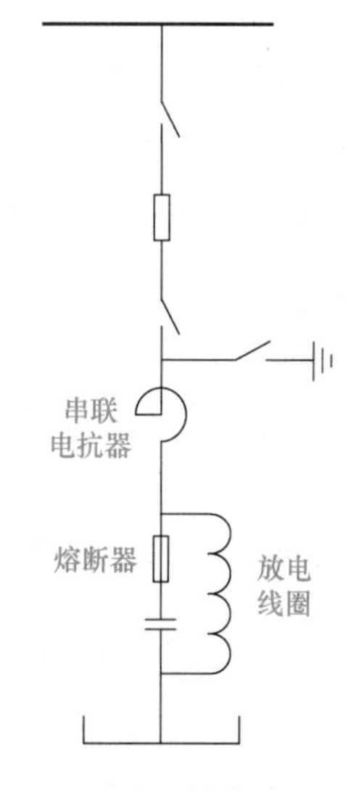

图5-14 电力电容器主接线

（2）过电流保护（电流取自线路TA）

过电流保护的任务，主要是保护电容器引线上的相间短路故障或在电容器组过负荷运行时使开关跳闸。电容器过负荷的原因，一种是运行电压高于电容器的额定电压，另一种是谐波引起的过电流。

为避免合闸涌流引起保护的误动作，过电流保护应有一定的时限，一般将时限整定到0.5s以上就可躲过涌流的影响。

图5-15所示为电力电容器电流速断保护接线图。

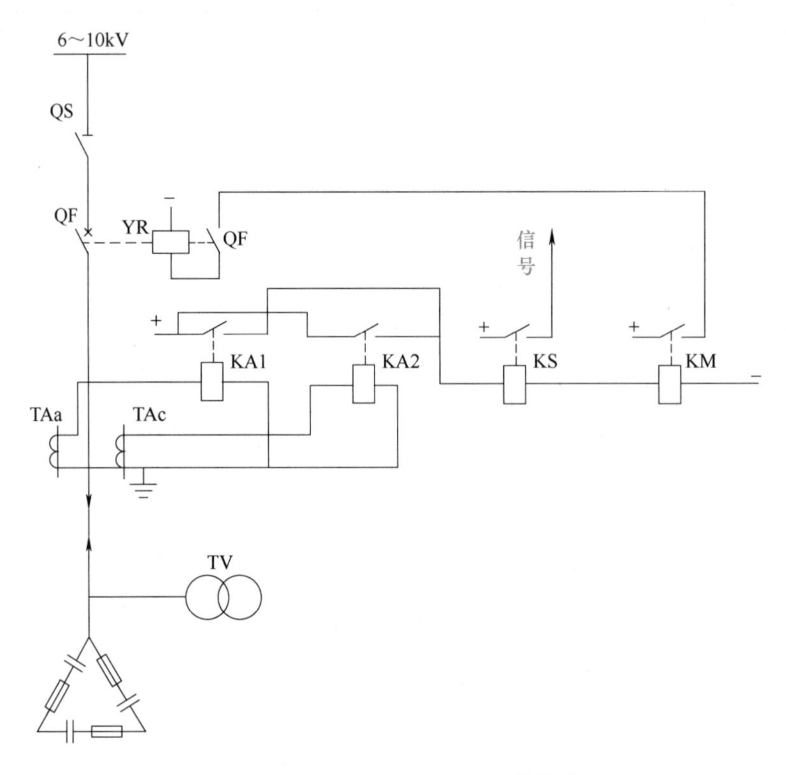

图5-15　电力电容器电流速断保护接线图

(3) 过电压保护（电压取自放电TV）和低电压保护（母线TV）

过电压保护的整定值一般取电容器额定电压的1.1～1.2倍。

低电压保护主要是防止空负荷变压器与电容器同时合闸时工频过电压和振荡过电压对电容器的危害。这种情况可能出现变电站事故跳闸、变电站停电、各配电线切除。电容器如果还接在母线上，将使电压升高。变压器和电容器构成的振荡回路也可能产生振荡过电压，危及设备绝缘。因此安装低电压保护，当母线电压降到额定值的60%左右时即动作将电容器切除。

电力电容器过电压保护原理接线图如图5-16所示。

小提示

电气设备应健康，变配电室有消防。
安全用具需完善，主要设备标色相。

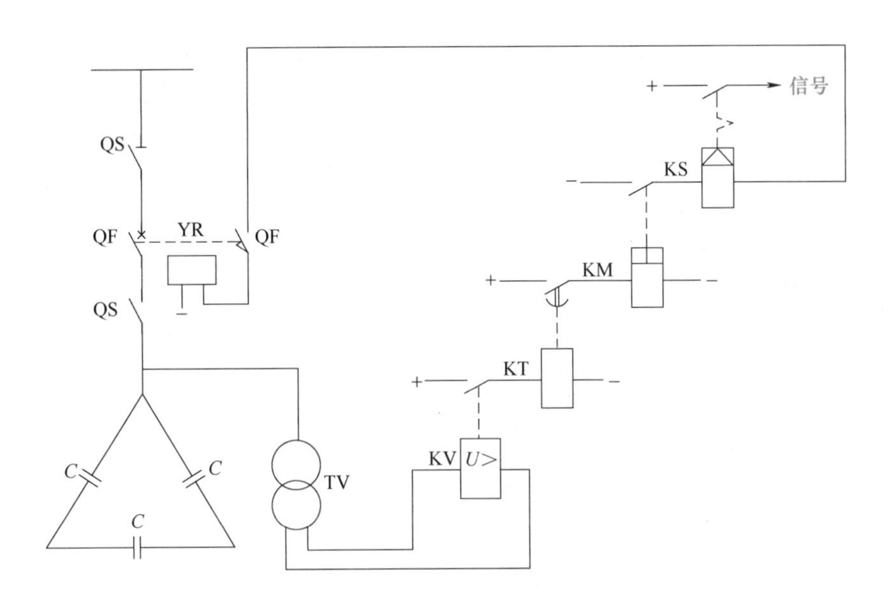

图 5-16　电力电容器过电压保护原理接线图

认知实践

表 5-10 所示为某 500kV 变电站改扩建工程变电站二次回路拆除安全措施（部分）解读，请同学们仔细阅读安全措施解读，再次体会安全技术的重要性。

表 5-10　变电站二次回路拆除安全措施（部分）解读

序号	图例	图解
1	交直流混接 交直流接地及短路 PT短路 CT开路	在二次回路上工作时，严防误碰运行端子，严防交直流混接，严防交、直流接地及短路，严防电流互感器（CT）开路、电压互感器（PT）短路

（续）

序号	图例	图解
2	 先断开与被拆除设备有关联的交直流电源  0.0A & 0.0V 测量电缆芯线无流无压	二次接线拆除前，应先断开与被拆除设备有关联的交直流电源，测量电缆芯线无流无压后，方可使用绝缘工具两端同时拆除，并对电缆芯线做好拆除记录
3	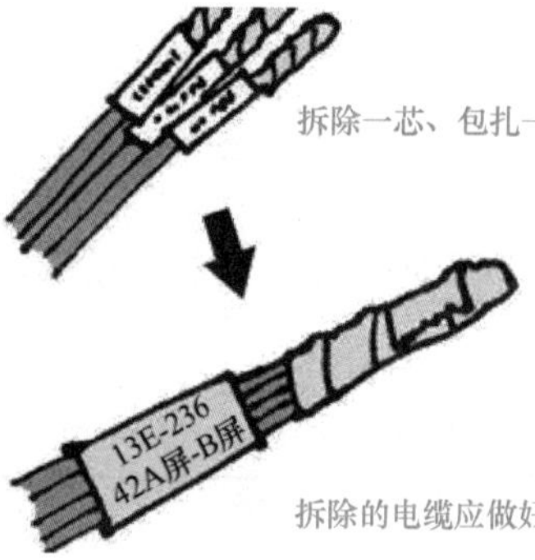 拆除一芯、包扎一芯 13E-236 42A屏-B屏 拆除的电缆应做好标识	对拆除的电缆芯线要拆除一芯、包扎一芯，不得造成芯线之间及对地短路。拆除的电缆应做好标识，便于后期电缆复核
4	先核对电缆编号  再断开对应开关操作电源	拆除 220kV 母差保护跳闸回路时，应先核对电缆编号，再断开对应开关操作电源，用万用表监视相应电缆芯线确无电压后，方可两端拆除

（续）

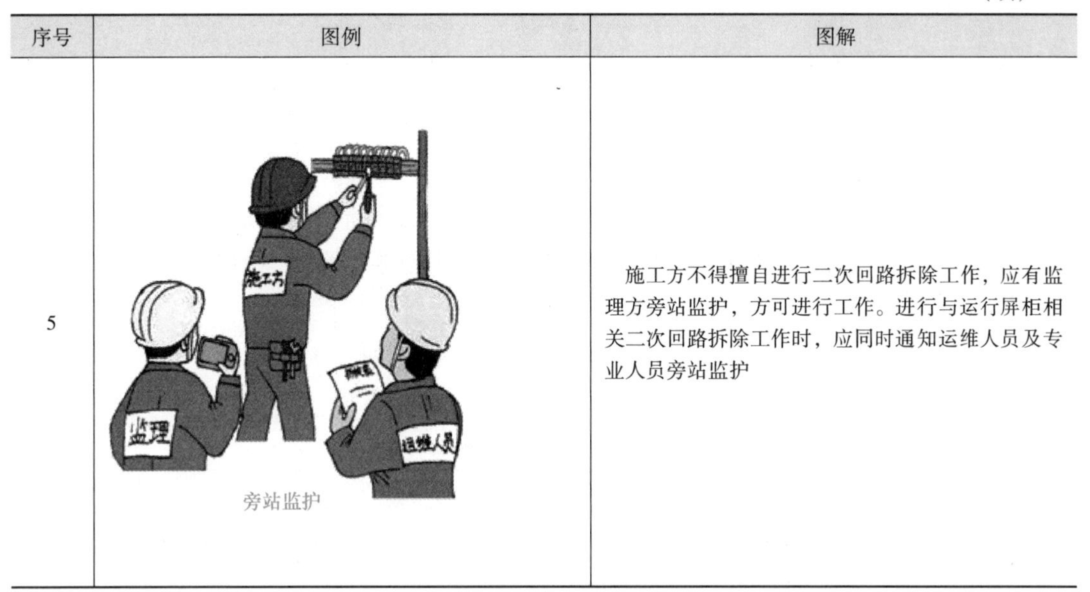

序号	图例	图解
5	施工方 监理 运维人员 旁站监护	施工方不得擅自进行二次回路拆除工作，应有监理方旁站监护，方可进行工作。进行与运行屏柜相关二次回路拆除工作时，应同时通知运维人员及专业人员旁站监护

思考与练习

1. 高压开关柜运行中的巡视检查项目有哪些？
2. 变配电设备的运行和维护的一般要求是什么？
3. 简述倒闸操作安全作业要点。
4. 某200kV变电站的值班人员，在控制室突然听到蜂鸣器响；看到控制室主控机显示器屏幕上1#主变压器三侧的断路器均闪光、告警对话框提示：1#主变压器差动保护动作。请根据上述现象，判断1#主变压器的哪些地方可能发生了故障？为什么？

任务2　用电设备安全技术

任务描述

用电设备一般指的是通电后要消耗电能的设备。

用电设备在运行过程中，因受到外界的影响或使用不当有可能发生各种故障和不正常的运行状态，因此对用电设备要有技术性的保护措施，以减轻故障的危害，防止火灾事故的发生。

知识要点

一、低压电器安全技术

低压配电电器的使用有着相当的普遍性和广泛性，如熔断器通常是线路中不可或缺的保护元件；刀开关一般为照明、电热、电动机控制等小型电气线路中的电流分合控制所必需；而低压断路器往往控制着一定范围内的整个用电系统。

低压电器的正确使用关系到整个电气控制系统的安全与稳定。

常用低压电器的安全技术要求见表5-11。

表5-11　常用低压电器安全技术

低压电器名称	安全技术要求
刀开关	① 按照工作原理，刀开关一般只能做电源隔离开关使用，不应带负荷操作。若用刀开关直接控制电动机，必须降低容量使用 ② 刀开关常与熔断器串联配套使用，可以靠熔体实现短路或过负荷保护功能。熔体的额定电流不应大于刀开关的额定电流
低压断路器选用的一般原则	① 低压断路器的额定工作电压大于或等于线路额定电压 ② 低压断路器的额定电流大于或等于线路计算负荷电流 ③ 低压断路器的额定短路通断电流大于或等于线路中可能出现的最大短路电流 ④ 线路末端单相对地短路电流大于或等于1.25倍低压断路器瞬时（或短延时）脱扣器整定电流 ⑤ 低压断路器过电流脱扣器额定电流大于或等于线路计算电流 ⑥ 低压断路器欠电压脱扣器额定电压等于线路额定电压
熔断器	熔断器的主要功能是做线路的短路保护。熔断器及熔体应按负荷性质和负荷大小选择，但熔体的额定电流不得大于熔断器的额定电流
接触器	接触器是用来接通或断开电路，具有低电压释放保护作用的电器，适用于频繁和远距离控制电动机。选用时要注意线圈电压的额定值是否与控制电源的电压相符
电动机起动电器和控制电器	Y-△起动器的正确接线：电动机定子绕组为△联结，起动操作时先接成Y联结，在电动机转速接近运行转速时，再切换为△联结
低压电器安装的一般安全要求	① 低压电器一般应垂直安装在不易受振动的地方。刀开关手柄向上应为合闸位置，以免因自重下落而发生误合闸事故。开关的分合闸位置应明显可辨或设有信号指示。集中在一处安装的按钮应有编号或不同的识别标志，“紧急”停车按钮应有鲜明的标志 ② 电器的安装位置应考虑防潮、防振、采光、安全间距和操作维护的方便。室外安装的低压电器应有防止雨、雪、风沙侵入的措施。落地安装的电器，其底面一般应高出地面50~100mm，开关操作手柄中心离地面一般为1.2~1.5m，侧面操作的手柄距离建筑物或其他设备不宜小于0.2m。按钮之间应留有50~100mm的距离。低压裸带电体与电动机之间的距离不得小于1m，电动机与建筑物或其他设备之间，应留有不小于1m的维护通道。安装于墙上的低压配电箱的底边距地高度，明装取1.2m，暗装取1.4m；明装电度表板底边距地高度应不小于1.8m，照明配电箱的底边距地高度取1.5m（照明配电板则要求不小于1.8m） ③ 低压电器元件在配电盘、箱、柜内的布局应求安全和整齐美观，以便接线和检修。盘面各元器件间的距离应符合规定。电器的外部接线应按电器的接线端头标志接线，一般情况下，电源侧的导线应接静触头，负荷侧的导线应接动触头。盘、柜内的二次回路配线应采用截面面积不小于1.5mm^2的铜芯绝缘导线。电动机的出线盒、插座、开关等电器内的接线以及配电箱（盘、柜）内的配线不得有接头

最后还要强调的是，应充分重视电器的维修，及时排除设备缺陷，更换不合格或已损坏的元器件，消除留在电器上的放电、烧灼痕迹和炭化层，以防隐患酿成事故。

二、电动机安全技术

电动机是在工农业中应用最广泛，也是最常见的用电设备。根据统计资料，电动机用电量要占电网总负荷的85%以上，由此可见，电动机在国民经济中占着十分重要的地位。因此，从安全角度出发，必须正确选用电动机。在运行中，要经常检查，加强管理，减少或降低事故的发生。

（一）电动机的运行监视与安全技术

电动机的类型选择、起动注意事项、电动机的运行监视与安全技术见表5-12。

表5-12　电动机的类型选择和安全技术

项目	安全技术要求
电动机的类型选择	① 在正常环境中，一般采用防护式电动机。如能保证人员和设备的安全，也可采用开启式电动机 ② 在湿热地区或比较潮湿的场所，应采用湿热带型电动机。如用普通型电动机，则应采取适当的防潮措施 ③ 在多粉尘的场所，宜用封闭式电动机 ④ 在有腐蚀性气体或游离物的场所，应尽量采用化工防腐型电动机或管道通风型电动机。在加强场地通风和电动机维护的前提下，也可采用封闭式电动机 ⑤ 在露天场所，宜用户外型电动机 ⑥ 在高温场所，应根据环境温度选用相应绝缘等级的电动机 ⑦ 在有爆炸危险的场所，应选用隔爆型电动机。除了根据周围环境选择电动机外，电动机的功率必须与生产机械载荷的大小及其持续和间断的规律相匹配
起动注意事项	① 电动机接通电源后，若电动机不转或转速很慢、声响异常，应立即切断电源，检查原因 ② 电动机应避免频繁起动或尽量减少连续起动次数，一般不宜超过3～5次 ③ 电动机起动后，要注意观察转动情况，如听诊声音等
电动机的运行监视	① 温度监视：电动机过热会损伤绝缘，缩短电动机使用寿命，甚至烧毁电动机 ② 电流监视：运行中的电动机电流不得超过相应环境温度下的允许电流，否则电动机的线圈将因过热而损坏 ③ 电压监视：电源电压的波动是影响电动机发热的原因之一。因此要求电动机的电源电压偏移稳定在－5%～10%的范围内 ④ 振动、声音和气味监视：电动机的允许振动要在规定的标准之内。异常的声音和气味是电动机故障的征兆

（续）

项目	安全技术要求
电动机的安全技术	① 长期停用或可能受潮的电动机，使用前应测量绝缘电阻，其值不得小于0.5MΩ ② 电动机应装设过负荷和短路保护装置。并应根据设备需要装设断相和失电压保护装置。每台电动机应有单独的操作开关 ③ 电动机的熔丝额定电流应按下列条件选择：单台电动机的熔丝额定电流为电动机额定电流的1.5～2.5倍；多台电动机合用的总熔丝额定电流为其中最大一台电动机额定电流的1.5～2.5倍，再加上其余电动机额定电流的总和 ④ 采用热继电器作电动机过负荷保护，当其整定电流小于额定电流时，则电动机未过负荷时即发生作用；整定电流太大时，就失去了保护作用。因此，其整定电流应选择电动机额定电流的1～1.25倍 ⑤ 电动机的集电环与电刷接触不良时，会产生火花，集电环与电刷磨损加剧，还会增加电能损耗，甚至影响正常运转。集电环与电刷的接触面不得小于满接触面的75%，电刷高度磨损超过原标准2/3时应更换新电刷 ⑥ 直流电动机的换向器表面如有损伤，运转时会产生火花，加剧电刷和换向器的损伤，影响正常运转。直流电动机的换向器表面应保持光洁，当有机械损伤或火花灼伤时应修整 ⑦ 当电动机额定电压变动在－5%～10%的范围内时，可以额定功率连续运行；超过时则应控制负荷 ⑧ 电动机运行中应无异常声响、无漏电，轴承温度正常且电刷与集电环接触良好。旋转中电动机的允许最高温度应按下列情况取值：滑动轴承为80℃，滚动轴承为90℃ ⑨ 电动机在正常运行中，不得突然进行反向运转 ⑩ 电动机在工作中遇停电时，应立即切断电源，将起动开关置于停止位置 ⑪ 电动机停止运行前，应首先将载荷卸去，或将转速降到最低，然后切断电源，并将起动开关置于停止位置

小提示

电动机带有护罩，保护接地应可靠。

配线功率要选配，开关起停控制好。

（二）高压电动机的继电保护

高压电动机一般应装设电流速断保护作为相间短路保护（主保护）。对生产过程中易发生过负荷的高压电动机，应装设过负荷保护。

当电源电压短时降低或短路中断后，根据生产过程不允许或不需要自起动的电动机，以及为保证重要电动机自起动而需要断开的次要电动机，应装设低电压保护。

1. 高压电动机电流速断保护

对于功率小于2000kW的电动机，常采用电流速断来作为电动机的相间短路保护，当灵敏度要求较高时，可以用DL型或GL型继电器构成两相不完全星形联结方式，也可以采用两相差接线，即两相一继电器接线。其接线方式如图5-17所示。

2. 高压电动机纵差动保护

容量在2000kW以上或2000kW（含2000kW）以下、具有6个引出线的重要电动机，

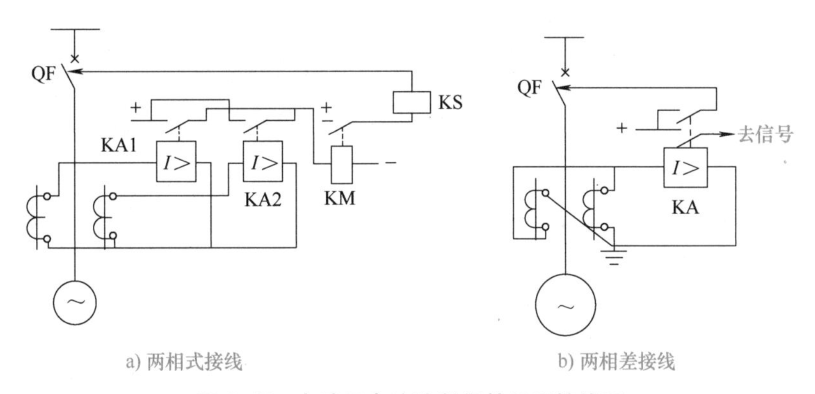

a) 两相式接线　　b) 两相差接线

图5-17　电动机电流速断保护原理接线图

当电流速断保护不能满足灵敏度的要求时，应装设纵差动保护作为相间短路主保护。

在3～10kV系统中，电动机纵差动保护可采用两相两继电器式接线，如图5-18a所示。继电器KA可采用DL-11型电流继电器，也可采用专门的差动继电器（KD）。

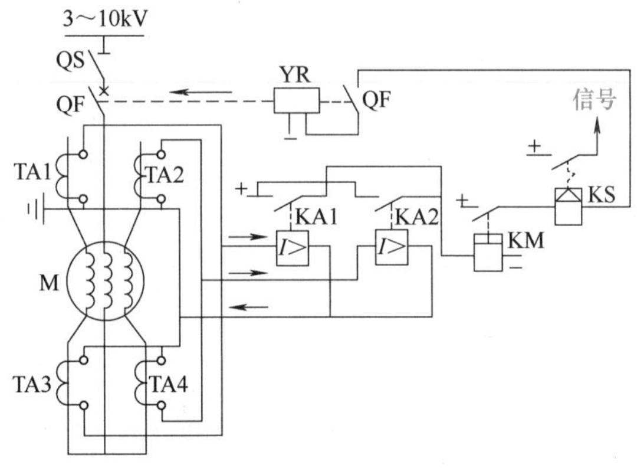

a) DL-11型电流继电器两相式接线

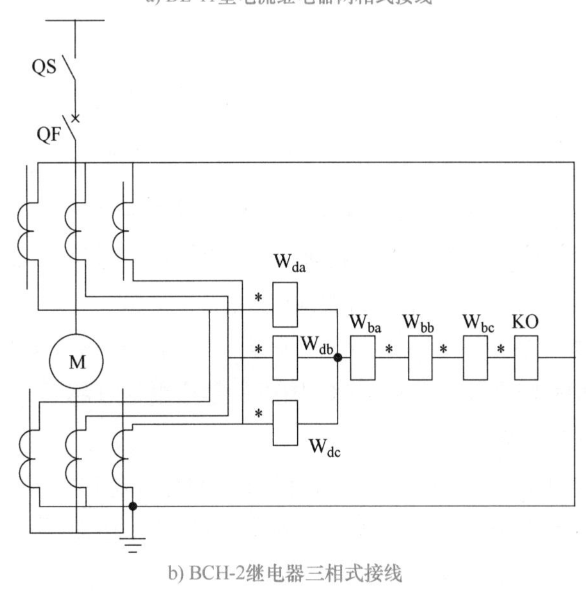

b) BCH-2继电器三相式接线

图5-18　高压电动机纵差动保护原理接线图

容量在5000kW以上时，采用三相式接线，选用BCH-2继电器。接线原理图如图5-18b所示。

3. 高压电动机过负荷保护

过负荷保护可以采用一相一继电器接线，也可以采用两相两继电器不完全星形联结或两相差一继电器接线，如图5-19所示。由于电动机装有电流速断保护，过负荷保护就可以利用GL型继电器的反时限过电流装置来实现。

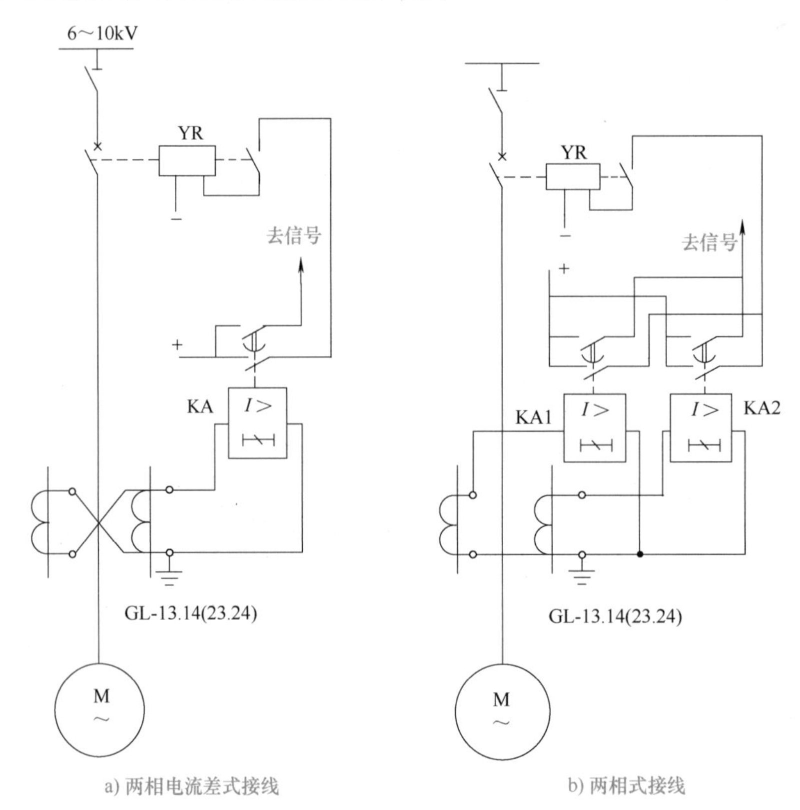

图5-19　电动机过负荷保护

4. 高压电动机单相接地保护

与中性点不接地系统中线路的接地保护的原理基本相同。3～6kV的高压电动机，当其单相接地电流大于5A时，应装设单相接地保护。接地电流小于10A时，作用于信号或跳闸；接地电流大于10A时，通常作用于跳闸。

高压电动机单相接地保护电路如图5-20所示。它由零序电流互感器TAN、电流继电器KA、中间继电器KM和信号继电器KS等构成。零序电流互感器套在电缆的外面。

5. 高压电动机低电压保护

低电压保护也叫欠电压保护，它是一种辅助保护，目的就是在电压过低的情况下，引起电动机转速过低，导致电动机的生产工艺破坏，保护器在设定时间内报警或停运高压电动机。

高压电动机低电压保护原理图如图5-21所示。

1）在正常运行的各低电压继电器处于带电状态时，低电压保护不动作。

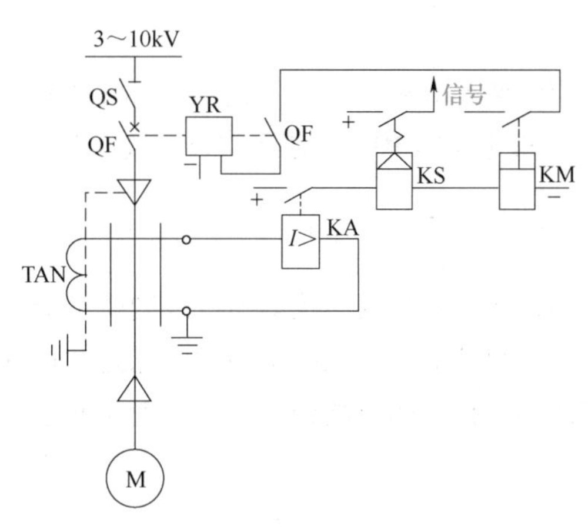

图5-20　高压电动机单相接地保护电路

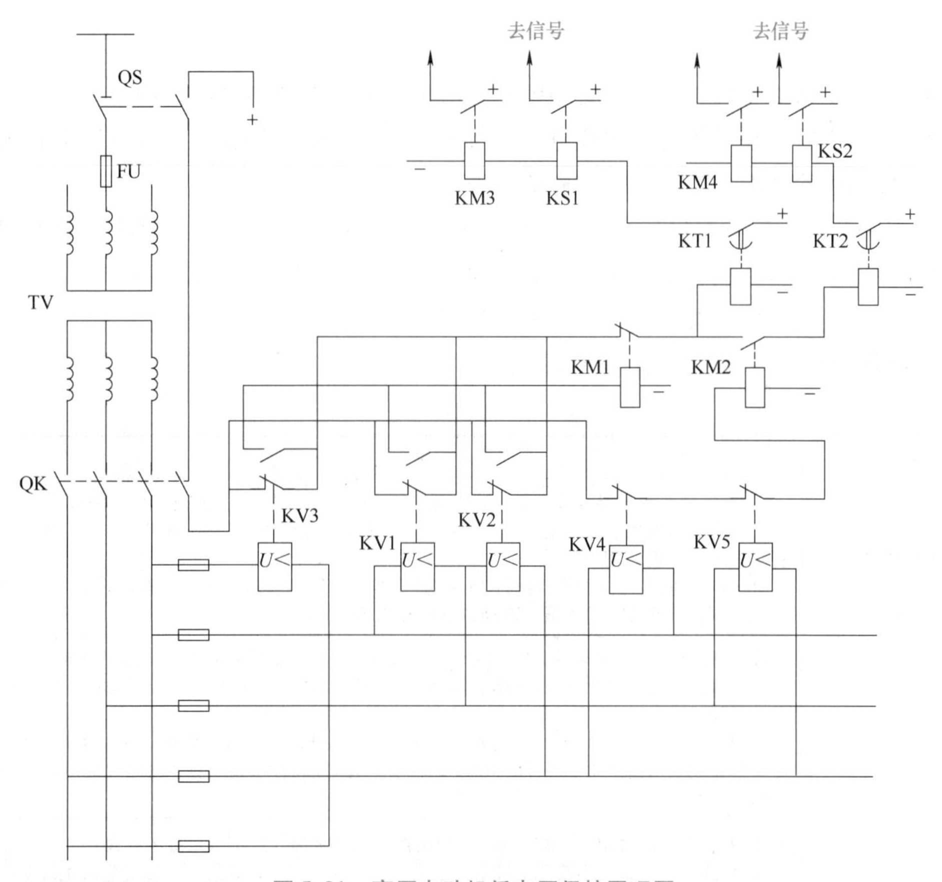

图5-21　高压电动机低电压保护原理图

2）当电压互感器的一次侧或二次侧发生一相或两相断线时，KV1、KV2及KV3中相应的低电压继电器返回，从而起动中间继电器KM，切断KT1和KT2线圈电源，防止误跳闸，并发出电压回路断线信号。

3）当电源电压下降到（60%～70%）U_N时，KV1、KV2及KV3释放，接通时间继电器KT1，经0.5s延时后，使出口中间继电器KM得电，其触点接通跳闸小母线，将不重要电动机切除。

4）当电源电压继续下降到（40%～50%）U_N 以下时，KV4、KV5 释放，接通 KM2，使 KT2 动作，其常开触点经整定延时 10s 后接通 KM4，接通跳闸小母线，将不允许自起动的重要电动机切除。

6. 同步电动机的失步保护

同步电动机在运行中会遇到各种扰动，扰动超过限制就可能产生失步现象。如果同步电动机长期运行在失步状态，将造成定子绕组烧损和阻尼笼端环开焊事故，因此要装设失步保护。有反映定子电流的失步保护和反映转子回路出现交变电流的失步保护两种类型的失步保护装置。

三、家用电器与照明装置安全技术

（一）家用电器安全技术

随着人们生活水平的提高，家庭用电器的数量和种类不断增加。在用电过程中，若操作者使用不当、安全技术措施不力或电器设备本身存在缺陷，都会造成人身触电和火灾事故，给人民的生命和财产带来了不应有的损失。

“看看生产日期，看看保质期”，这是众多消费者在购买食品时养成的良好习惯。然而，在家用电器消费方面，很多人则抱着“新三年，旧三年，修修补补又三年”的观念。但是，超期服役的家电却会给人们的安全、健康带来隐患。

家庭用电的安全技术要求见表 5-13。

表 5-13　家庭用电安全技术要求

项目	安全技术要求
家庭线路	① 室内布线及电器设备，不可有裸露的带电体，对于裸露部分应包上绝缘或设罩盖。当刀开关罩盖、熔断器、按钮盒、插头、插座等有破损而使带电部分外露时，一经发现，应及时更换，不可将就使用 ② 接户线的长度一般不得超过 25m。接户线在进线处的对地高度一般应在 2.7m 以上；如果采用裸露导线作为接户线，对地高度应在 3.5m 以上
开关插座	① 要避免插头、插座不配套，例如铜接头太长，插进插座后还有一段露出外面 ② 在高温、特潮和有腐蚀气体的场所，如厨房、浴室、卫生间等，不允许安装一般的插头、插座 ③ 开关要串接在相线上，不应装在中性线上。悬挂吊灯的灯头离地面的高度不应小于 2m，在特殊情况下可降到 1.5m。明插座安装高度一般离地面 1.5m。明装电能表板底口离地面应不低于 1.8m
灯具	① 安装电灯严禁用“一线一地”（即用铁丝或铁棒插入地下来代替中性线） ② 灯线不宜太长，不要把电灯吊来吊去，不能用电灯当电筒照明，以免电线绝缘被磨损而发生触电 ③ 尽量不用灯头开关，而用拉线开关，因为手经常接触灯头容易触电。尽量不用床头开关，因为这种开关容易被床架碰坏或被小孩玩耍引起触电。床头开关的软线不可绕在铁制床架上 ④ 采用螺口灯座时，相线必须接在灯座的顶芯上；灯泡拧进后，金属部分不应外露，否则应加防护圈 ⑤ 更换灯泡时要先关灯，人站在木凳子或干燥的木板上，使人体与地面绝缘 ⑥ 清洁灯泡时，要用干燥的布擦拭，手不要触及灯头的金属部分，尤其是螺口灯头，更换或清洁时要加倍小心，最好将灯泡拧下来擦。湿手或湿布都不能接触灯泡和其他电器

（续）

项目	安全技术要求
家用电器	① 有金属外壳的家用电器，如电冰箱、电扇、电熨斗、电烙铁、电热炊具等，要用有接地极的三极插头和三孔插座，要求接地装置良好，或者加装漏电保护器。当不能满足这些要求时，至少应采取电气隔离措施 ② 不可将照明灯、电熨斗、电烙铁等器具的导线绕在手臂上进行工作 ③ 用电器具出现异常，如电灯不亮、电视机无影或无声、电冰箱或洗衣机不起动等情况时，要先断开电源，再进行修理。如果用电器具同时出现冒烟、起火或爆炸的情况，不要赤手去切断电源开关，应尽快找电工处理
高温季节用电安全	① 不要用手去移动正在运转的家用电器，如台扇、洗衣机、电视机等，若需搬动，应先关上电器开关，并拔去插头 ② 对夏季使用频繁的电器，如电热水器、台扇、洗衣机等，要采取一些实用的措施，防止触电，如经常用试电笔测试金属外壳是否带电，加装剩余电流断路器等 ③ 如不慎家中浸水，首先应切断总电源，以防止正在使用的家用电器因浸水造成绝缘损坏而发生事故；在切断电源后，应将可能浸水的家用电器搬移到无水区域，防止绝缘浸水受潮，影响日后使用 ④ 如果电器已浸水，绝缘受潮的可能性很大，再次使用前，应用绝缘电阻表测试设备的绝缘电阻，若未达到规定要求，应对绝缘进行干燥处理，直到绝缘良好为止

想一想

某同学利用假期制作了如图5-22所示的插座板，符合家庭用电的安全技术要求吗？

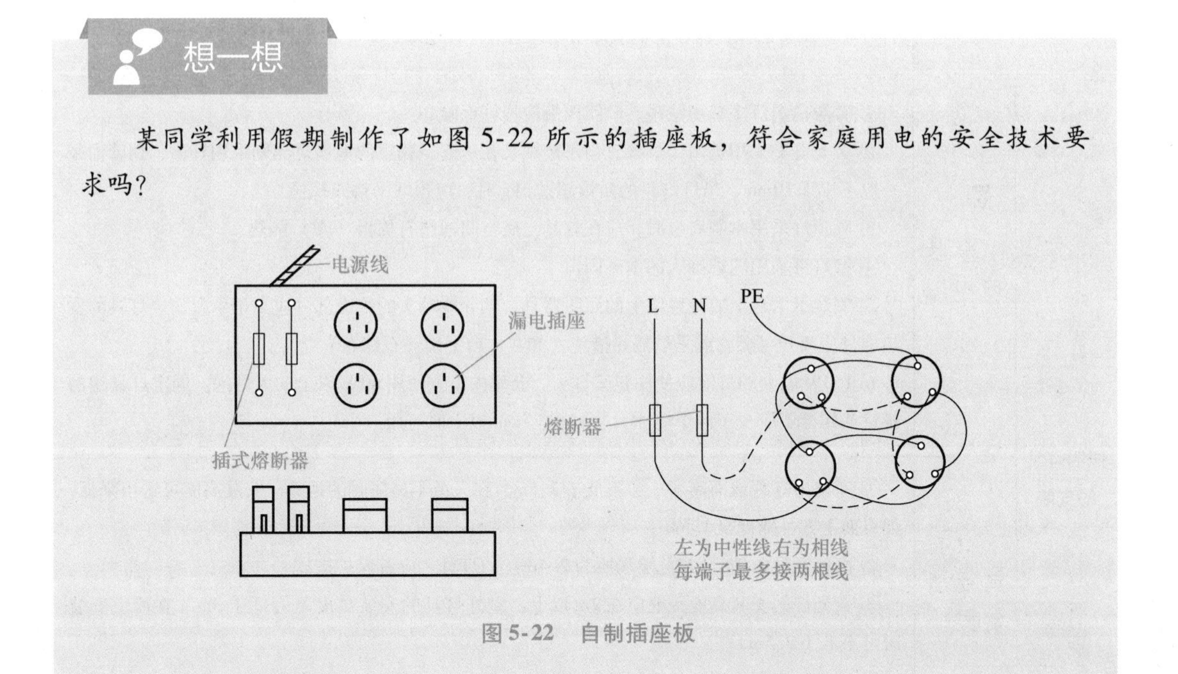

图5-22 自制插座板

（二）照明装置安全技术

人类的生活离不开光，舒适的光线不但能提高人的工作效率和产品质量，还有利于人的身心健康。电气照明技术实际上是对光的应用和控制，它是人类的发明与创造。当黑幕降临时，电光源把原本暗黑的空间照得一片通明，在它的“照看”下，人们能够正常地开展工作和学习，尽情享受紧张忙碌后的愉悦。

电气照明按其照明范围可分为一般照明系统（供整个场所的照明）、局部照明系统（仅供局部工作地点的照明）和混合照明系统，按供电方式可分为工作照明和事故照明，按安装地点还可分为室内照明和室外照明。

常用的电光源按其发光原理可分为热辐射光源（白炽灯、碘钨灯）和气体放电光源（荧光灯、高压汞灯、黑光灯）。这些灯具及其控制电器的安全技术见表5-14。

表5-14　灯具及其控制电器的安全技术

<table>
<tr><th colspan="2">项目</th><th>安全技术要求</th></tr>
<tr><td colspan="2">照明电压选择</td><td>① 一般照明电源对地电压不应大于250V。灯具离地面高度低压2.2m时，如无安全保护措施应采用额定电压为36V及以下的照明灯具
② 人员经常接触的固定照明灯（如机床局部照明灯）也应采用36V电压；行灯则必须采用36V安全电压
③ 在特别潮湿的环境下、在金属容器内，在地点狭窄、行动不便、周围有接地的大块金属物体的环境中，应采用12V安全电压
④ 供给安全电压的变压器应采用双绕组变压器；一次侧和二次侧均应装设熔断器；铁心及二次绕组应接地保护；携带式安全变压器应有保护外壳
⑤ 一、二次插座应有区别标志，以防误插；不准将行灯变压器放在高温物体（如锅炉、电炉）附近或特别潮湿的地方；连接行灯的导线应采用护套软线且不得使用灯头开关控制；行灯应有完整的保护网，手柄应能耐热、耐湿，且绝缘良好，不得用其他灯具代替行灯</td></tr>
<tr><td rowspan="3">照明灯具的安装</td><td>灯具的固定</td><td>① 普通白炽灯多采用线吊，软线两端应挽好保险扣
② 荧光灯多采用链吊，灯线宜与吊链编叉在一起；较重的大型灯具则采用杆吊，钢管内径一般不小于10mm，吊灯灯具的质量超过3kg时，应预埋吊钩或螺栓
③ 吸顶灯采用木制底台时，应在灯具与底台间铺垫石棉板（布）隔热
④ 壁灯可采用随墙砌入的木砖固定
⑤ 安装于木台上或绝缘座上的照明器具，其导线端头的绝缘部分应高于木台面。灯具的发热部分应离开可燃物或采取隔热措施（如在木台上铺垫石棉布）
⑥ 150W以上的灯泡应使用瓷座灯头。仓库内不宜使用60W以上的大灯泡。固定灯具用的螺钉或螺栓不应少于两个（木台直径在75mm以下时可用一个）</td></tr>
<tr><td>灯具的安装高度</td><td>① 室内吊灯距地面高度一般不低于2.5m，在人员不易碰触的地方，安装高度可适当降低，如桌面上方可降低至1.5m
② 高度不足2.2m（在危险场所为2.4m）的灯具，应有保护措施
③ 荧光灯的安装高度一般应在2m以上。室外灯具的安装高度不应低于3m（在墙上安装时可不低于2.5m）
④ 壁灯由于都采用防护型灯具，其安装高度以人伸手不宜碰到为宜</td></tr>
<tr><td>开关的安装高度</td><td>① 照明灯具的开关安装位置应便于操作和检修。拉线开关安装高度一般在2~3m间，距门框为0.15~0.2m，距屋顶不小于0.1m
② 各种壁装开关的安装高度一般为1.3m。明装插座也应安设在1.3m以上，暗装插座距地面不应低于0.3m。幼儿园等儿童活动场所，插座的安装高度均不得低于1.8m</td></tr>
</table>

（续）

项目		安全技术要求
照明灯具的安装	灯具的接线要求	① 灯头线宜采用铜芯软线，用于室内时截面面积应在 0.5mm^2 以上（民宅为 0.4mm^2 以上）。如灯头线采用单股铜芯线，截面面积应在 0.75mm^2 以上（民宅为 0.5mm^2 以上）；如采用铝芯线，截面面积不应小于 2.5mm^2。用于室外的灯头线，铜芯线截面面积应在 1.0mm^2 以上，铝芯线截面面积应在 2.5mm^2 以上 ② 单极开关应接于相线，当使用螺口灯头时，相线应接在灯头的弹簧舌片上，中性线应接在有螺纹的端子上；荧光灯的镇流器应接于相线。线路进入路灯处，应做防水弯 ③ 单相二孔插座的右极应接相线，左极应接中性线（面对插座看）；单相三孔及三相四孔插座的上方应接地线或接中性线
照明线路		① 大容量的照明负荷（3kW 以上）宜采用三相四线制供电，应尽量使各相负荷平衡分配。屋内每一照明回路的灯数一般不超过 20 个，个别情况也不宜超过 25 个（包括插座） ② 每一回路的熔丝额定电流不宜超过 15A（工业厂房不宜超过 20A）。屋外每一回路连接的灯数不宜超过 10 个，超过 10 个时，每个灯的相线上应装设熔丝保护 ③ 在手术室、500 人以上的公共场所、发电厂、变电所以及不允许照明中断的场所，还应设置事故照明装置。事故照明和工作照明灯具应有明显的区别标志 ④ 高压汞灯不得用于事故照明；事故照明电源可为蓄电池，也可为交流备用电源，也可以采用把事故照明和工作照明分别接于两条不同的电源回路。当工作照明供电中断时，事故照明电源将自动投入

小提示

家庭用电保安全，开关导线是关键。
合理选配连接牢，定期检查有必要。

四、手持电动工具及移动式电气设备安全技术

手持电动工具和移动式电气设备包括手电钻、冲击钻、电锤、台式钻床、小型电焊机等，其结构形式多样，一般由驱动部分、传动部分、控制部分、绝缘和机械防护部分组成。

手持电动工具及移动式电气设备由于在使用中需要经常挪动，且与人体紧密接触，触电的危险性较大，所以在使用、管理、维修上应给予特别重视。

手持电动工具及移动式电气设备的安全技术要求见表 5-15。

表 5-15　手持电动工具及移动式电气设备安全技术

项目	安全技术要求
手持电动工具及移动式电气设备	各类工具的触电保护特性不同，在不同的场所应选用不同类型的工具，并配备相应的保护装置
	应符合国家或部颁现行技术标准，并具有出厂合格和技术文件
	必须设置标志明显的接地螺钉。铭牌上的技术数据应齐全清晰，其安全防护罩壳、限位、保护、联锁应齐备可靠。手持握柄和操作手柄尽量采用绝缘材料
	工具使用前，应该由专职电工检验接线是否正确，防止中性线与相线错接造成事故。电源处，必须装有漏电保护器
	长期搁置不用或受潮的工具在使用前，应由电工测量绝缘阻值是否符合要求
	电源线必须采用截面面积足够大的三芯或四芯多股铜芯橡胶（或塑料）护套软电缆。应采用专用芯线接地，此芯线严禁同时用来通过工作电流。严禁利用其他用电设备的中性线接地。严禁使用绝缘破坏的电缆或几根单芯导线并用。工具自带的软电缆或软线不得接长，当电源与作业场所距离较远时，可采用移动电缆盘完成工作
	工具原有的插头不得随意拆除或改换，当原有插头损坏后，严禁不用插头直接将电线的金属丝插入插座
	使用过程中需要移动电气器具或停止工作、人员离去或突然停电时，必须断开电源开关或拔掉电源插头
	非专职人员不得擅自拆卸和修理工具
	作业人员应按规定穿戴绝缘防护用品（绝缘鞋、绝缘手套等）
	严禁超载使用，注意声响和温升，发现异常应立即停机检查
	手持电动工具的绝缘电阻值不应小于表 5-16 的规定数值

表 5-16　绝缘电阻值的规定数值

测量部位	绝缘电阻/MΩ
Ⅰ类工具带电零件与外壳之间	2
Ⅱ类工具带电零件与外壳之间	7
Ⅲ类工具带电零件与外壳之间	1

双重绝缘基本结构如图 5-23 所示。有些国家甚至在法律上规定：220V 以上的电工工具必须采用双重绝缘结构。这个规定合理吗？

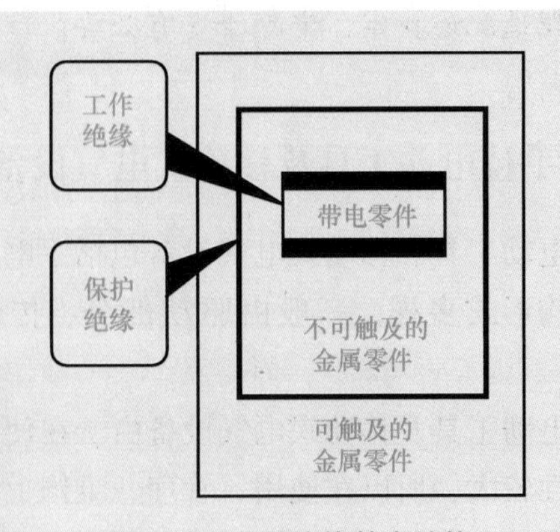

图 5-23　双重绝缘基本结构

五、其他用电设备安全技术

电热设备、电焊机、起重机等电气设备是现代工业生产中最常见的施工设备之一，广泛应用于造船、设备检修、安装、建筑施工等行业，在实际使用过程中发生触电事故是很频繁的，加之人们对触电的成因认识不足，往往忽视它的危险性。

为保证电热设备、电焊机、起重机等电气设备的安全运行，主要采取表 5-17 所示的安全技术。

表 5-17　电热设备、电焊机、起重机等电气设备的安全技术

设备	基本特点	安全技术要求
电热设备	利用电流的热效应进行加热，如电炉、电烘箱等	① 使用时，应特别注意防火，严禁在仓库及堆放易燃易爆物品的附近使用电炉 ② 用于生产的电热设备应有专人看管 ③ 和照明设备共用电源引入线时，引入后两者的配线必须分开，各分支分别引入开关 ④ 超过 1kW 的电热器应在附近装设开关 ⑤ 与电热器相连的导线，如有受热危险时，应采用带耐热护层的导线 ⑥ 电炉的引线应加瓷套管防护，接头必须用螺钉连接，不得扭接 ⑦ 金属外壳应保护接地
交流弧焊机	工作电流达数十至数百安、电弧温度高达 6000℃。由其工作参数可知，交流弧焊机的火灾危险和电击危险都比较大	① 选择绝缘良好的引出线与电焊钳可靠连接，接头要拧紧，使其接触良好，防止过热，并用绝缘胶布将接头裸露导体包扎数层，使其绝缘良好 ② 将引出线敷设至电焊机处并接于焊机二次侧接线柱上，应压紧螺钉使其牢固接触良好，禁止使用缠绕法连接。电焊钳应有良好的绝缘和隔热能力。电焊钳握柄必须绝缘良好，握柄与导线连接应牢靠，接触良好，连接处应采用绝缘布包好并不得外露。当焊钳线经过金属栏杆或扶梯时，应用绝缘性能良好的细绳将其悬挂 ③ 检查带熔丝的电源刀开关或带熔断器的断路器是否在断开位置，将电源线接至电源开关熔丝或熔断器下侧，严禁带电接线。将电源线接至电焊机一次侧接线柱，压紧螺钉使其牢固接触良好，禁止使用缠绕法连接 ④ 将电焊机金属外壳可靠接地。即用一根导线一端接至接地网，另一端连接在焊机外壳标有接地标记的螺钉上并拧紧 ⑤ 再次对所接电源线、引出线、外壳接地线进行仔细检查，确认无误后合上电源开关，合开关时应戴绝缘手套且另一只手不得触摸电焊机 ⑥ 当多台电焊机集中使用时，应分接在三相电源网络上，使三相负荷平衡。多台焊机的接地装置，应分别由接地极处引接，不得串联 ⑦ 移动电焊机时，应切断电源，不得用拖拉电缆的方法移动焊机。当焊接中突然停电时，应立即切断电源 ⑧ 长期停电用的电焊机，使用时，须用绝缘电阻表检查其绝缘电阻不得低于 0.5MΩ，接线部分不得有腐蚀和受潮现象 ⑨ 雨天不得露天电焊。在潮湿地带工作时，操作人员应站在铺有绝缘物品的地方并穿好绝缘鞋 ⑩ 焊接作业结束后，清理场地，灭绝火种，切断电源，消除焊件余热后，锁好闸箱，方可离开 ⑪ 加强专业电工现场日巡查用电制度，确保隐患早发现、早整改，做到事前预防

（续）

设备	基本特点	安全技术要求
电动起重机	有桥式、塔式、电葫芦等多种。其中桥式起重机应用最为广泛，其工作条件比较恶劣，如滑线是裸导体，工作环境高温、潮湿、多灰尘、多振动，需要高空作业等	① 起重机的电气设备必须保证传动性能和控制性能准确可靠，在紧急情况下能切断电源安全停车。在安装、维修、调整和使用中不得任意改变电路，以免安全装置失效 ② 起重机应由专用馈电线供电。对于交流380V电源，当采用软电缆供电时，宜备有一根专用芯线做接地线；当采用滑线供电时，对安全要求高的场合也应备有一根专用接地滑线，即四根滑线 ③ 电气人员应经常检查各保护装置是否正常，如舱门开关，大、小车及吊钩的限位开关，抱闸，滑线护板等 ④ 为防止触电事故的发生，必须采用保护接地，具体措施是把轨道两端与保护中性线或接地装置连接 ⑤ 起重机上的照明灯不允许采用一相一地，而要采用三相星形联结

认知实践

1. 如图5-24所示，师徒二人的谈话符合交流弧焊机的安全技术要求吗？

图5-24　师徒二人的谈话

2. 如图5-25所示，两位工人师傅在做什么工作？
3. 如图5-26所示，某电工从插座上接电源，符合安全技术要求吗？

图5-25　两位工人师傅在工作

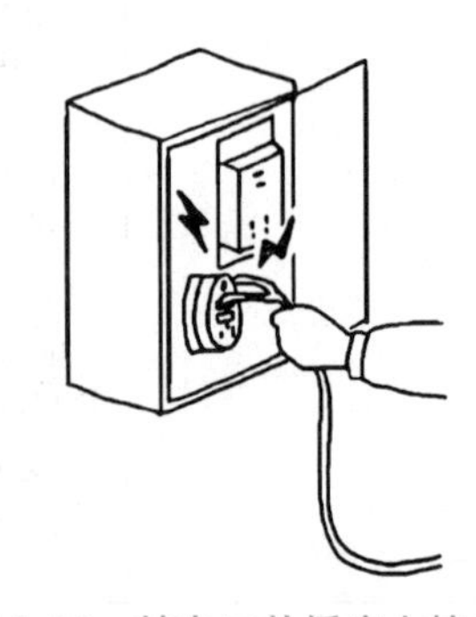

图5-26　某电工从插座上接电源

4. 如图5-27所示，为采用雪崩光电二极管（APD）的事故照明控制回路，试分析其工作原理。

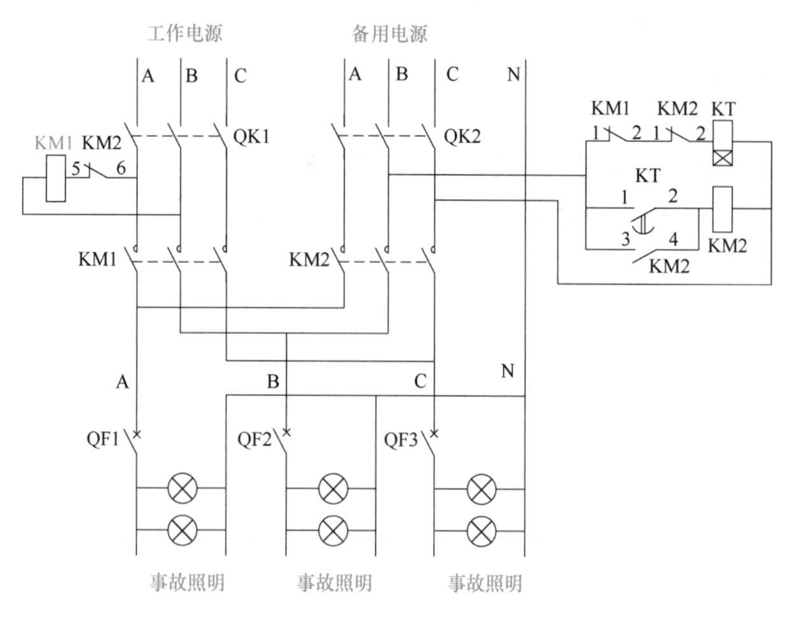

图5-27　采用APD的事故照明控制回路

5. 如图5-28所示，做家务的阿姨和洗衣的大叔违背了哪些家庭用电的安全技术要求？

图5-28　做家务的阿姨和洗衣的大叔

6. 将图5-29中的开关、螺口灯泡、插座接入家庭电路，要求开关控制灯泡。

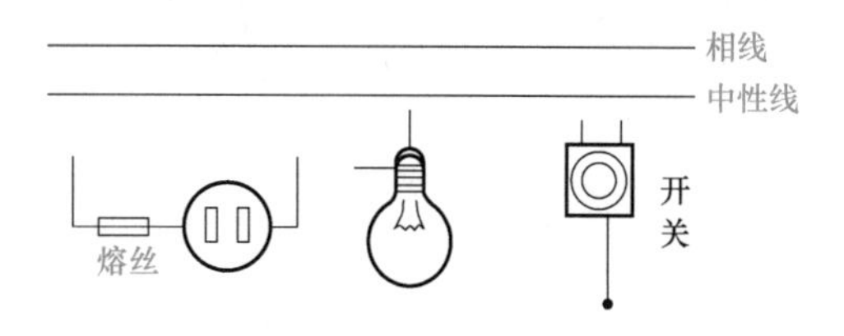

图5-29　家庭电路

思考与练习

1. 简述常用低压电器的安全技术要求。
2. 简述电动机的安全技术要求。
3. 简述家庭用电的安全技术要求。
4. 简述手持电动工具及移动式电气设备的安全规定。
5. 简述电焊机、电动起重机的安全技术要求。

附　录

附录A　变电站（发电厂）电气第一种工作票格式

<table>
<tr><td>单位</td><td></td><td>编号</td><td></td></tr>
<tr><td>工作负责人（监护人）</td><td></td><td>班组</td><td></td></tr>
<tr><td colspan="4">工作班人员（不包括工作负责人）：
共______人</td></tr>
<tr><td colspan="4">工作的变配电站名称及设备双重名称：</td></tr>
<tr><td rowspan="9">工作任务</td><td>工作地点及设备双重名称</td><td colspan="2">工作内容</td></tr>
<tr><td></td><td colspan="2"></td></tr>
<tr><td></td><td colspan="2"></td></tr>
<tr><td></td><td colspan="2"></td></tr>
<tr><td></td><td colspan="2"></td></tr>
<tr><td></td><td colspan="2"></td></tr>
<tr><td></td><td colspan="2"></td></tr>
<tr><td></td><td colspan="2"></td></tr>
<tr><td></td><td colspan="2"></td></tr>
<tr><td colspan="4">计划工作时间：自____年____月____日____时____分至____年____月____日____时____分</td></tr>
<tr><td rowspan="18">安全措施（必要时可附页绘图说明）</td><td colspan="2">应拉断路器（开关）、隔离开关（刀开关）</td><td>已执行*</td></tr>
<tr><td colspan="2"></td><td></td></tr>
<tr><td colspan="2"></td><td></td></tr>
<tr><td colspan="2"></td><td></td></tr>
<tr><td colspan="2">应装接地线，应合接地开关（注明确实地点、名称及接地线编号*）</td><td>已执行</td></tr>
<tr><td colspan="2"></td><td></td></tr>
<tr><td colspan="2"></td><td></td></tr>
<tr><td colspan="2"></td><td></td></tr>
<tr><td colspan="2">应设遮栏，应挂标示牌及防止二次回路误碰等措施</td><td>已执行</td></tr>
<tr><td colspan="2"></td><td></td></tr>
<tr><td colspan="2"></td><td></td></tr>
<tr><td colspan="2"></td><td></td></tr>
<tr><td>工作地点保留带电部分或注意事项
（由工作票签发人填写）</td><td colspan="2">补充工作地点保留带电部分和安全措施（由工作许可人填写）</td></tr>
<tr><td></td><td colspan="2"></td></tr>
<tr><td></td><td colspan="2"></td></tr>
<tr><td></td><td colspan="2"></td></tr>
<tr><td></td><td colspan="2"></td></tr>
<tr><td colspan="3">工作票签发人签名________　　签发日期：____年____月____日</td></tr>
</table>

（续）

<table>
<tr><td colspan="13">收到工作票时间____年____月____日____时____分
运行值班人员签名________　　　　　　　　　　工作负责人签名________</td></tr>
<tr><td>确认本工作票上述各项内容</td><td colspan="12">许可开始工作时间　____年____月____日____时____分
工作负责人签名________　工作许可人签名________</td></tr>
<tr><td>确认工作负责人布置的任务和本施工项目安全措施</td><td colspan="12">工作班组人员签名</td></tr>
<tr><td>工作负责人变动情况</td><td colspan="12">原工作负责人________离去，变更________为工作负责人
工作票签发人____ ____年____月____日____时____分</td></tr>
<tr><td>工作人员变动情况</td><td colspan="12">（增添人员姓名、变动日期及时间）
工作负责人签名________</td></tr>
<tr><td>工作票延期</td><td colspan="12">有效期延长到__________年____月____日____时____分
工作负责人签名________ ____年____月____日____时____分
工作许可人签名________ ____年____月____日____时____分</td></tr>
<tr><td rowspan="7">每日开工和收工时间（使用一天的工作票不必填写）</td><td colspan="4">收工时间</td><td rowspan="2">工作负责人</td><td rowspan="2">工作许可人</td><td colspan="4">开工时间</td><td rowspan="2">工作许可人</td><td rowspan="2">工作负责人</td></tr>
<tr><td>月</td><td>日</td><td>时</td><td>分</td><td>月</td><td>日</td><td>时</td><td>分</td></tr>
<tr><td></td><td></td><td></td><td></td><td></td><td></td><td></td><td></td><td></td><td></td><td></td><td></td></tr>
<tr><td></td><td></td><td></td><td></td><td></td><td></td><td></td><td></td><td></td><td></td><td></td><td></td></tr>
<tr><td></td><td></td><td></td><td></td><td></td><td></td><td></td><td></td><td></td><td></td><td></td><td></td></tr>
<tr><td></td><td></td><td></td><td></td><td></td><td></td><td></td><td></td><td></td><td></td><td></td><td></td></tr>
<tr><td></td><td></td><td></td><td></td><td></td><td></td><td></td><td></td><td></td><td></td><td></td><td></td></tr>
<tr><td>工作终结</td><td colspan="12">全部工作于____年____月____日____时____分结束，设备及安全措施已恢复至开工前状态，工作人员已全部撤离，材料工具已清理完毕，工作已终结。
工作负责人签名________　工作许可人签名________</td></tr>
<tr><td>工作票终结</td><td colspan="12">临时遮栏、标示牌已拆除，常设遮栏已恢复。未拆除或未拉开的接地线编号等共____组、接地开关（小车）共____副（台），已汇报调度值班员。
工作许可人签名__________ ____年____月____日____时____分</td></tr>
<tr><td>备注</td><td colspan="12">（1）指定专责监护人________负责监护
______________________________（地点及具体工作）
（2）其他事项______________________________
____
（3）*已执行栏目及接地线编号由工作许可人填写。</td></tr>
</table>

附录 B　变电站（发电厂）电气第二种工作票格式

单位		编号	
工作负责人（监护人）		班组	
工作班人员（不包括工作负责人）： 共____人			
工作的变配电站名称及设备双重名称：			
工作任务	工作地点或地段	工作内容	
计划工作时间：自____年____月____日____时____分至____年____月____日____时____分			
工作条件	（停电或不停电，或邻近及保留带电设备名称）		
注意事项	（安全措施） 工作票签发人签名________签发日期________年____月____日____时____分		
补充安全措施	（工作许可人填写）		
确认本工作票上述各项内容	许可工作时间：____年____月____日____时____分 工作负责人签名________　　工作许可人签名________		
确认工作负责人布置的任务和本施工项目安全措施	工作班人员签名		
工作票延期	有效期延长到________年____月____日____时____分 工作负责人签名________ ____年____月____日____时____分 工作许可人签名________ ____年____月____日____时____分		
工作票终结	全部工作于____年____月____日____时____分结束，工作人员已全部撤离，材料工具已清理完毕。 工作许可人签名________ ____年____月____日____时____分		
备注			

附录 C　电力电缆第一种工作票格式

单位		编号	
工作负责人（监护人）		班组	
工作班人员（不包括工作负责人）： 共______人			
电力电缆双重名称：			

工作任务	工作地点或地段	工作内容

计划工作时间：自____年____月____日____时____分至____年____月____日____时____分	
确认本工作票上述各项内容	工作负责人签名________

安全措施（必要时可附页绘图说明）

（1）应拉开的设备名称、应装设绝缘挡板

变配电站或线路名称	应拉开的断路器（开关）、隔离开关（开关）、熔断器（保险）以及应装设的绝缘挡板（注明设备双重名称）	执行人	已执行

（2）应合接地开关或应装接地线

接地开关双重名称和接地线装设地点	接地线编号	执行人

（3）应设遮栏，应挂标示牌	执行人

（4）工作地点保留带电部分或注意事项（由工作票签发人填写）	（5）补充工作地点保留带电部分和安全措施（由工作许可人填写）

工作票签发人签名________　签发日期：____年____月____日

（续）

<table>
<tr><td>补充安全措施</td><td colspan="12">工作负责人签名________</td></tr>
<tr><td>工作许可</td><td colspan="12">（1）在线路上的电缆工作：
工作许可人________用________方式许可自____年____月____日____时____分起开始工作。
工作负责人签名________
（2）在变电站或发电厂内的电缆工作：
安全措施项所列措施中________（变配电站/发电厂）部分已执行完毕。
工作许可时间________年____月____日____时____分。
工作许可人签名________　工作负责人签名________</td></tr>
<tr><td>确认工作负责人布置的任务和本施工项目安全措施</td><td colspan="12">工作班组人员签名</td></tr>
<tr><td rowspan="5">每日开工和收工时间（使用一天的工作票不必填写）</td><td colspan="4">收工时间</td><td rowspan="2">工作负责人</td><td rowspan="2">工作许可人</td><td colspan="4">开工时间</td><td rowspan="2">工作许可人</td><td rowspan="2">工作负责人</td></tr>
<tr><td>月</td><td>日</td><td>时</td><td>分</td><td>月</td><td>日</td><td>时</td><td>分</td></tr>
<tr><td></td><td></td><td></td><td></td><td></td><td></td><td></td><td></td><td></td><td></td><td></td><td></td></tr>
<tr><td></td><td></td><td></td><td></td><td></td><td></td><td></td><td></td><td></td><td></td><td></td><td></td></tr>
<tr><td></td><td></td><td></td><td></td><td></td><td></td><td></td><td></td><td></td><td></td><td></td><td></td></tr>
<tr><td>工作票延期</td><td colspan="12">有效期延长到________年____月____日____时____分
工作负责人签名________ ____年____月____日____时____分
工作许可人签名________ ____年____月____日____时____分</td></tr>
<tr><td>工作负责人变动</td><td colspan="12">原工作负责人________________离去，变更________________为工作负责人
工作票签发人________ ____年____月____日____时____分</td></tr>
<tr><td>工作人员变动</td><td colspan="12">（增添人员姓名、变动日期及时间）
工作负责人签名________</td></tr>
<tr><td>工作终结</td><td colspan="12">（1）在线路上的电缆工作：工作人员已全部撤离，材料工具已清理完毕，工作终结；所装的工作接地线共____副已全部拆除，于____年____月____日____时____分工作负责人向工作许可人________用________方式汇报。
工作负责人签名________
（2）在变配电站或发电厂内的电缆工作：在________（变配电站，发电厂）工作于____年____月____日____时____分结束，设备及安全措施已恢复至开工前状态，工作人员已全部撤离，材料工具已清理完毕。
工作许可人签名________　工作负责人签名________</td></tr>
<tr><td>工作票终结</td><td colspan="12">（1）临时遮栏、标示牌已拆除，常设遮栏已恢复。
（2）未拆除或拉开的接地线编号________等共________组、接地开关共____副（台），已汇报调度。
工作许可人签名________</td></tr>
<tr><td>备注</td><td colspan="12">（1）指定专责监护人________负责监护________
____（地点及具体工作）
（2）其他事项____</td></tr>
</table>

附录D　电力电缆第二种工作票格式

<table>
<tr><td>单位</td><td colspan="2"></td><td>编号</td><td></td></tr>
<tr><td colspan="2">工作负责人（监护人）</td><td></td><td>班组</td><td></td></tr>
<tr><td colspan="5">工作班人员（不包括工作负责人）：
共____人</td></tr>
<tr><td rowspan="4">工
作
任
务</td><td>电力电缆双重名称</td><td>工作地点或地段</td><td colspan="2">工作内容</td></tr>
<tr><td></td><td></td><td colspan="2"></td></tr>
<tr><td></td><td></td><td colspan="2"></td></tr>
<tr><td></td><td></td><td colspan="2"></td></tr>
<tr><td colspan="5">计划工作时间：自____年____月____日____时____分至____年____月____日____时____分</td></tr>
<tr><td colspan="2">工作条件和安全措施</td><td colspan="3">工作票签发人________签发日期________年________月____日____时____分</td></tr>
<tr><td colspan="2">确认本工作票上述各项</td><td colspan="3">工作负责人签名________</td></tr>
<tr><td colspan="2">补充安全措施</td><td colspan="3">（工作许可人填写）</td></tr>
<tr><td colspan="2">工
作
许
可</td><td colspan="3">（1）在线路上的电缆工作：
工作开始时间____年____月____日____时____分
工作负责人签名________
（2）在变电站或发电厂内的电缆工作：
安全措施项所列措施中________（变配电站/发电厂）部分，已执行完毕
许可自____年____月____日____时____分起开始工作
工作许可人签名________工作负责人签名________</td></tr>
<tr><td colspan="2">确认工作负责人布置的任务和本施工项目安全措施</td><td colspan="3">工作班人员签名</td></tr>
<tr><td colspan="2">工作票延期</td><td colspan="3">有效期延长到________ ____年____月____日____时____分
工作负责人签名________ ____年____月____日____时____分
工作许可人签名________ ____年____月____日____时____分</td></tr>
<tr><td colspan="2">工作负责人变动</td><td colspan="3">原工作负责人________离去，变更________为工作负责人
工作票签发人________ ____年____月____日____时____分</td></tr>
<tr><td colspan="2">工作票终结</td><td colspan="3">（1）在线路上的电缆工作：
工作结束时间____年____月____日____时____分
工作负责人签名________
（2）在变配电站或发电厂内的电缆工作：
在________（变配电站，发电厂）工作于________年____月____日____时____分结束，工作人员已全部退出，材料工具已清理完毕。
工作许可人签名________ 工作负责人签名________</td></tr>
<tr><td colspan="2">备注</td><td colspan="3"></td></tr>
</table>

附录 E　变电站（发电厂）倒闸操作票格式

<table>
<tr><td>单位</td><td colspan="3"></td><td>编号</td><td colspan="2"></td></tr>
<tr><td>发令人</td><td></td><td>受令人</td><td></td><td colspan="3">发令时间：　　年　月　日　时　分</td></tr>
<tr><td colspan="4">操作开始时间：　　年　月　日　时　分</td><td colspan="3">操作结束时间：　　年　月　日　时　分</td></tr>
<tr><td colspan="7">（　）监护下操作（　）单人操作（　）检修人员操作</td></tr>
<tr><td colspan="7">操作任务：</td></tr>
<tr><td>顺序</td><td colspan="5">操作项目</td><td>√</td></tr>
<tr><td>1</td><td colspan="5"></td><td></td></tr>
<tr><td>2</td><td colspan="5"></td><td></td></tr>
<tr><td>3</td><td colspan="5"></td><td></td></tr>
<tr><td>4</td><td colspan="5"></td><td></td></tr>
<tr><td>5</td><td colspan="5"></td><td></td></tr>
<tr><td>6</td><td colspan="5"></td><td></td></tr>
<tr><td>7</td><td colspan="5"></td><td></td></tr>
<tr><td>8</td><td colspan="5"></td><td></td></tr>
<tr><td colspan="7">备注：</td></tr>
<tr><td colspan="7">操作人：　　监护人：　　值班负责人（值长）：</td></tr>
</table>

附录F 电气带电作业工作票格式

<table>
<tr><td>单位</td><td colspan="2"></td><td>编号</td><td colspan="2"></td></tr>
<tr><td colspan="2">工作负责人（监护人）</td><td></td><td>班组</td><td colspan="2"></td></tr>
<tr><td colspan="6">工作班人员（不包括工作负责人）：
共______人</td></tr>
<tr><td rowspan="5">工
作
任
务</td><td colspan="2">工作地点或地段</td><td colspan="3">工作内容</td></tr>
<tr><td colspan="2"></td><td colspan="3"></td></tr>
<tr><td colspan="2"></td><td colspan="3"></td></tr>
<tr><td colspan="2"></td><td colspan="3"></td></tr>
<tr><td colspan="2"></td><td colspan="3"></td></tr>
<tr><td colspan="6">计划工作时间：自____年____月____日____时____分至____年____月____日____时____分</td></tr>
<tr><td colspan="2">工作条件</td><td colspan="4">（停电或不停电，或邻近及保留带电设备名称）</td></tr>
<tr><td colspan="2">注意事项</td><td colspan="4">（安全措施）
工作票签发人签名________签发日期________年____月____日____时____分</td></tr>
<tr><td colspan="3">确认本工作票上述各项内容</td><td colspan="3">工作负责人签名________</td></tr>
<tr><td colspan="6">指定专责监护人________负责监护　　专责监护人签名________</td></tr>
<tr><td colspan="2">补充安全措施</td><td colspan="4">（工作许可人填写）</td></tr>
<tr><td colspan="2">工作许可</td><td colspan="4">许可工作时间：____年____月____日____时____分
工作许可人签名________　工作负责人签名________</td></tr>
<tr><td colspan="3">确认工作负责人布置的任务和本施工项目安全措施</td><td colspan="3">工作班人员签名</td></tr>
<tr><td colspan="3">工作票终结</td><td colspan="3">全部工作于____年____月____日____时____分结束，工作人员已全部撤离，材料工具已清理完毕。
工作负责人签名________工作许可人签名________</td></tr>
<tr><td colspan="3">备注</td><td colspan="3"></td></tr>
</table>

附录 G　电气事故应急抢修单格式

<table>
<tr><td>单位</td><td colspan="2"></td><td>编号</td><td></td></tr>
<tr><td colspan="3">抢修工作负责人（监护人）</td><td>班组</td><td></td></tr>
<tr><td colspan="5">抢修班人员（不包括抢修工作负责人）：
共________人</td></tr>
<tr><td rowspan="4">抢修任务</td><td colspan="2">抢修地点</td><td colspan="2">抢修内容</td></tr>
<tr><td colspan="2"></td><td colspan="2"></td></tr>
<tr><td colspan="2"></td><td colspan="2"></td></tr>
<tr><td colspan="2"></td><td colspan="2"></td></tr>
<tr><td>工作条件</td><td colspan="4">（停电或不停电，或邻近及保留带电设备名称）</td></tr>
<tr><td>注意事项</td><td colspan="4">（抢修地点保留带电部分）</td></tr>
<tr><td colspan="5">上述各项由抢修工作负责人________根据抢修任务布置人________的布置填写</td></tr>
<tr><td>经现场勘察需补充下列安全措施</td><td colspan="4">经许可人（调度/运行人员）________同意（____年____月____日____时____分）后，已执行。</td></tr>
<tr><td>许可抢修时间</td><td colspan="4">____年____月____日____时____分
许可人（调度/运行人员）________</td></tr>
<tr><td>抢修结束汇报</td><td colspan="4">本抢修工作于____年____月____日____时____分结束
现场设备状况及保留安全措施：
____
____
抢修班人员已全部撤离，材料工具已清理完毕，事故应急抢修单已终结。
抢修工作负责人________　许可人（调度/运行人员）________
填写时间________年____月____日____时____分</td></tr>
</table>

附录H　绝缘安全工器具试验项目、周期和要求

<table>
<tr><th>器具</th><th>项目</th><th>周期</th><th colspan="4">要求</th><th>说明</th></tr>
<tr><td rowspan="10">电容型验电器</td><td>① 起动电压试验</td><td>1年</td><td colspan="4">起动电压值不高于额定电压的40%，不低于额定电压的15%</td><td>试验时接触电极应与试验电极相接触</td></tr>
<tr><td rowspan="9">② 工频耐压试验</td><td rowspan="9">1年</td><td rowspan="2">额定电压/kV</td><td rowspan="2">试验长度/m</td><td colspan="2">工频耐压/kV</td><td rowspan="9"></td></tr>
<tr><td>1min</td><td>5min</td></tr>
<tr><td>10</td><td>0.7</td><td>45</td><td>—</td></tr>
<tr><td>35</td><td>0.9</td><td>95</td><td>—</td></tr>
<tr><td>63</td><td>1.0</td><td>175</td><td>—</td></tr>
<tr><td>110</td><td>1.3</td><td>220</td><td>—</td></tr>
<tr><td>220</td><td>2.1</td><td>440</td><td>—</td></tr>
<tr><td>330</td><td>3.2</td><td>—</td><td>380</td></tr>
<tr><td>500</td><td>4.1</td><td>—</td><td>580</td></tr>
<tr><td rowspan="10">携带型短路接地线</td><td>① 成组直流电阻试验</td><td>不超过5年</td><td colspan="4">在各接线鼻之间测量直流电阻，对于$25mm^2$、$35mm^2$、$50mm^2$、$70mm^2$、$95mm^2$、$120mm^2$的各种截面面积，平均每米的电阻值应分别小于0.79mΩ、0.56mΩ、0.40mΩ、0.28mΩ、0.21mΩ、0.16mΩ</td><td>同一批次抽测，不少于2条，接线鼻与软导线压接的应做该试验</td></tr>
<tr><td rowspan="9">② 操作棒的工频耐压试验</td><td rowspan="9">4年</td><td rowspan="2">额定电压/kV</td><td rowspan="2">试验长度/m</td><td colspan="2">工频耐压/kV</td><td rowspan="9">试验电压加在护环与紧固头之间</td></tr>
<tr><td>1min</td><td>5min</td></tr>
<tr><td>10</td><td>—</td><td>45</td><td>—</td></tr>
<tr><td>35</td><td>—</td><td>95</td><td>—</td></tr>
<tr><td>63</td><td>—</td><td>175</td><td>—</td></tr>
<tr><td>110</td><td>—</td><td>220</td><td>—</td></tr>
<tr><td>220</td><td>—</td><td>440</td><td>—</td></tr>
<tr><td>330</td><td>—</td><td>—</td><td>380</td></tr>
<tr><td>500</td><td>—</td><td>—</td><td>580</td></tr>
<tr><td>个人保安线</td><td>成组直流电阻试验</td><td>不超过5年</td><td colspan="4">在各接线鼻之间测量直流电阻，对于$10mm^2$、$16mm^2$、$25mm^2$各种截面面积，平均每米的电阻值应小于1.98mΩ、1.24mΩ、0.79mΩ</td><td>同一批次抽测，不少于两条</td></tr>
</table>

（续）

<table>
<tr><th>器具</th><th>项目</th><th>周期</th><th colspan="4">要求</th><th>说明</th></tr>
<tr><td rowspan="9">绝缘杆</td><td rowspan="9">工频耐压试验</td><td rowspan="9">1年</td><td rowspan="2">额定电压/kV</td><td rowspan="2">试验长度/m</td><td colspan="2">工频耐压/kV</td><td rowspan="9"></td></tr>
<tr><td>1min</td><td>5min</td></tr>
<tr><td>10</td><td>0.7</td><td>45</td><td>—</td></tr>
<tr><td>35</td><td>0.9</td><td>95</td><td>—</td></tr>
<tr><td>63</td><td>1.0</td><td>175</td><td>—</td></tr>
<tr><td>110</td><td>1.3</td><td>220</td><td>—</td></tr>
<tr><td>220</td><td>2.1</td><td>440</td><td>—</td></tr>
<tr><td>330</td><td>3.2</td><td>—</td><td>380</td></tr>
<tr><td>500</td><td>4.1</td><td>—</td><td>580</td></tr>
<tr><td rowspan="10">核相器</td><td rowspan="3">① 连接导线绝缘强度试验</td><td rowspan="3">必要时</td><td>额定电压/kV</td><td>工频耐压/kV</td><td colspan="2">持续时间/min</td><td rowspan="3">浸在电阻率小于100Ω · m的水中</td></tr>
<tr><td>10</td><td>8</td><td colspan="2">5</td></tr>
<tr><td>35</td><td>28</td><td colspan="2">5</td></tr>
<tr><td rowspan="3">② 绝缘部分工频耐压试验</td><td rowspan="3">1年</td><td>额定电压/kV</td><td>试验长度/m</td><td>工频耐压/kV</td><td>持续时间/min</td><td rowspan="3"></td></tr>
<tr><td>10</td><td>0.7</td><td>45</td><td>1</td></tr>
<tr><td>35</td><td>0.9</td><td>95</td><td>1</td></tr>
<tr><td rowspan="3">③ 电阻管泄漏电流试验</td><td rowspan="3">半年</td><td>额定电压/kV</td><td>工频耐压/kV</td><td>持续时间/min</td><td>泄漏电流/mA</td><td rowspan="3"></td></tr>
<tr><td>10</td><td>10</td><td>1</td><td>≤2</td></tr>
<tr><td>35</td><td>35</td><td>1</td><td>≤2</td></tr>
<tr><td>④ 动作电压试验</td><td>1年</td><td colspan="5">最低动作电压应达额定电压的25%</td></tr>
<tr><td rowspan="3">绝缘罩</td><td rowspan="3">工频耐压试验</td><td rowspan="3">1年</td><td>额定电压/kV</td><td>工频耐压/kV</td><td colspan="2">时间/min</td><td rowspan="3"></td></tr>
<tr><td>6~10</td><td>30</td><td colspan="2">1</td></tr>
<tr><td>35</td><td>80</td><td colspan="2">1</td></tr>
<tr><td rowspan="4">绝缘隔板</td><td rowspan="4">表面工频耐压试验</td><td rowspan="4">1年</td><td>额定电压/kV</td><td>工频耐压/kV</td><td colspan="2">持续时间/min</td><td rowspan="4"></td></tr>
<tr><td>6~35</td><td>60</td><td colspan="2">1</td></tr>
<tr><td>6~10</td><td>30</td><td colspan="2">1</td></tr>
<tr><td>35</td><td>80</td><td colspan="2">1</td></tr>
<tr><td rowspan="3">绝缘胶垫</td><td rowspan="3">工频耐压试验</td><td rowspan="3">1年</td><td>电压等级</td><td>工频耐压/kV</td><td colspan="2">持续时间/min</td><td rowspan="3"></td></tr>
<tr><td>高压</td><td>15</td><td colspan="2">1</td></tr>
<tr><td>低压</td><td>3.5</td><td colspan="2">1</td></tr>
<tr><td rowspan="2">绝缘靴</td><td rowspan="2">工频耐压试验</td><td rowspan="2">半年</td><td>工频耐压/kV</td><td>持续时间（min）</td><td colspan="2">泄漏电流/mA</td><td rowspan="2"></td></tr>
<tr><td>25</td><td>1</td><td colspan="2">≤10</td></tr>
</table>

（续）

器具	项目	周期	要求				说明
绝缘手套	工频耐压试验	半年	电压等级	工频耐压/kV	持续时间/min	泄漏电流/mA	
			高压	8	1	≤9	
			低压	2.5	1	≤2.5	
导电鞋	直流电阻试验	穿用不超过20h	电阻值小于100kΩ				

注：接地线如用于各电源侧和有可能倒送电的各侧均已停电、接地的线路时，其操作棒预防性试验的工频耐压可只做10kV级，且试验周期可延长到不超过5年一次。

附录I　登高工器具试验标准表

名称	项目	周期	要求			说明
安全带	静负荷试验	1年	种类	试验静拉力/N	载荷时间/min	牛皮带试验周期为半年
			围杆带	2205	5	
			围杆绳	2205	5	
			护腰带	1470	5	
			安全绳	2205	5	
安全帽	冲击性能试验	按规定期限	受冲击力小于4900N			寿命：从制造之日起，塑料帽≤2.5年，玻璃钢帽≤3.5年
	耐穿刺性能试验	按规定期限	钢锥不接触头模表面			
脚扣	静负荷试验	1年	施加1176N静压力，持续时间5min			
升降板	静负荷试验	半年	施加2205N静压力，持续时间5min			
竹（木）梯	静负荷试验	半年	施加1765N静压力，持续时间5min			

参 考 文 献

[1] 王兆晶. 安全用电［M］. 6版. 北京：中国劳动社会保障出版社，2021.
[2] 吴新辉，汪祥兵. 安全用电［M］. 3版. 北京：中国电力出版社，2014.
[3] 郭艳红，何武林，严兴喜. 安全用电［M］. 成都：西南交通大学出版社，2016.
[4] 曾小春，吕铁民. 安全用电［M］. 3版. 北京：中国电力出版社，2014.
[5] 李唐兵，龙洋. 建筑电气与安全用电［M］. 成都：西南交通大学出版社，2018.
[6] 时慧喆，李学华，贝广霞. 安全用电技能实训［M］. 北京：中国电力出版社，2019.
[7] 郭艳红，许云雅. 安全用电［M］. 北京：人民交通出版社，2019.
[8] 董新. 电工技术与安全用电［M］. 成都：西南交通大学出版社，2019.
[9] 国网湖北省电力有限公司. 鄂电安全你我他［Z］. 2020.

职业院校校企“双元”合作电气类专业立体化教材

安全用电技术
工作页

主　编　侯守军　张道平
副主编　邹兴宇　向春薇
参　编　张　毅　涂建军
　　　　尹凤梅　张玉荣

机械工业出版社

目 录

项目 1 电气安全基础

工作页 1 触电急救（由两人同时进行）

【工具及材料】

实训所需的工具与材料见表 1-1。

表 1-1 工具及材料

序号	名称	规格型号	备注
1	工具	有绝缘柄的钢丝钳、干木杆、木柄斧子、木板、绝缘手套等	按组配备，工作服、安全帽、绝缘鞋、线手套自备
2	材料	棉纱 1 块、医用酒精 1 瓶、模拟人 1 个	

【实训目标】

某电工脚踩电线触电倒在该电线上，时间稍长（现场无开关及刀开关），心脏有跳动、但呼吸停止的触电急救。

1. 掌握现场使触电者（伤员）脱离电源的方法。
2. 脱离电源后的观察及正确判断；根据触电者现状决定采用何种急救。
3. 掌握畅通气道的方法，收气、呼气的时间，操作的频率；整个急救过程动作熟练、准确。
4. 养成安全文明生产的好习惯。

【必备知识】

一、使触电者脱离低压电源的操作方法

1）如图 1-1 所示，迅速观察周围是否有电源插座或者开关。有的话，立即断开。

2）如图 1-2 所示，没找到电源插座或者开关，如果手中有绝缘工具，立即拿起绝缘工具剪断电源线。

3）如图 1-3 所示，挑、拉电源线。没找到电源插座或者开关，也无绝缘工具，可寻找附近是否有干燥木棍，用木棍挑开电源线。

4）如图 1-4 所示，单手拉开触电者。抢救者可一只手戴上线手套或用干燥衣物、围巾等绝缘物包起来，将触电者拉开，也可拉住触电者干燥而不贴身的衣服，将其拖开，但抢救者切勿触碰金属物体和触电者的裸露身躯。

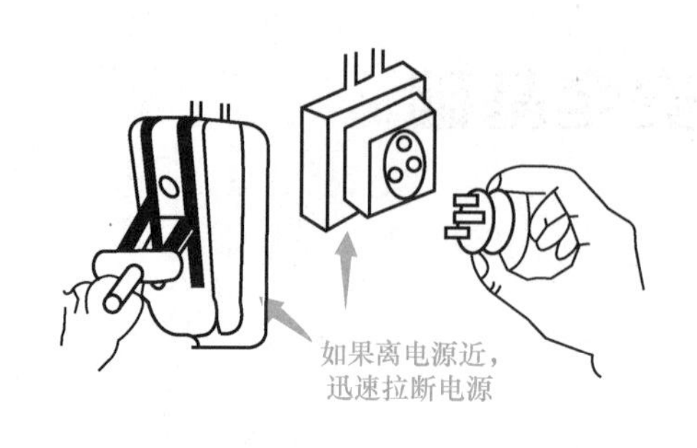
如果离电源近，
迅速拉断电源

图 1-1　断开插座或者开关

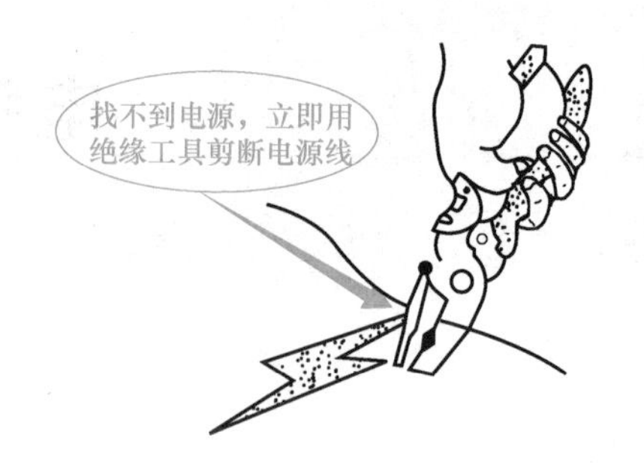
找不到电源，立即用
绝缘工具剪断电源线

图 1-2　剪断电源线

图 1-3　挑、拉电源线

图 1-4　单手拉开触电者

5）如图 1-5 所示，若触电者身压电源线，可用干木板塞到其身下，使其与地绝缘以此隔离电源，然后将电线剪断。

6）如图 1-6 所示，戴上绝缘手套，将触电者抓离电源。

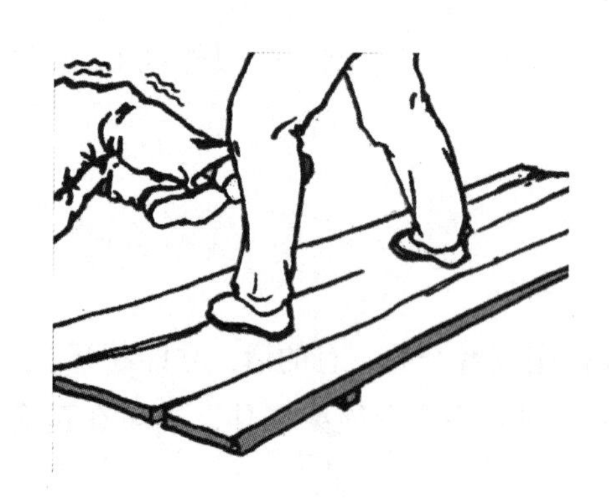

图 1-5　用干木板与地绝缘

戴绝缘手套

图 1-6　将触电者抓离电源

二、高压带电设备触电者脱离电源方法

如图 1-7 所示，高压带电设备触电时，抢救者应迅速切断电源（应立即通知有关部门停电），或用适合该电压等级的绝缘工具（戴绝缘手套、穿绝缘靴并用绝缘棒）使触电者

脱离电源。

图1-7　高压带电设备触电者脱离电源方法

【实训步骤】

1. 迅速使触电者脱离电源

2. 触电者脱离电源后的判断

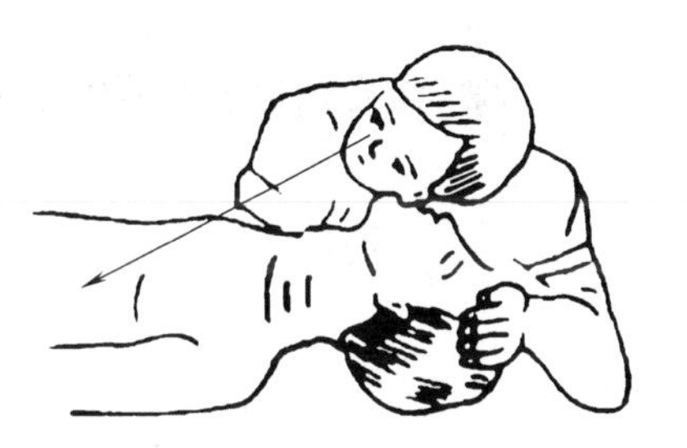

图1-8　看、听、试触电者呼吸

1）用看、听、试的方法做出正确判断。看、听、试触电者呼吸的方法如图1-8所示。

2）触电者神志不清，应使其就地平躺（见图1-9），且确保气道畅通，并用5s时间，呼叫触电者或轻拍其肩部，以判断是否意识丧失，禁止摇动触电者头部。判断触电者有无脉搏（触摸颈动脉搏）的方法如图1-10所示。

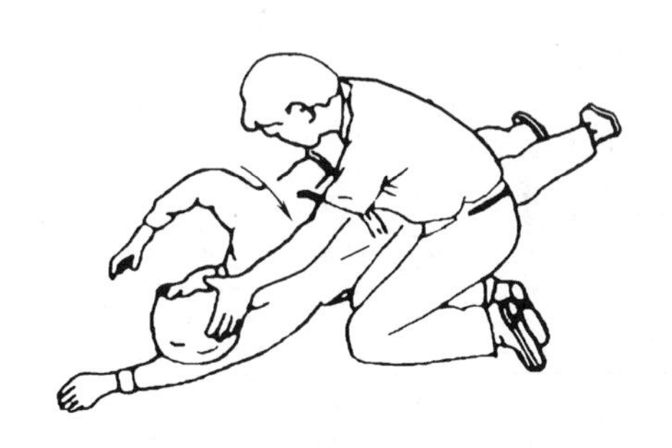

图1-9　放置触电者

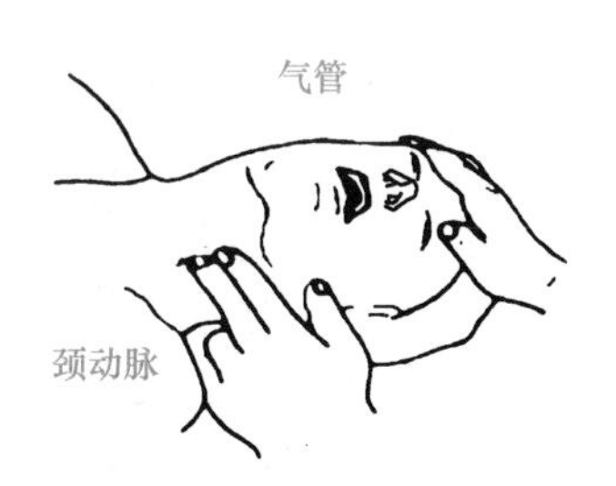

图1-10　触摸颈动脉

3）有跳动但呼吸停止的情况，采用口对口人工呼吸法。

3. 根据触电者伤情决定是否实施口对口急救法

1）可采用仰头抬颏法使触电者保持气道通畅，严禁用枕头或其他物品垫在触电者头下。如发现触电者口有异物，可将其身体及头部同时偏转，并迅速用手指从其口角处取出异物。

2）上述准备工作完成后，让触电者头部尽量后仰，鼻孔朝天，避免舌下坠致使呼吸道阻塞，抢救者用一只手捏紧触电者的鼻孔（不要漏气），另一只手中指、食指并拢向下推触电者的颏骨，使嘴张开（嘴上可盖一层纱布或薄布），使其保持气道畅通。

3）抢救者做深呼吸后，用自己的嘴唇包住触电者的嘴（不要漏气）吹气，先连续大口吹气两次，每次1～1.5s，要求快而深，如两次吹气后测试颈动脉仍无搏动，可判定心跳已经停止，要立即同时进行胸外按压。

4）抢救者吹气完毕准备换气时，应立即离开触电者的嘴，并放松捏紧的鼻孔，除开始大口吹气两次外，正常口对口（鼻）呼吸的吹气量不需过大，以免引起胃膨胀；吹气和放松时要注意伤员胸部应有起伏的呼吸动作。吹气时如有较大阻力，可能是头部后仰不够，应及时纠正。

5）按以上步骤连续不断地进行操作，每分钟约吹气12次，即每5s吹一次气，吹气约2s，呼气约3s。如果触电者的牙关紧闭不易撬开，可向鼻孔吹气。吹气量应根据触电者的体质情况进行调整。

4. 抢救程序

现场心肺复苏法应进行的抢救程序可归纳如图1-11所示。

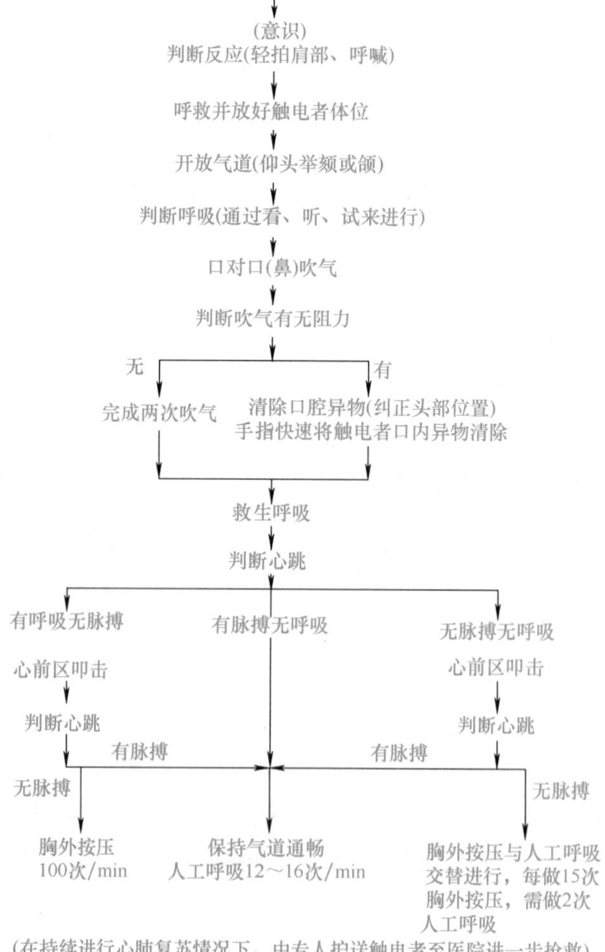

图1-11　现场心肺复苏法应进行的抢救程序

【实训考核】

触电急救评分标准见表1-2。

表1-2 触电急救评分标准

考号		姓名		班级	
用时	时 分	操作时间	时 分~ 时 分（用时不超过20min）		
序号	考核项目	配分	评分标准		得分
1	拉开或隔离电源	10	用绝缘物体拉开或挑开电源线，用干木板塞在触电者身下，若有绝缘钳也可剪断电线，动作不迅速扣3分，不正确扣5分		
2	自我保护	10	① 不得接触触电者的皮肤。救护触电者应穿低压绝缘鞋、站在绝缘材料上等，否则各扣5分 ② 救护触电者应使用绝缘工具，否则扣10分		
3	判断呼吸	10	未用眼睛观看触电者胸部起伏，未贴近触电者口鼻处判断呼吸，判断时间少于5s，每项扣5分，扣完为止		
4	判断心跳	15	触摸颈动脉方法不正确，位置错误，触摸时间少于10s，每项扣8分，扣完为止		
5	报告伤情	10	① 对伤情判断叙述不准确，语言不清晰，每项扣5分 ② 采取急救方法不正确，扣5分		
6	口对口呼吸	20	① 清理动作不正确，未拉开气道或方法不正确，每项扣5分 ② 吹气时未捏住鼻孔，未侧头吸气，吸气完毕时未松开鼻孔，未包住触电者口，每项扣5分 ③ 无效吹气一次，多吹和少吹一次，每项扣5分 扣完为止		
7	抢救情况	15	未抢救成功，扣15分		
8	安全文明生产	10	损坏设备，视情节轻重扣5~10分		
评分人			总分		

工作页 2　杆塔上营救触电者

【工具及材料】

实训所需的工具及材料见表 1-3。

表 1-3　工具及材料

序号	名称	规格型号	备注
1	工具	脚扣、腰绳、提绳等	按组配备，每组不超过 5 人为宜；工作服、安全帽、绝缘鞋、线手套自备
2	材料	棉纱 1 块、医用酒精 1 瓶、模拟人 1 个	
3	场地	停电杆塔两处	

【实训目标】

1. 登杆工具的准备及使用情况良好；登杆的熟练、营救位置选择正确。
2. 绳扣系法正确；急救方法及步骤正确。
3. 养成安全文明生产的习惯。

【实训步骤】

杆塔上营救触电者具体操作步骤如图 1-12 所示。

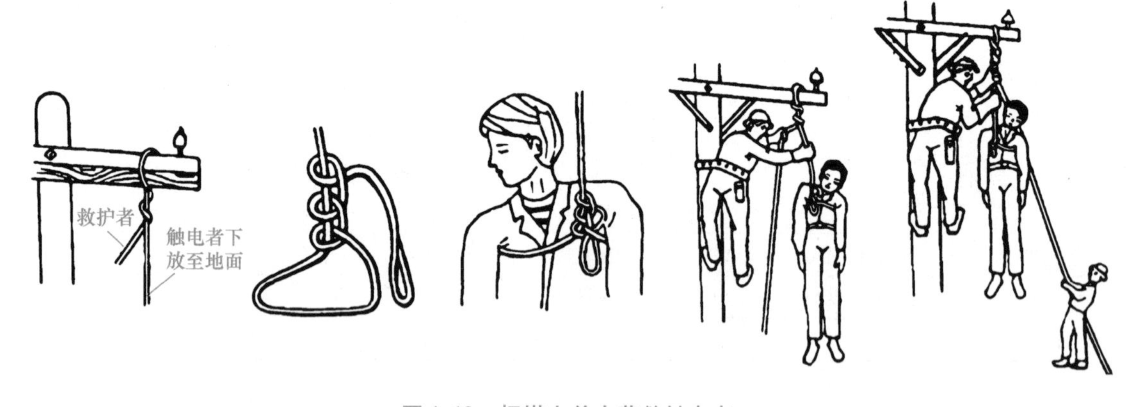

图 1-12　杆塔上单人营救触电者

1）随身带好营救工具并迅速登杆。营救的最佳位置是高出触电者 20cm，并面向触电者。固定好安全带后，开始营救。

2）将触电者扶到安全带上，进行意识、呼吸、脉搏判断。如有知觉，可放到地面上进行护理；如无呼吸、心跳，应立即进行人工呼吸或胸外心脏按压法急救（具体方法见触电急救内容）。

3）下放触电者时，先用直径为3cm的绳子在横担上绑好，绕2～3圈固定绳子，将绳子另一端在触电者腋下环绕一圈系扣，绳头塞进触电者腋旁的线圈内并压紧。绳子选用的长度为杆高的1.2～1.5倍。

4）杆上人员握住绳子的一端顺着下放，放绳的速度要缓慢，到地面时避免创伤触电者。

5）杆上、杆下救护人员要相互配合，动作要协调一致。

【实训考核】

杆塔上营救触电者评分标准见表1-4。

表1-4　杆塔上营救触电者评分标准

考号		姓名		班级	
用时	时　　分	操作时间	时　　分～　　时　　分（用时不超过25min）		
序号	考核项目	配分	评分标准		得分
1	急救准备	20	① 触电者已脱离电源，否则扣5分 ② 材料、工具准备不齐全，扣5分 ③ 绳子直径、长度选择不符合要求，扣3分 ④ 动作不迅速，扣2分		
2	登杆营救	25	① 登杆动作不迅速，扣5分 ② 未戴绝缘手套、未穿绝缘靴、遗漏工具，每项扣5分 ③ 营救位置未高出受伤者20cm，并面向受伤者，扣5分 ④ 未注意安全距离，扣5分		
3	确定病情	10	判断方法不正确，扣10分		
4	对症急救	10	急救方法不正确，扣10分		
5	下放触电者	25	① 绳子在横担上固定未绕3圈，扣5分 ② 绳扣绑法不正确，扣5分 ③ 放绳速度过快，到地面时创伤触电者的，扣10分		
6	安全文明生产	10	损坏设备，视情节轻重扣5～10分		
评分人			总分		

工作页3 灭火器的选择和使用

【工具及材料】

实训所需的工具及材料见表1-5。

表1-5 实训所需的工具及材料

<table>
<tr><th>序号</th><th>名称</th><th>规格型号</th><th>备注</th></tr>
<tr><td>1</td><td>工具</td><td>工作服与安全用品</td><td rowspan="3">按组配备，工作服、安全帽、绝缘鞋、线手套自备</td></tr>
<tr><td>2</td><td>材料</td><td>1211灭火器、干粉灭火器、二氧化碳灭火器和泡沫灭火器每种各1瓶</td></tr>
<tr><td>3</td><td>场地</td><td>模拟着火点两处（油着火和木材着火）</td></tr>
</table>

【实训目标】

1. 掌握带电灭火器的选择方法，带电灭火应采用干粉灭火器、二氧化碳灭火器和1211灭火器等。

2. 熟悉使用前的检查事项：应查灭火器的压力、铅封、瓶体、喷管、有效期和出厂合格证。

3. 掌握不同灭火器的使用方法。

1）干粉灭火器的使用：手提式干粉灭火器，一只手握住喷嘴，另一只手向上提起环，将干粉喷出，人应站立于上风方向由近端到远端灭火。

2）手轮式二氧化碳灭火器使用：用右手打开启闭阀即可，左手提起喷嘴对准火源喷射。

3）泡沫灭火器的使用：使用时把灭火器颠倒过来，轻轻抖动，喷出泡沫，即可灭火。喷嘴不能对人，应对准火源方向。

【实训步骤】

1. 准备工作

准备工作包括以下几项：检查灭火器压力、检查灭火器铅封、检查灭火器出厂合格证、检查灭火器有效期、检查灭火器瓶体、检查灭火器喷管。

2. 火情判断

根据火情选择合适的灭火器，迅速赶赴火场，准确判断风向。

3. 灭火操作

灭火操作如图1-13所示。

4. 检查确认

检查确认包括以下步骤：检查灭火效果→确认火源熄灭→将使用过的灭火器放到指定

位置→注明已使用→报告灭火情况。

5. 现场清理

清点收拾工具，清理现场。

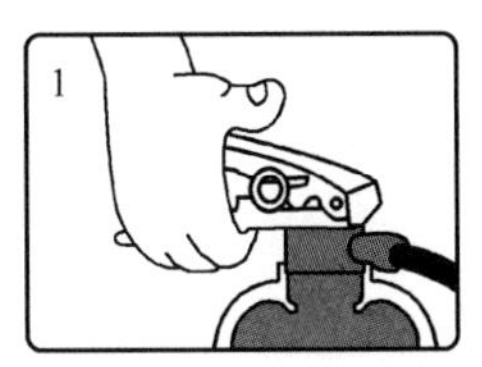

打开箱门，拿出灭火器

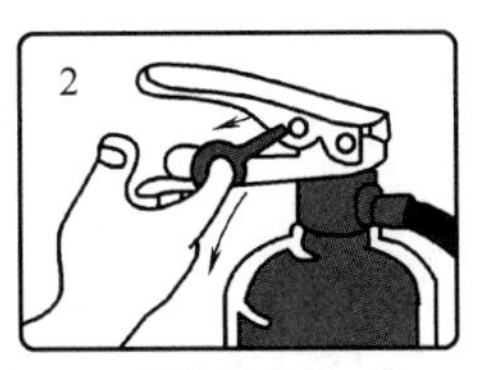

拔掉保险销

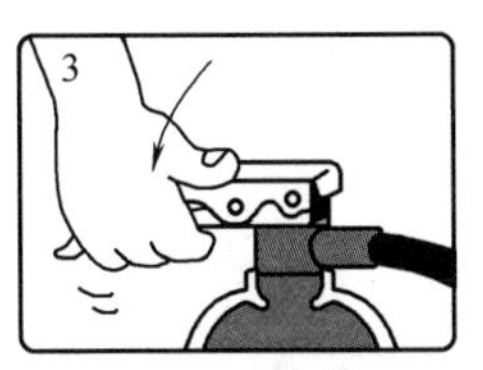

一手握住压把
一手握住喷管

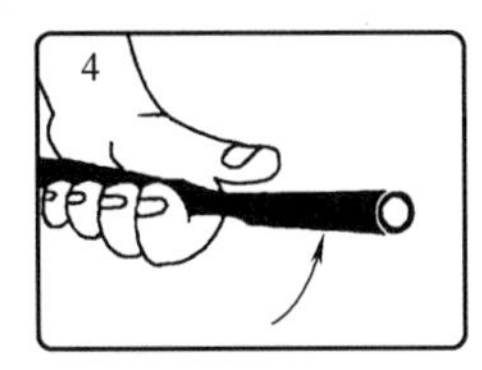

对准火苗根部喷射
(人站立在上风，距离火苗约3m)

图1-13　灭火操作

【实训考核】

灭火器的选择和使用评分标准见表1-6。

表1-6　灭火器的选择和使用评分标准

<table>
<tr><td>考号</td><td></td><td>姓名</td><td></td><td>班级</td><td></td></tr>
<tr><td>用时</td><td>时　　分</td><td>操作时间</td><td colspan="3">时　　分～　　时　　分（用时不超过10min）</td></tr>
<tr><td>序号</td><td>考核项目</td><td>配分</td><td colspan="2">评分标准</td><td>得分</td></tr>
<tr><td>1</td><td>灭火器材的识别</td><td>10</td><td colspan="2">识别错误每项扣2分，用途不明每项扣2分，扣完为止</td><td></td></tr>
<tr><td>2</td><td>1211灭火器的使用和保养</td><td>20</td><td colspan="2">使用方法错误扣10分，保养方法漏讲每项扣2分</td><td></td></tr>
<tr><td>3</td><td>干粉灭火器的使用和保养</td><td>20</td><td colspan="2">使用方法错误扣10分，保养方法漏讲每项扣2分</td><td></td></tr>
<tr><td>4</td><td>二氧化碳灭火器的使用和保养</td><td>20</td><td colspan="2">使用方法错误扣10分，保养方法漏讲每项扣2分</td><td></td></tr>
<tr><td>5</td><td>泡沫灭火器的使用和保养</td><td>20</td><td colspan="2">使用方法错误扣10分，保养方法漏讲每项扣2分</td><td></td></tr>
<tr><td>6</td><td>安全文明生产</td><td>10</td><td colspan="2">① 未穿戴好工作服装或穿戴不整齐，扣2～5分
② 损坏器材，视情节轻重扣2～5分</td><td></td></tr>
<tr><td>评分人</td><td colspan="2"></td><td colspan="2">总分</td><td></td></tr>
</table>

项目2 电气作业安全

工作页1 电工安全工器具使用

【工具及材料】

实训所需的工具与材料见表2-1。

表2-1 工具及材料

序号	名称	规格型号	备注
1	工具	绝缘手套、绝缘鞋（靴）、防护眼镜、绝缘夹钳、绝缘垫、脚扣、安全带、绝缘棒、低压验电笔、高压验电器（笔）等	按组配备，工作服自备
2	材料	携带型接地线1套	

【实训目标】

1. 能口述低压电工安全工器具的作用，以及结构组成。
2. 能按照操作步骤正确使用电工安全工器具。

【必备知识】

电工安全工器具的分类见表2-2。

表2-2 电工安全工器具的分类

分类		定义	举例
绝缘安全工器具	基本绝缘安全工器具	能直接操作带电设备、接触或可能接触带电体的工器具	电容型验电器、绝缘杆、绝缘隔板、绝缘罩、携带型短路接地线、个人保安接地线、核相器
	辅助绝缘安全工器具	绝缘强度不足以承受设备或线路的工作电压，用于加强基本绝缘安全工器具的保安作用，用于防止接触电压、跨步电压、泄漏电流电弧对操作人员的伤害，不能直接接触高压设备带电部分	绝缘手套、绝缘靴、绝缘胶垫

（续）

分类	定义	举例
一般防护安全工器具	防护工作人员发生事故的工器具	安全帽、安全带、梯子、安全绳、防静电服、防护眼镜等
安全围栏、标示牌		禁止、警告、指令、提示标示牌

1. 一般防护用具

一般防护用具指防护工作人员发生事故的工器具，如安全带、安全帽等，通常情况下也将登高用的脚扣、升降板、梯子等归入这个范畴。一般防护用具如图2-1所示。

a) 安全帽

b) 安全带

c) 脚扣

图2-1　一般防护用具

2. 验电笔

验电笔是用来判断电气设备或线路上有无电源存在的器具，分为低压和高压两种。低压验电笔有氖管型（包括钢笔式、螺钉旋具式）和数显型两种。低压验电笔测试电压的范围为60～500V。

（1）低压验电笔

验电笔结构和使用方法如图2-2所示。

（2）高压验电笔

高压验电笔又称高压验电器，结构和握法如图2-3所示。使用高压验电笔时应注意手握部位不能超过护环。

3. 绝缘棒

绝缘棒又称绝缘拉杆，用于闭合或拉开高压隔离开关，装拆携带式接地线，以及进行测量和试验。

4. 携带型短路接地线

携带型短路接地线是用于电力行业断电后使用的一种临时性高压接地线，就是直接连接大地的线，也可以称为安全回路线，如图2-4所示。

1）当高压线路或设备检修时，为防止突然送电，应将电源侧的三相架空线或母线用接地线临时接地。

2）为防止相邻高压线路或设备对停电线路或设备产生感应电压而对人体造成危害，或停电检修设备或线路可能产生感应电压而对人体造成危害，应将停电检修线路或设备的

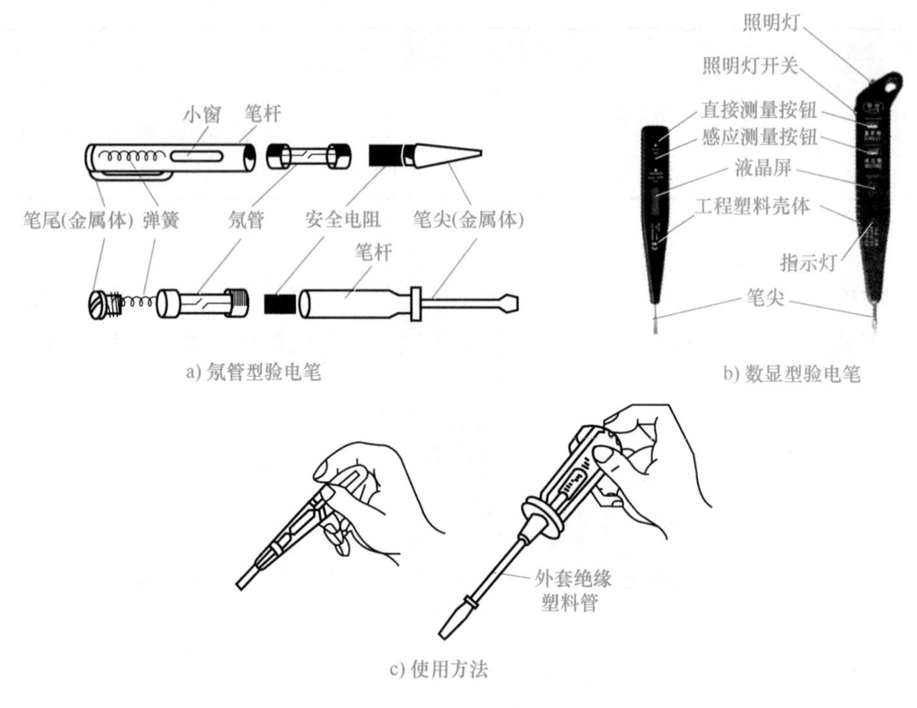

图 2-2　验电笔结构和使用方法

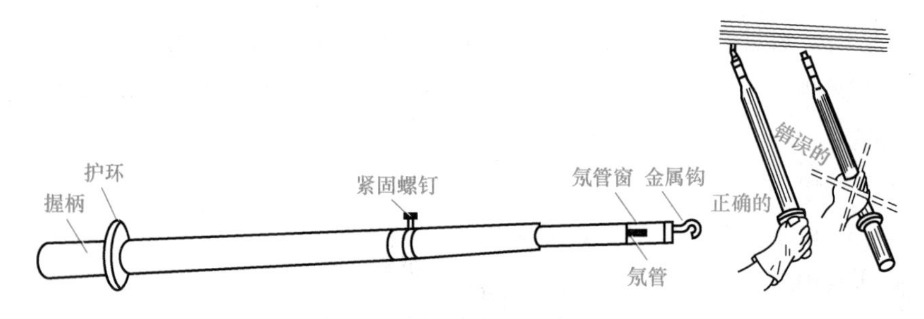

图 2-3　高压验电笔的结构和握法

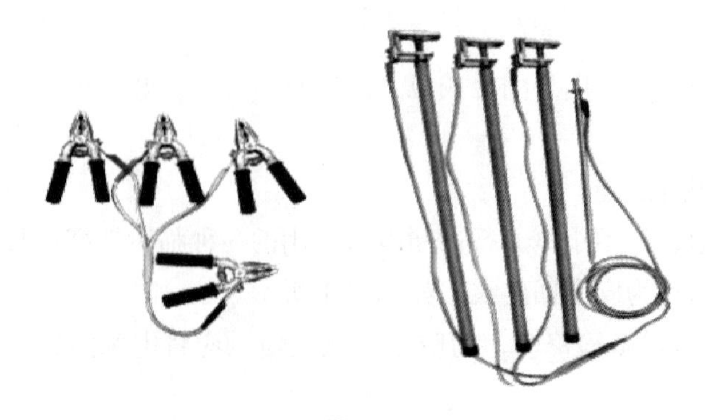

图 2-4　携带型短路接地线

有关部位用接地线临时接地。

3）在停电后的设备上作业时，应将设备上的剩余电荷用临时接地线放掉，也就是释放残余电荷，俗称“放电”。

5. 电工安全工器具使用注意事项

电工安全工器具使用注意事项见表 2-3。

表 2-3　电工安全工器具使用注意事项

序号	名称	使用注意事项
1	低压验电笔（用在对地电压为 250V 及以下的电气设备）	① 验电前，应先将验电笔在有电的设备上验证一下，检查验电笔是否完好 ② 使用低压验电笔时，应手拿验电笔并接触金属夹或中心螺钉，用金属探头接触被测设备，测量时，若氖灯（泡）发亮，则表示被测设备是带电的 ③ 用低压验电笔区分相线、中性线，氖灯（泡）发亮的为相线，不亮的为中性线 ④ 用低压验电笔区分交流电、直流电时，交流电通过氖灯（泡）时，两极附近都发亮，而直流电通过时只有一个电极发亮
2	高压验电笔（用以检验对地电压为 250V 以上的电气设备）	① 使用验电笔必须注意其额定电压和被检验电气设备的电压等级相适应。验电时，操作人员应戴绝缘手套，手握在护环以下的握手部分 ② 先在有电的设备上进行检验，检验时应渐渐移近带电设备至发光或发声为止，以验证验电笔完好，然后再在需要进行验电的设备上检测。检测时也应同样渐渐地向设备移近直至直接触及设备导电部分，此过程中若一直无光、声指示，则可判断无电 ③ 验明无电压后，再在带电设备上复核验电笔是否良好
3	绝缘棒	① 使用中各部分的连接应牢固，以防在操作中脱落 ② 使用时工作人员应手拿绝缘棒的握手部分，并且要戴绝缘手套、穿绝缘靴（鞋）。绝缘操作杆的绝缘部分长度不得小于 0.7m ③ 绝缘棒必须放在干燥通风的地方，并宜悬挂或垂直插放在特制的木架上
4	绝缘手套和绝缘靴（鞋）	① 绝缘手套在使用前应进行外观检查，是否有黏连、破损，用压气法检查是否漏气或裂口 ② 绝缘手套和绝缘靴（鞋）都是橡胶制品，不可与石油类的油脂接触 ③ 绝缘手套和绝缘靴（鞋）不得作为一般手套和一般雨靴使用
5	安全帽	① 安全帽在使用前应检查其完好性 ② 戴安全帽时应将下颌带系好
6	携带型短路接地线	① 使用前应检查接地线夹头、绝缘杆、接地端等各部分是否良好无损，各连接部位是否接触良好 ② 验明线路或设备确无电压 ③ 挂接地线时，先连接接地夹，后接接电夹；拆除接地线时，必须按程序先拆接电夹，后拆接地夹 ④ 装设接地线时，应用绝缘棒，戴绝缘手套并在有专人监护的情况下进行

【实训步骤】

1. 验电

在使用高压验电笔时，若高压验电笔的手柄长度不够，可以使用绝缘物体延长手柄，应当用佩戴绝缘手套的手去握住高压验电笔的手柄，不可以将手越过防护环，再将高压验电笔的金属探头接触待测高压线缆，或使用感应部位靠近高压线缆，如图 2-5 所示，高压验电笔上的蜂鸣器发出声音，证明该高压线缆正常。

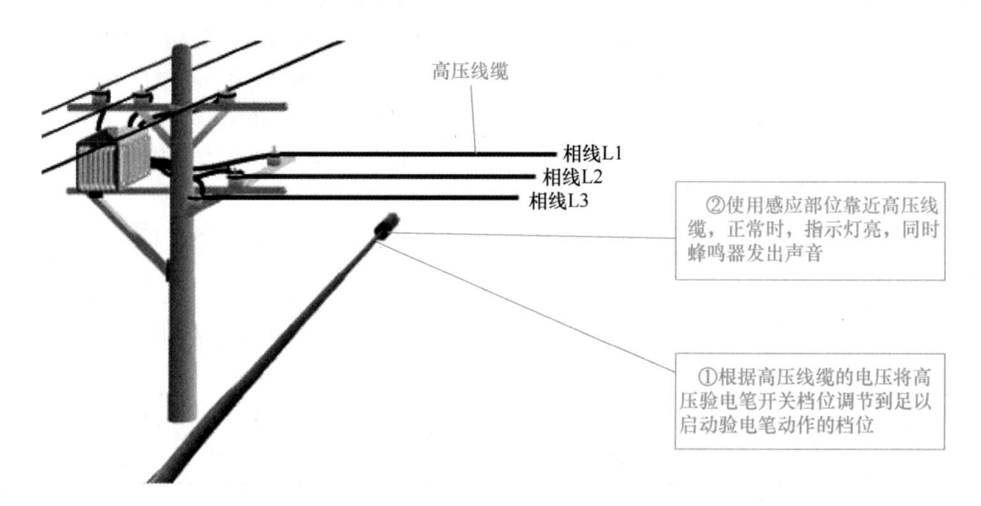
高压线缆
相线L1
相线L2
相线L3
②使用感应部位靠近高压线缆，正常时，指示灯亮，同时蜂鸣器发出声音
①根据高压线缆的电压将高压验电笔开关档位调节到足以启动验电笔动作的档位

图 2-5　高压验电笔的使用规范

重要提示：使用高压非接触式验电笔时，若需检测某个电压，该电压必须达到所选档位的启动电压，高压非接触验电笔越靠近高压线缆，启动电压越低，距离越远则启动电压越高。

2. 装设接地线

装设接地线的步骤参阅电工安全工器具使用注意事项。

【实训考核】

电工安全工器具使用评分标准见表 2-4。

表 2-4　电工安全工器具使用评分标准

考号		姓名		班级	
用时	时　　分	操作时间	时　　分～　　时　　分（用时不超过 30min）		
序号	考核项目	配分	评分标准		得分
1	低压验电笔	15	未检查验电笔扣 3 分，使用不正确扣 7 分，判断交流电、直流电错误扣 5 分		
2	高压验电笔	25	未检验电压等级扣 5 分，不验证验电笔是否完好扣 5 分，不正确验电扣 10 分，未复核验电笔是否良好扣 5 分		

（续）

序号	考核项目	配分	评分标准	得分
3	绝缘棒	20	不做检查扣10分，使用不正确扣10分	
4	绝缘手套和绝缘靴（鞋）	10	检查方法不对或没检查扣10分	
5	安全帽的使用	10	检查方法不对或没检查扣10分	
6	携带型短路接地线	10	不检查扣2分，不验电扣3分，装接顺序错扣5分	
7	安全文明生产	10	违反安全生产规定，视情节轻重扣5～10分	
评分人			总分	

工作页 2　电工安全标志的辨识

【工具及材料】

实训所需的工具与材料见表 2-5。

表 2-5　工具及材料

序号	名称	规格型号	备注
1	材料	电工安全标志牌、电工安全标志挂画	按组配备，工作服、安全帽、绝缘鞋、线手套自备
2	场地	模拟配电室、配电柜实训室	

【实训目标】

1. 能按要求辨认出图片上所列的安全标志。
2. 能按要求对指定的安全标志用途进行说明，并解释其用途。
3. 能按照指定的作业场景正确布置相关的安全标志。

【必备知识】

梯子是人们日常生活中的一种工具，那么怎么样使用梯子才算是安全的呢？梯子的使用注意事项如图 2-6 所示。

【实训步骤】

1. 常用的安全标志的辨识

辨认图片上所列的安全标志（从提供的 9 个安全标志中抽取 5 个）。

标示牌有 4 类：禁止类、提醒类、允许类和警告类。

标示牌有 9 种：①禁止合闸，有人工作；②禁止合闸，线路有人工作；③止步，高压危险；④禁止攀登，高压危险；⑤由此上下；⑥在此工作；⑦已接地；⑧从此进出；⑨禁止操作，有人工作。

2. 常用安全标志用途解释

能对指定的安全标志（5 个）用途进行说明，并解释其用途。

3. 正确布置安全标志

按照指定的作业场景，正确布置相关的安全标志。

1）“禁止合闸，有人工作”标示牌，应挂在一经合闸即可送电到工作地点的开关或刀开关的手把上。

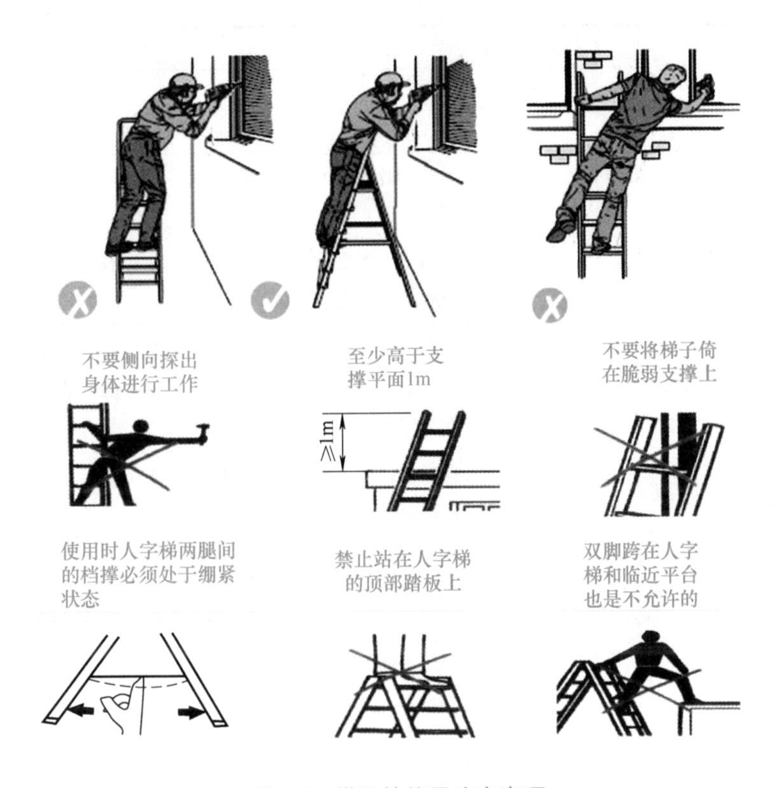

图2-6　梯子的使用注意事项

2）“禁止合闸，线路有人工作”标示牌，当控制设备在变配电所内，需要在所外线路上工作时，此类标示牌应悬挂在控制该线路的开关或刀开关的手把上。标示牌的数量应和参加工作的班组数相同。

3）“止步，高压危险”标示牌。

① 在室内部分停电设备上工作时，应在工作地点两旁带电间隔的固定遮栏上和对面带电间隔的固定遮栏上，以及禁止通行的过道上悬挂。

② 在室外地面高压设备上工作时，应在工作地点四周用红绳做好围栏，围栏上悬挂适当数量的红旗和标示牌，且标示牌的字朝向围栏外。

③ 在室外架构上工作时，应在工作地点临近带电部分的横梁上悬挂标示牌。

4）“禁止攀登，高压危险”标示牌，需在临近其他可能误登的架构上悬挂。

5）在以下情况应使用允许类标示牌：在工作人员上、下用的铁架或梯子上应悬挂“由此上下”标示牌；在工作地点装妥接地线后，应悬挂“已接地”和“在此工作”标示牌。

【实训考核】

电工安全标志的辨识评分标准见表2-6。

表 2-6　电工安全标志的辨识评分标准

<table>
<tr><td>考号</td><td></td><td colspan="2">姓名</td><td>班级</td><td></td></tr>
<tr><td>用时</td><td>时　分</td><td colspan="2">操作时间</td><td colspan="2">时　分~　时　分（用时不超过 15min）</td></tr>
<tr><td>序号</td><td>考核项目</td><td>配分</td><td colspan="2">评分标准</td><td>得分</td></tr>
<tr><td>1</td><td>熟悉常用的安全标志</td><td>20</td><td colspan="2">辨认图片上所列的安全标志（5 个），全对得 20 分，每错一个扣 4 分</td><td></td></tr>
<tr><td>2</td><td>常用安全标志用途解释</td><td>20</td><td colspan="2">能对指定的安全标志（5 个）用途进行说明，并解释其用途，每错一个扣 4 分</td><td></td></tr>
<tr><td>3</td><td>正确布置安全标志</td><td>50</td><td colspan="2">按照指定的两个作业场景，正确布置相关的安全标志（2 个）。选错标志每个扣 15 分，摆放位置错误每个扣 10 分</td><td></td></tr>
<tr><td>4</td><td>安全文明生产</td><td>10</td><td colspan="2">应态度认真、着装整齐、仪表端庄，若有不文明生产情况，视情节轻重扣 5 ~ 10 分</td><td></td></tr>
<tr><td>评分人</td><td colspan="2"></td><td colspan="2">总分</td><td></td></tr>
</table>

工作页3　触电事故案例分析

【事故描述】

1. 某小区十号楼地下室有一电气设备，该设备一次电源线使用二芯绕线，缆线长度为10.5m；接头处没有用绝缘胶带包扎，绝缘处磨损，电源线裸露，安装在该设备上的剩余电流断路器内的拉杆脱落，剩余电流断路器失灵。某工程公司在该地下室施工中，付某等3名抹灰工将该电气设备移至新操作点，移动过程中付某触电死亡。

2. 某年9月10日，青岛一广告有限公司工人来到某小区一网点二楼南面房间开始安装制作好的门头字，当天安装完毕。

9月11日上午9时许，安装人员张某华和张某国开始安装门头字LED灯变压器。张某国插上电钻电源，爬上南面窗户，站在窗台上，接过张某华递过的电钻，工具准备完毕后，张某国登上架子开始作业，在攀爬过程中，张某国右手不慎触到红色带电电线裸露部分，同时左手碰在门头铁架子，形成了回路造成触电死亡。

3. 某队工作面延伸，对电气设备进行搬移，安排电工张某和李某负责电气设备的搬移工作。张某和李某在没有停电的情况下就拉拽电缆，这时跟班队长从旁边经过，提示是否停电，张某表示没关系，接着往前搬移，当把设备搬移到位开始挂电缆时，由于电缆有外伤，使得正在挂电缆的李某触电身亡。

【实训目标】

根据事故描述，分析第一起事故发生的原因及责任，并提出预防事故发生的措施。

【实训步骤】

1. 原因分析

1）违章操作，移动电气设备未切断电源。

2）操作人员不是专业电工，不能移动电气设备。

3）缺乏日常安全检查，未及时发现事故隐患。

4）可能造成事故1付某触电的原因有电气设备漏电，电源线使用了二芯线而无接地线，接头处没有用绝缘胶带包扎，绝缘处磨损，电源线裸露，安装在该设备上的剩余电流断路器失灵等。

2. 事故防范措施

1）移动电气设备必须先切断电源。

2）操作人员必须是专业电工，才能移动电气设备。

3）需要经常进行安全检查，及时发现事故隐患并排除。

4）剩余电流断路器必须定期试验。

5）裸露线头必须用绝缘胶带包扎。

第2、3起事故原因分析与事故防范措施，请同学们自己分析。

【实训考核】

触电事故案例分析评分标准见表2-7。

表2-7 触电事故案例分析评分标准

考号		姓名		班级	
用时	时　　分	操作时间	时　　分～　　时　　分（用时不超过15min）		
序号	考核项目	考核要求	配分	评分标准	得分
1	事故原因分析	条理清楚、完整	45	事故原因分析不完整，扣10～45分	
2	触电事故防范措施	条理清楚、完整	45	提出事故防范措施不完整，扣10～45分	
3	安全文明生产		10	应态度认真、着装整齐、仪表端庄，否则每项扣1～4分	
评分人				总分	

项目3 电气安全防护措施

工作页1 测量电缆绝缘电阻

【工具及材料】

实训所需的工具与材料见表3-1。

表3-1 工具及材料

序号	名称	规格型号	单位	数量	备注
1	低压电缆	YJV22-1000/3×50+1×35	m	1m/工位	按组配备，工作服、安全帽、绝缘鞋、线手套自备
2	常用电工工具	—	套	1套/工位	
3	绝缘电阻表	1000V	块	1块/工位	
4	放电导线	BV 2.5mm^2	m	10m/工位	

【实训目标】

1. 能用绝缘电阻表测量低电压电缆绝缘电阻并判断电缆绝缘好坏。
2. 技术熟练、不违章；能按试验标准进行试验接线。
3. 符合有关技术要求；操作完毕整理现场；书写测试记录。

【实训步骤】

1. 准备工作

1）测量10kV电力电缆的绝缘电阻应选择1000V绝缘电阻表（带有测试线）。测量前，应对绝缘电阻表进行检查，观察指针是否正常，线夹引线与线夹端子连接是否良好，测量导线应用绝缘良好的绝缘导线。

2）外观检查：表壳应完好无损；表针应能自由摆动；接线端子应齐全完好；表线应是单根软绝缘铜线，且完好无损，其长度一般不应超过5m。

3）开路试验：将一条表线接在绝缘电阻表的“E”端，另一条接在“L”端。两条线分开，置于绝缘物上，表位放平稳，摇动摇把至转速为120r/min，表针应稳定指在“∞”处则为合格。

4）短路试验：开路试验做完后，将两条线短路，摇动摇把（开始要慢）到转速为120r/min，表针应稳定指在“0”处则为合格。

5）准备好接地棒，随时准备放电。电力电缆断电后，先对其进行放电操作，再进行测量。

6）检查电力电缆上的标示，例如，型号中的额定绝缘电压与绝缘电阻表的电压等级是否相符合，对其测量时，应了解设备的绝缘数值范围。

7）用干燥清洁的软布擦净电缆线芯附近的污垢。

8）开始测量前，用绳索将所测电缆头吊起1.5m左右，另一电缆头要避免碰在墙上接地，并有专门负责看护的人员。

2. 测试

1）测试项目主要是相间及对地的绝缘电阻值，即L1对L2、L3、地，L2对L1、L3、地，L3对L1、L2、地，共3次。

2）按要求进行接线，应正确无误。如测量相对地的绝缘电阻，将被测相加屏蔽接于绝缘电阻表的“G”端子上；将非被测相的两线芯连接后再与电缆金属外皮相连接，然后共同接地，同时将共同接地的导线接在绝缘电阻表“E”接线柱上；将一根测试线接在绝缘电阻表的“L”接线柱上，该测试线（L线）另一端此时不接线芯。

3）一人接触L线的绝缘部分（戴绝缘手套或用绝缘杆），另一人转动绝缘电阻表手柄使其转速达到120r/min，将L线与线芯接触，待1min后（指针稳定后），记录其绝缘电阻值，如图3-1所示。

4）将L线撤离线芯，停止转动手柄，然后进行放电。放电完毕后，一相电缆芯的测量已经结束。

重复两次上述步骤，分别测量其他两相电缆芯的绝缘电阻。若测量值不在合格的范围内，则表明所测电缆绝缘电阻不合格；若3次测量结果都在标准范围内，则表明该电缆绝缘电阻合格。

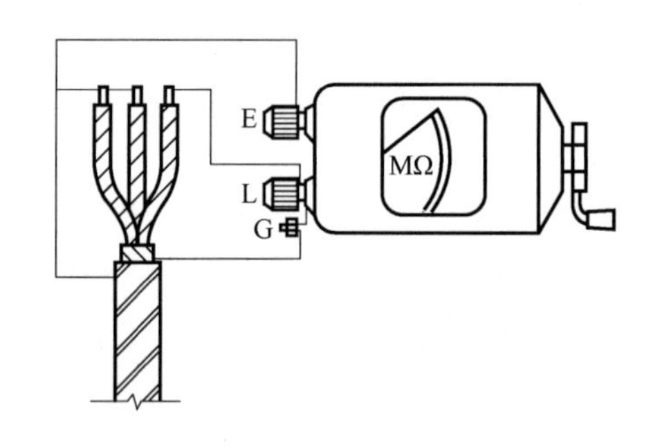

图3-1　测量电缆绝缘电阻

3. 判断电缆绝缘电阻是否合格的标准规定

1）长度在500m及以下的10kV电力电缆，用1000V绝缘电阻表测量，在电缆温度为20℃时，其绝缘电阻值一般不应低于400MΩ。

2）三相两两之间绝缘电阻值应几乎一致；若不一致，则不平衡系数不得大于2.5。

3）本次测量值与上次测量的数值换算到同一温度下，其值不得下降30%以上。

【实训考核】

测量电缆绝缘电阻评分标准见表3-2。

表3-2　测量电缆绝缘电阻评分标准

考号		姓名		班级	
用时	时　分	操作时间	时　分~　时　分		
序号	考核项目	考核要求	配分	评分标准	得分
1	准备工作	穿戴好劳保用品	5	未穿戴劳保用品，扣2分	
		准备、检查用具		少准备一件扣1分，最多扣3分	
2	测量绝缘电阻	电缆放电	65	测试前电缆未放电，扣10分	
		绝缘电阻表性能测试		绝缘电阻表未进行性能测试，扣10分	
		绝缘电阻表摇至额定转速后，测量15s、60s读数并记录，测量完毕先断开L线		测量时转速不符合要求，扣12分	
				测量读数不完整、不正确扣10分	
				测量完毕先停摇后断L线，扣13分	
		对电缆进行放电		测试完毕后未对电缆放电，扣10分	
3	分析判断	根据测量结果判断电缆绝缘好坏	15	未判断或者判断错误，扣15分	
4	结束工作	操作完毕整理现场	10	未清理现场，扣10分	
5	安全生产	按电力安全工作规程及有关标准操作	5	轻微违反操作规程者，扣5分	
				严重违反操作规程者，停止操作，扣除本实训全部得分	
6	时间要求	在规定时间内完成，准备时间为5min，正式操作时间为20min	—	每超时1min，从总分中扣5分	
				每提前1min，加5分，总分不超过100分	
				超时4min停止操作，扣除本实训全部得分	
评分人				总分	

工作页 2　测量接地电阻

【工具及材料】

实训所需的工具及材料见表 3-3。

表 3-3　实训所需的工具及材料

<table>
<tr><th>序号</th><th>名称</th><th>规格型号</th><th>单位</th><th>数量</th><th>备注</th></tr>
<tr><td>1</td><td>接地电阻测试仪</td><td>ZC-8</td><td>台</td><td>1 台/工位</td><td rowspan="5">按组配备，工作服、安全帽、绝缘鞋、线手套自备</td></tr>
<tr><td>2</td><td>接地装置</td><td>200mm</td><td>把</td><td>1 把/工位</td></tr>
<tr><td>3</td><td>榔头</td><td>3.6kg</td><td>把</td><td>1 把/工位</td></tr>
<tr><td>4</td><td>记录笔</td><td>常用</td><td>支</td><td>1 支/工位</td></tr>
<tr><td>5</td><td>皮尺</td><td>50m</td><td>卷</td><td>1 卷/工位</td></tr>
</table>

【实训目标】

1. 能用接地电阻测量仪表测量变压器接地装置的接地电阻。

2. 熟悉电工安全操作规程与安全用电知识。在进行实训前，应仔细阅读电工仪表操作规程，按照规程要求进行实训。穿戴好防护用品，做好安全防护工作。

3. 操作完毕整理现场；书写测试记录。

【实训步骤】

1. 选表及测量前的检查

1）选表，应选用精度及测量范围足够的接地电阻测试仪（例如，ZC-8，0～1000Ω）。

2）外观检查，表壳应完好无损；接线端子应齐全完好；检流计指针应能自由摆动；附件应齐全完好（有 5m、20m、40m 线各一条和两根接地棒）。

3）调整：将表位放平，检流计指针应与基线对准，否则调准。

4）试验：将表的 4 个接线端（C1、P1、P2、C2）短接；表位放平稳，倍率档置于将要使用的一档；调整刻度盘，使“0”对准下面的基线；摇动摇把使转速达到 120r/min，检流计指针应不动。

2. 接地电阻测量仪的接线

1）接地电阻测量仪的实地测量示意图如图 3-2 所示。接线的具体方法：将两根接地棒分别插入地中，电位接地棒 P 插在距被测接地装置 E 20m 处，电流接地棒 C 插在距被测接地装置 E 40m 处。三者成一直线且彼此相距 20m，如图 3-3 所示。

2）用导线将 E′、P′、C′连接在仪器的相应端钮 E、P、C 上。两根接地棒都需垂直插入地面 400mm 以下。

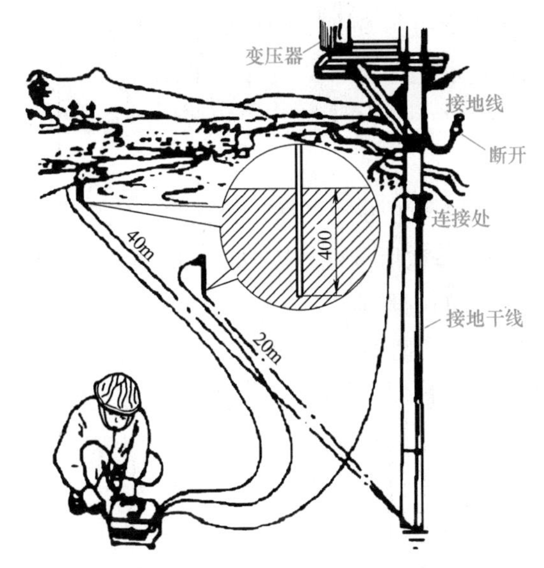

图 3-2　接地电阻测量仪实地测量示意图

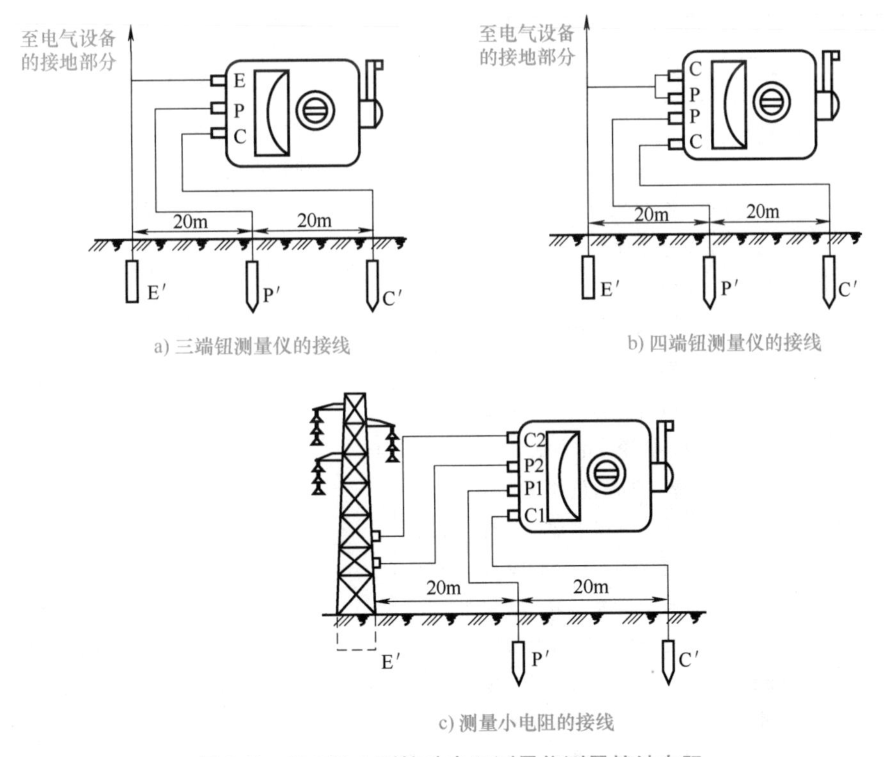

图 3-3　用 ZC-8 型接地电阻测量仪测量接地电阻

3. 使用注意事项

1）将接地电阻测量仪的粗调倍率旋钮置于最大倍数位置，一面缓慢转动发电机的手柄，一面调节粗调旋钮，使检流计的指针接近中心红线位置，当检流计接近平衡时，再加快发电机手柄的转速使之达到 120r/min；同时调节测量标度盘细调拨盘，使检流计指针居中，稳定地指在红线位置；这时，用测量标度盘（表头）的读数乘以粗调倍率旋钮的定位倍数，即为接地装置的接地电阻值。例如，粗调倍率旋钮的定位倍数是10，表头上的读数为0.4，所测接地装置的接地电阻即为0.4×10Ω=4Ω。

2）如果测量标度盘的读数小于1Ω，则应将粗调倍率旋钮置于倍数较小的档，并重新测量和读数。

3）为了保证测得的接地电阻值准确可靠，应在测量完毕后移动两根接地棒，更换另一个地方进行再次测量，一般每次所测得的接地电阻值不会完全相同，最后取几个测得值的平均数，确定为该接地装置的电阻值。

4）实训点周围要有隔离带或防护网；场内可设立3~5个工位，但要注意安全。

5）测量完毕，要先降压、断电，再拆除试验接线和接地线。

【实训考核】

测量接地电阻评分标准见表3-4。

表3-4　测量接地电阻评分标准

考号		姓名		班级	
用时	时　分	操作时间	时　分~　时　分		
序号	考核项目	考核要求	配分	评分标准	得分
1	准备工作	穿戴好劳保用品	15	未穿戴劳保用品，扣2分	
		拆开接地装置与变压器之间的连接线；电流、电位接地棒与接地体成一直线，相距20m，与大地可靠接触		未拆开接地连接线，扣5分；装置放置不符合要求，扣10分	
2	测量接地电阻	电流接地棒C、电位接地棒P、接地体E与仪器之间的位置及接线正确；将仪器放平，对检流计调零；将倍率标度置于最大倍数，转动发电手柄，同时调节标度盘，使检流计指针接近中心红线位置，并且保持平衡，加快手摇转速至120r/min，调节标度盘，使指针指在红线处，保持平衡；若读数小于1，将倍率标度至于较小的倍数，重新测量并读数	60	P、C、E位置错误或接线，每接错一端扣5分；未调零扣5分；倍率标度放置不正确扣5分；调节方法错误扣5分；转速不符合要求扣5分；未调节指针平衡扣5分；读数小于1而未重新测量扣10分；读数错误扣15分	

（续）

序号	考核项目	考核要求	配分	评分标准	得分
3	结果分析	接地电阻一般不大于 10Ω 为合格	10	未分析结果或分析错误，扣 5 分	
4	结束工作	拆除测量装置和仪器；工具摆放有序	5	工具摆放凌乱，扣 5 分	
5	安全生产	按电力安全工作规程及有关标准操作	10	轻微违反操作规程者，扣 5 分	
				严重违反操作规程者，停止操作，扣除本实训全部得分	
6	时间要求	在规定时间内完成，考核时间 15min，准备时间 5min	—	每超时 1min，从总分中扣 5 分	
				每提前 1min，加 5 分，总分不超过 100 分	
				超时 4min 停止操作，扣除本实训全部得分	
评分人				总分	

工作页3　指针式钳形电流表测量电流

【工具及材料】

实训所需的工具及材料见表3-5。

表3-5　实训所需的工具及材料

序号	名称	规格型号	单位	数量	备注
1	三相电动机	三相异步电动机，1～2kW	台	1台/工位	按组配备，工作服、安全帽、绝缘鞋、线手套自备
2	钳形电流表	钳形电流表（指针式）	块	1块/工位	
3	连接导线	BV 2.5mm^2	m	10m/工位	
4	三相刀开关	HK-15/3/380V（或与负荷配套）	支	1支/工位	
5	常用电工工具	—	套	1套/工位	
6	三相四线电源	3～220V、20A	处	1处/工位	

【实训目标】

1. 能用指针式钳形电流表测量三相异步电动机空载电流。

2. 熟悉电工安全操作规程与安全用电知识。在进行实训前，应仔细阅读电工仪表操作规程，按照规程要求进行实训。穿戴好防护用品，做好安全防护工作。

3. 操作完毕整理现场；书写测试记录。

【必备知识】

1. 指针式钳形电流表的使用注意事项

人们在日常的电气工作中，常常需要测量用电设备、电力导线的负荷电流值。通常在测量电流时，需将被测电路断开，将电流表或电流互感器的一次侧串接到电路中进行测量。为了在不断开电路的情况下测量电流，就需要使用钳形电流表。钳形电流表的最大特点是无须断开被测电路，就能够实现对被测导体中电流的测量，所以，它特别适合于不便于断开线路或不允许停电的测量场合。同时该表结构简单、携带方便，因此在电气工作中得到广泛应用。指针式钳形电流表的使用注意事项如下：

1）要根据使用场所、电流的性质及大小选择相应的型号或档位。

2）选择量程，要先估计被测电流的大小，如果无法估计，应把量程拨至最大档，然后再逐步缩小量程，进行精确测量。

3）不能在使用钳形电流表测量时换档，因为它本身电流互感器在测量时二次侧是不允许断路的。否则容易造成仪表损坏，产生的高压甚至会危及操作者的人身安全。

4）单相线路中的两根线不能同时进入钳口。

5）每次使用完毕后，要把量程拨至最大档，以防下次使用没看量程就测量。

6）要在规定的频率范围内使用。

7）除正弦波电流之外，使用钳形电流表对其他波形电流进行测量都会产生较大误差。

8）绕线转子异步电动机的转子电流不能用交流钳形电流表测量，因为电动机工作时，转子电流的频率低，往往产生很大误差，导致人们误判。

2. 电流知识

1）星形联结电路中性线电流等于相电流。

2）三角形联结电路中性线电流等于1.73倍相电流。

3）根据设备功率P大小计算额定电流：对额定电压为380V的三相电动机，每1kW对应额定电流为2A左右；对额定电压为220V的单相电动机，每1kW对应额定电流为4.5A左右。

【实训步骤】

钳形电流表（指针式）使用时的基本操作。

1. 检查钳形电流表

1）各部位应完好无损；扳机操作应灵活；钳口铁心应无锈、闭合应严密；铁心绝缘护套应完好；指针应能自由摆动；档位变换应灵活、手感应明显。

2）指针是否指向零位。如发现没有指向零位，可用小螺钉旋具轻轻旋动机械调零旋钮，使指针回到零位上。

3）检查钳口的开合情况以及钳口面上有无污物。如钳口面有污物，可用溶剂洗净并擦干；如有锈斑，应轻轻擦去锈斑。

2. 测量电流

用钳形电流表测量电流的过程示意如图3-4所示。

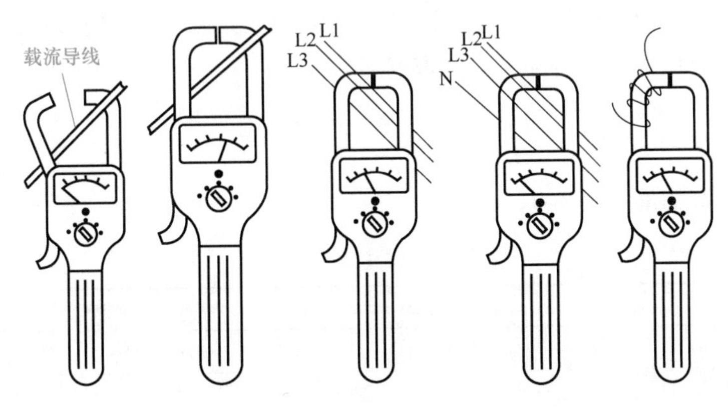

图3-4　用钳形电流表测量电流的过程示意

1）测试人员应戴手套，将表平端，张开钳口。

2）使被测导线进入钳口后再闭合钳口。

3）同时钳入两条相线，则指示的电流值应是第三条相线的电流。

4）若是在三相四线系统中，同时钳入三条相线测量，则指示的电流值应是中性线中的电流数。

5）如果导线中的电流太小，即使置于最小电流档测量，表针偏转角仍很小（这样读数不准确），可以将导线在钳臂上盘绕数匝（如图3-4所示为4匝）后测量，将读数除以匝数，即是被测导线的实测电流值。

3. 测量中应注意的安全问题

高压钳形电流表可以在高压回路不停电的情况下直接测量回路电流，使用过程中应注意如下安全事项。

1）在高压回路上使用高压钳形电流表测量电流时，应使用合格的高压钳形电流表，并由两人进行。用高压钳形电流表在高压回路上测量电流，一般允许在10kV及以下的电气设备上使用。高压钳形电流表应按规定进行耐电压试验合格，并按规定的电压等级使用。高压钳形电流表手柄应干燥，使用前应将其擦拭干净。测量时应由两人进行，一人监护，一人操作。

2）测量时，操作人员应戴绝缘手套，穿绝缘靴或站在绝缘垫上，高压钳形电流表不得触及带电导体及设备外壳或其他接地部分，以防短路或接地。操作人员的头部与导电部分间的距离必须大于高压钳形电流表的长度。读表时只可稍微低头，身体不能过分弯曲，以免头部倾斜到仪表上面发生触电。

3）当高压用钳形电流表测量高压电缆头各相的电流时，只有在各相电缆头间有足够的距离，而且绝缘良好、工作便利时才能进行。一般高压钳形电流表本身有一定的宽度，加上钳口张开时的宽度可达200mm左右，因此，在电缆头各相间的距离达到300mm以上时，才可以进行测量。

4）在高压回路上测量时，严禁用导线从高压钳形电流表另接表计测量。

5）在低压熔断器和水平排列的低压母线上用高压钳形电流表测量电流时，操作人员应戴绝缘手套。测量前，应先将各相熔断器或母线用绝缘材料或硬纸板加以隔离，防止引起相间短路，同时应注意不得触及其他带电部分。

【实训考核】

电流测量评分标准见表3-6。

表3-6 电流测量评分标准

考号		姓名		班级	
用时	时 分	操作时间	时 分~ 时 分		
序号	考核项目	考核要求	配分	评分标准	得分
1	准备工作	穿戴好劳保用品	15	未穿戴劳保用品，扣2分	
		准备、检查用具		少准备一件扣1分，最多扣3分	
		机械调零		未机械调零，扣10分	

（续）

序号	考核项目	考核要求	配分	评分标准	得分
2	测量空负荷电流	估测被测电流，确定档位	20	不能估计被测电流，扣10分	
				不能根据被测值确定档位量程，扣5分	
				无法估计被测电流较大值（最大值）量程，扣5分	
		选择较大量程测量	15	测量前未检查被测导线绝缘，扣5分	
				测量时导线未在钳口中央，扣5分	
				在带电情况下调换档位，扣5分	
		选择合适的量程测量	10	测量时无显示，扣5分	
				测量小电流时，未多缠绕几匝，扣5分	
		读数	15	读数错误，扣15分	
		归档	10	测试完毕未归档，扣10分	
3	结束工作	操作完毕，整理考场	5	未整理归位，扣5分	
4	安全生产	操作过程符合国家、部委等权威机构颁布的电力安全工作规程等相关要求	10	轻微违反操作规程者，扣5分	
				严重违反操作规程者，停止操作，扣除本实训全部得分	
5	时间要求	在规定时间内完成，考核时间为10min，准备时间为5min	—	每超时1min，从总分中扣5分	
				每提前1min，加2分，总分不超过100分	
				超时4min停止操作，扣除本实训全部得分	
评分人				总分	

项目4 电气线路安全技术

工作页1 两地控制灯

【工具及材料】

实训所需的工具与材料见表4-1。

表4-1 工具及材料

序号	名称	规格型号	单位	数量	备注
1	双联开关	250V、5A	只	2只/工位	按组配备，工作服、安全帽、绝缘鞋、线手套自备
2	灯座	250V、5A	个	1个/工位	
3	灯泡	220V、10W	只	1个/工位	
4	导线	BV-500V/1.5mm^2	m	5m/工位	
5	配线盘	500mm×400mm	块	1块/工位	
6	常用电工工具	若干	套	1套/工位	
7	万用表	MF47型（或其他型号）	块	1块/工位	
8	接线端子（XT）	若干	个	2个/工位	
9	低压验电笔	数显验电笔	支	1支/工位	

【实训目标】

1. 能进行两只双联开关两地控制一盏灯的配线。
2. 熟悉低压验电笔的使用。
3. 按照要求画出原理图，按图配线。要求正确使用工具，绘图正确，符合相关技术标准。
4. 进行通电试验，要求通电试验一次成功。

【必备知识】

1. 灯具安装高度

1）一般室内（办公室、商店、居民住宅），灯头对地应不低于2m。

2）潮湿及危险场所（相对湿度85%以上、环境温度40℃以上、有导电灰尘、导电地面），灯头对地应不低于2.5m。

3）室外的临时灯，安装高度一般不应低于3m。

2. 开关的安装

1）拉线开关：安装高度一般应距地面2～3m，距顶棚0.3m，拉线垂下距门口0.15～0.2m。

2）暗装开关：安装高度一般应距地面1.2～1.4m；距门口0.15～0.2m。

3）扳把开关：应使操作柄扳向下时接通电路，扳向上时断开电路。

3. 灯具的固定

1）1kg以下的灯具，可直接用导线吊装，但应在灯头及吊盒内做“结扣”。

2）1～3kg的灯具：应用吊链或管吊装，采用吊链吊装时，导线应编在吊链内。

3）3kg以上的灯具：应安装在预埋件（吊钩或螺栓）上。

4. 插座的安装要求

1）明装插座距地面应不低于1.8m，暗装插座应不低于0.3m，儿童活动场所应用安全插座。

2）不同电压等级的插座，在结构上应有明显区别，以防插错。

3）严禁翘板开关与插座靠近安装。

【实训步骤】

1. 画出电路原理图

根据用两只双联开关两地控制一盏灯的电路要求，画出电路原理图如图4-1所示。

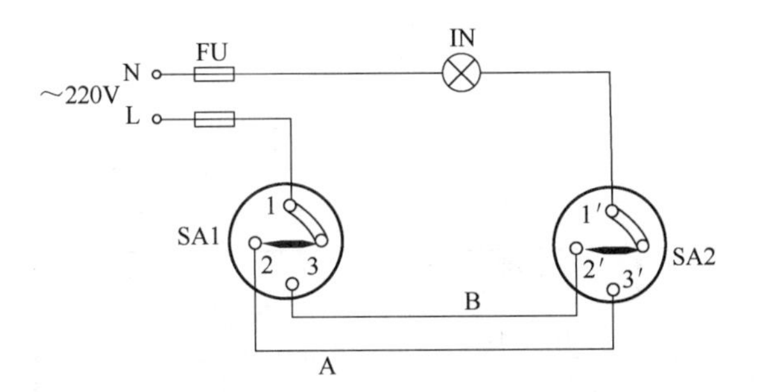

图4-1　两只双联开关两地控制一盏灯电路原理图

2. 设计布线

1）按照电路原理图在木板上画出灯座、开关的位置及走线图。

2）用木螺钉将灯座、开关固定在木板上。

3）按电路原理图将实物用导线连接起来。两只双联开关（一位五孔）两地控制一盏灯接线示意图如图4-2所示。

4）接电源线，合上闸刀，用验电笔分清相线和中性线，再拉下闸刀，将与开关1相连的导线连在相线座上；若是直接与导线相连的话，接头的地方一定要用绝缘胶带包扎好。

5）检查电路。检查电路设计、安装布线及接线是否正确；检查是否有短路情况；发

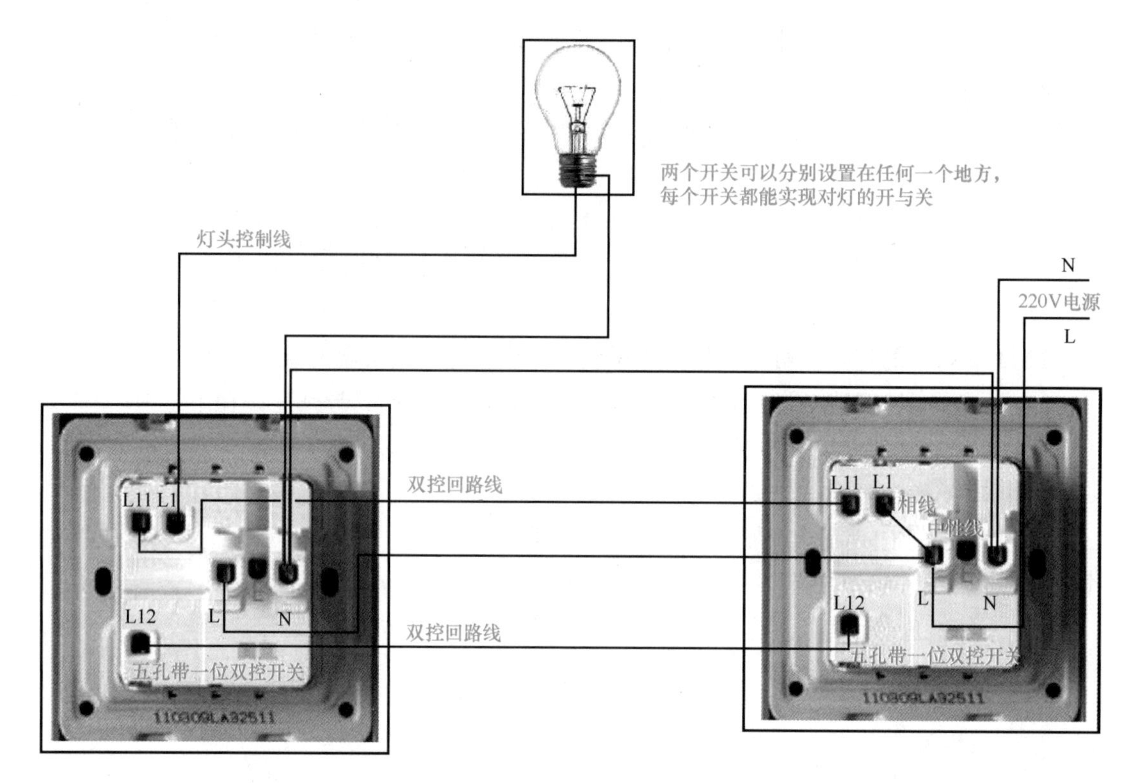

图 4-2　两只双联开关（一位五孔）接线示意图

现问题及时更正，在确保电路安装正确无误的情况下，在教师指导下方可通电试验。

【实训考核】

两只双联开关两地控制一盏灯评分标准见表 4-2。

表 4-2　两只双联开关两地控制一盏灯评分标准

<table>
<tr><td>考号</td><td colspan="2"></td><td>姓名</td><td></td><td>班级</td><td></td></tr>
<tr><td>用时</td><td colspan="2">时　　分</td><td>操作时间</td><td colspan="3">时　　分～　　时　　分</td></tr>
<tr><td>序号</td><td>考核项目</td><td>考核要求</td><td>配分</td><td colspan="2">评分标准</td><td>得分</td></tr>
<tr><td rowspan="2">1</td><td rowspan="2">准备工作</td><td>穿戴好劳保用品</td><td rowspan="2">10</td><td colspan="2">未穿戴劳保用品，扣 5 分</td><td></td></tr>
<tr><td>准备、检查用具</td><td colspan="2">少准备一件，扣 1 分</td><td></td></tr>
<tr><td rowspan="2">2</td><td rowspan="2">画原理图</td><td rowspan="2">正确画出原理图</td><td rowspan="2">25</td><td colspan="2">原理图画错，扣 25 分</td><td rowspan="2"></td></tr>
<tr><td colspan="2">标识符号不规范，扣 15 分</td></tr>
<tr><td rowspan="3">3</td><td rowspan="3">安装配线</td><td>正确使用操作工具</td><td rowspan="3">30</td><td colspan="2">操作不熟练扣 5 分</td><td></td></tr>
<tr><td>接线正确、牢靠</td><td colspan="2">接线不正确扣 20 分；不牢靠扣 5 分</td><td></td></tr>
<tr><td>布线清晰、合理，工艺美观</td><td colspan="2">布线不清晰、不合理扣 5 分</td><td></td></tr>
<tr><td>4</td><td>低压验电笔</td><td>低压验电笔的用途及结构</td><td>10</td><td colspan="2">口述低压验电笔的作用及使用场合，叙述有误扣 1～5 分</td><td></td></tr>
</table>

（续）

序号	考核项目	考核要求	配分	评分标准	得分
5	通电试验	通电一次成功	10	未成功扣10分；第二次不成功从总分中扣30分并终止操作	
6	结束工作	操作完毕整理现场	5	未清理现场，扣10分	
7	安全生产	按电力安全工作规程及有关标准操作	10	轻微违反操作规程者，扣5分	
				严重违反操作规程者，停止操作，扣除本题全部得分	
8	时间要求	在规定时间内完成，准备时间为5min，正式操作时间为30min	—	每超时1min，从总分中扣5分	
				每提前1min，加5分	
				超时4min停止操作，扣除本题全部得分	
评分人				总分	

工作页2　在终端杆上组装横担及金具

【工具及材料】

实训所需的工具与材料见表4-3。

表4-3　工具及材料

序号	名称	规格型号	备注
1	工具	脚扣、安全带、安全帽、提绳、工具袋、电工常用工具（活动扳手、手锤）、手套、卷尺、电杆	分两组，在教师监督下实训；工具及材料按表准备两组；工作服、安全帽、绝缘鞋、线手套自备
2	材料	低压2#蝴蝶绝缘子4个、M16×140单帽螺栓4只、2#绝缘子夹片8块、M16×65单帽螺栓4只、GJ-35mm^{2}拉线装置一套、ϕ190抱箍1副、M16×75单帽螺栓2只、1600角钢四路横担（带托架）2根、M16×290双头四帽螺栓2只、M16×280单帽螺栓2只、B16圆垫圈4个	

【实训目标】

1. 检查电杆及对安全用具做冲击试验，杆根牢固、表面平整无裂纹，脚扣、安全带做冲击试验后符合要求；所准备材料须符合施工技术要求和尺寸要求。

2. 蹬杆动作规范、熟练，脚扣调带及时，安全带系法正确，杆上站位正确。

3. 横担、金具的提升及安装过程动作规范无撞击和掉落现象，横担、金具安装顺序正确，位置尺寸和紧固程度符合技术要求。

【必备知识】

一、架空配电线路

1. 架空线路组成

架空线路指档距超过25m，利用杆塔敷设的高、低压电力线路。架空线路主要由导线、杆塔、绝缘子、横担、金具、拉线及基础等组成。架空线路组成如图4-3所示，种类及作用见表4-4。

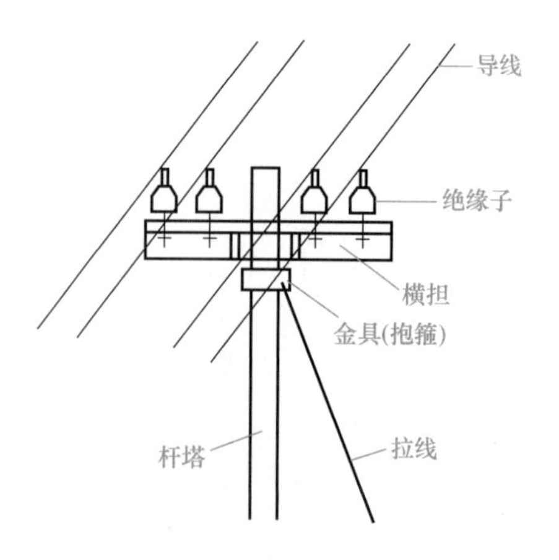

图4-3　架空线路组成

表4-4　架空线路组成的种类及作用

名称	种类	作用
导线	多采用钢芯铝绞线、铜绞线、铝绞线、铝合金绞线和低压架空线路采用的绝缘导线	用以输送电流
杆塔	按使用的材料可分为钢筋混凝土杆、木杆和铁塔等；按功能可分为直线杆塔、耐张杆塔、转角杆塔、分支杆塔和终端杆塔等	支承导线及其附件
绝缘子	分为针式绝缘子、蝶式绝缘子、悬式绝缘子、陶瓷横担绝缘子和拉紧绝缘子等	用以支承、悬挂导线并使之与杆塔绝缘
横担	常用的横担有角铁横担、木横担和陶瓷横担	用以支承导线
金具	包括线夹、横担支撑、抱箍、垫铁、连接金具等金属器件	主要用于固定导线和横担
拉线及其基础	—	用以平衡杆塔各方向受力，保持杆塔的稳定性

2. 架空线路的技术参数

架空线路的技术参数主要包括档距、线间距离、弧垂、导线与地面距离等。

1）档距：同一线路上相邻两电杆中心线间的距离（10kV及以下为40～50m）。

2）线间距离：同一电杆上导线之间距离。与线路电压、档距有关（10kV及以下最小线间距离为0.6m；低压最小线间距离为0.5m）。

3）弧垂：对平地，架空线路最低点与两端电杆上导线悬挂点间的垂直距离与档距、导线材料、截面面积有关，不能过大或过小，过大不安全，过小拉力大。

4）导线与地面距离：10kV及以下高压为6.5m，低压为6m。

3. 架空线路的特点

架空线路的特点是造价低，施工和维修方便，机动性强；但架空线路容易受大气中各种有害因素的影响，妨碍交通和地面建设，而且容易与邻近的高大设施、设备或树木接触（或过分接近），导致触电、短路等事故。

二、对电杆、脚扣、安全带的检查内容

对电杆、脚扣、安全带的检查内容见表4-5。

表4-5　对电杆、脚扣、安全带的检查内容

序号	检查项目	检查内容
1	电杆（无倾倒和断杆危险）	① 杆基应牢固，木杆应无严重糟朽，水泥杆应无脱皮断筋；各承力拉线均应起作用 ② 水泥电杆有水、挂霜、结冰均不宜上杆 ③ 如需带电作业（如做接户线工作），应在杆下确定好相线、中性线的位置 ④ 要在杆下选好预定的工作位置

（续）

序号	检查项目	检查内容
2	脚扣	① 脚扣的形式应与电杆的材质相适应（即，木杆用铁脚扣，水泥杆用橡胶脚扣） ② 脚扣的尺寸要和杆长相适应 ③ 脚扣的铁件应完好，焊接部分应无开裂；橡胶部分应无严重磨损；橡胶与软件结合应牢固；小爪应能活动，小爪穿钉应不过长，穿钉螺母应无脱落 ④ 脚扣带应不脆裂、无豁孔，扣紧后应不会滑脱
3	安全带	① 安全带应是电工专用的，应在试验的有效期内 ② 带体应无严重磨损，金属件应完好，铆装部分应紧固，腰带扣好后应不能滑脱 ③ 大带钩环应完好、开合自如，保险环应能可靠地锁定

上杆步骤及注意事项见表4-6。

表4-6　上杆步骤及注意事项

上杆步骤	① 选定适当脚扣→根据脚型调整脚扣带的松紧→在预定工作位置下方 ② 将右脚扣挂在杆上→系好腰带（使大带在左侧，以在臀部稍上为宜，不可过紧，也不要压住“五联”）→穿好左脚脚扣→将右脚踏于已在杆上的脚扣上并穿紧→上杆，直到预定位置→系好安全带，开始工作
注意事项	① 上杆时，要防止上方脚扣踏压下方脚扣的端部，以免坠落 ② 安全带要系在稳固部位，不得挂在杆稍，不得挂在将要拆卸的部件上，不得在电杆上盘绕，也不得斜跨横提和电杆 ③ 系安全带时，必须目视扣好钩环并用保险环锁住，即不得“听响探身” ④ 在工作位置，脚扣不得交叉使用 ⑤ 杆上、杆下传递工具、器材要用“小绳”和工具袋，禁止上、下抛掷 ⑥ 必要时应设监护人 ⑦ 可闻雷声，不得上杆；已在杆上，应立即下杆

腰带和保险绳系法、脚扣登杆方法如图4-4所示。

【实训步骤】

1. 工作前的准备

指导教师检查工具、材料的选择、着装情况及电杆。

2. 启动工作

经指导教师检查无误后发出许可实训命令，一人登杆，两人协助，其余同学后退5m观摩。

3. 登杆及站位

登杆动作规范、熟练，脚扣调带及时，安全带系法正确，杆上站位正确。

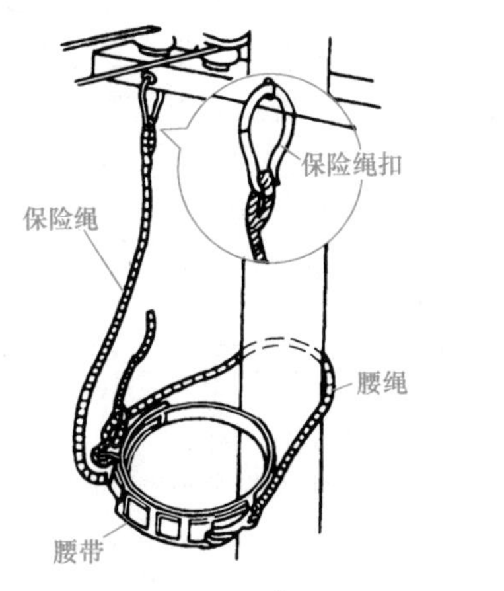

a) 腰带和保险绳系法

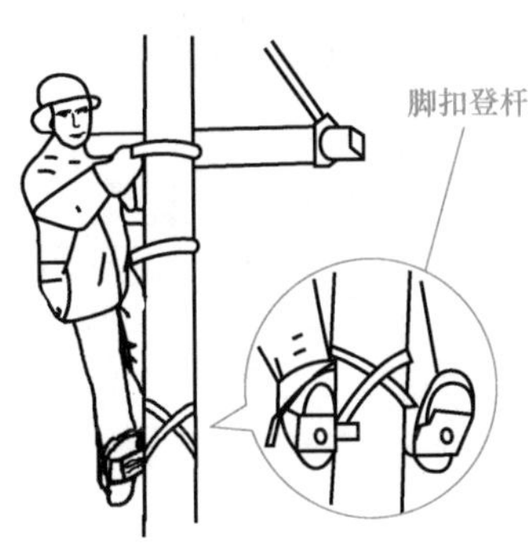

b) 脚扣登杆方法

图4-4　腰带和保险绳系法、脚扣登杆方法

4. 横担安装

1）线路单担安装，终端杆应装于拉线侧。横担、金具的提升动作要规范，防止撞击和掉落现象发生。

2）横担应装平齐，且与线路方向垂直，其倾斜度应小于或等于1/100。

3）螺杆应与横担垂直，螺母紧固后，露出的螺纹不应小于2纹，螺栓穿入方向为顺线路方向的螺栓从电源侧穿入，横线路方向的螺栓面向受电侧由左向右穿，垂直地面的螺栓由下向上穿入。

5. 金具安装

1）横担安装后，将连接金具如碗头挂板、球头挂环、U形挂环、延长环等金具安装在横担上，用来连接绝缘子。

2）在杆（塔）上安装拉线金具如拉线、抱箍或U形挂环等后调整和固定杆塔。

3）在杆（塔）上安装绝缘子后，将耐张线夹或楔形耐张线夹与绝缘子串连接。

6. 横担、金具的拆卸与安装顺序相反

7. 工作终结

安装和拆卸完毕后杆上不留异物，使用的工具、材料齐全且摆放合理，并及时清扫现场。

【实训考核】

组装横担及金具评分标准见表4-7。

表 4-7　组装横担及金具评分标准

考号		姓名		班级	
用时	时　分	操作时间	时　分～　时　分（用时不超过40min）		
序号	考核项目	考核要求	配分	评分标准	得分
1	准备工作	穿戴好劳保用品	20	未穿戴劳保用品扣5分	
		选择工具、材料		所选的工具、材料不满足工作需要，每一项扣2分；漏选一项扣2分；错选一项扣2分	
		检查电杆及用具		未对电杆（杆根、表面）做检查，每一项扣2分； 未对脚扣、腰绳做冲击拉伸试验，每一项扣2分	
2	登杆	登杆动作规范、熟练	20	登杆动作不规范、不熟练扣1～5分；脚扣调节不及时或错误，扣10分；脚扣下滑、脱落，扣1～5分	
3	杆上站位及系法	安全带系法、杆上站位正确	20	站位不合适，扣5分；安全带系错，扣10分；前后距离不合适，扣5分	
4	横担、金具的提升及安装	无撞击和掉落现象，横担金具安装顺序正确	20	提升金具时发生撞击或不正确，扣1～3分；金具安装方向不正确或歪斜扣1～3分；螺栓穿向错扣5分；元件不紧固扣4分；过高或过低扣1～5分	
5	横担、金具的拆卸	拆卸完毕后杆上不留异物	10	拆卸金具顺序不正确，扣2～4分；有物件脱落，扣4分；金具撞击地面过重，扣2分	
6	结束工作	整理现场	5	未做清理扣1～3分；未交还工器具扣2分	
7	安全生产	按电力安全工作规程及有关标准操作	5	轻微违反操作规程者，扣1～3分	
				严重违反操作规程者，停止操作，扣除本实训全部得分	
评分人				总分	

工作页 3　钢芯铝绞线钳压

【工具及材料】

实训所需的工具与材料见表 4-8。

表 4-8　工具及材料

序号	名称	规格型号	备注
1	工具	抹布、细砂纸、断线钳、钢锯（锯条）、钢丝刷、压接钳及钢模、木槌、游标卡尺、直尺、凡士林、汽油、细铁丝、平锉、电工工具	按组配备，工作服、安全帽、绝缘鞋、线手套自备
2	材料	LGJ-95/20 钢芯铝绞线 1m、JT-95/20 接续管 1 套	

【实训目标】

1. 正确使用安全工器具和电工工具；不发生人身伤害和设备损坏事故。

2. 正确选择材料、工器具；按照规程要求；正确进行钳压导线接续。

3. 工艺标准满足《电气装置安装工程 66kV 及以下架空电力线路施工及验收规范》（GB 50173-2014）的要求。

【必备知识】

1. 钢芯铝绞线

钢芯铝绞线是指单层或多层铝股线绞合在镀锌钢芯线外的加强型导线，主要应用于电力和输电线路行业。钢芯铝绞线的结构如图 4-5 所示。

钢芯铝绞线型号中字母及数字含义：L——铝线，G——钢芯，J——绞线；数字——标称截面面积（mm^2），分子表示铝线截面面积，分母表示钢线截面面积。

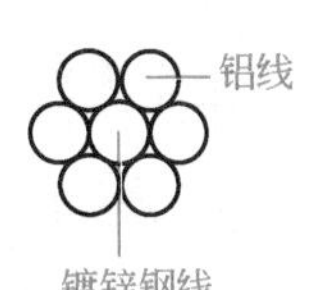

图 4-5　钢芯铝绞线的结构

2. 接续管

接续管适用于架空电力线路上接续中小截面的铝绞线及钢芯铝绞线。

如接续管型号为 JT-95/20，适用导线 LGJ-95/20，如图 4-6 所示，$a_1=54mm$，$a_2=61.5mm$，$a_3=142.5mm$，压口数为 20，A 为绑扎线，B 为垫片，C 为端头初始长度，为 20mm，D 为压后尺寸，为 29mm。

接续管型号中字母及数字含义：J——接续管，B——爆压，T——椭圆；数字——标称截面面积（mm^2），分子表示铝线截面面积，分母表示钢线截面面积；数字后附加字母 L 表示铝绞线。

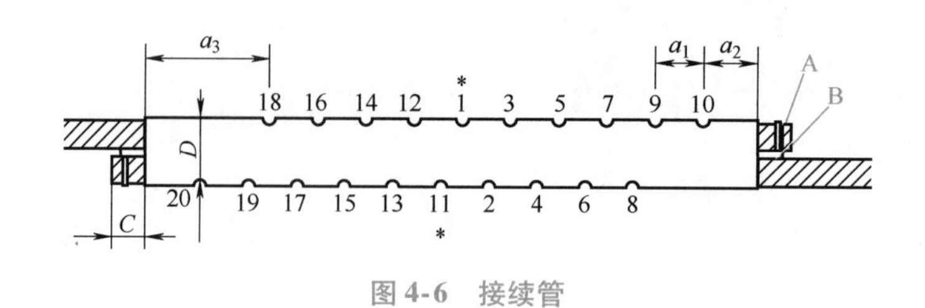

图 4-6　接续管

【实训步骤】

1. 工作前准备

正确选择工具及器材；正确合理着装。

2. 钢芯铝绞线钳压

1）对工具及器材进行外观检查。

2）在线头距裁线处 1～2cm 处用 20#铁丝绑扎好，用钢锯垂直导线轴线锯割；锯割后用细砂纸和平锉打磨。

3）导线上涂擦凡士林或导电膏，涂抹长度为压接长度的 1.1 倍，用钢丝刷和细砂纸对导线进行清理，应顺导线绞向由里向外清理；再用汽油清洗掉导线表面污垢并阴干，清洗长度为压接长度的 2 倍。用汽油清洗接续管内壁。

4）在清理好的导线压接长度表面和接续管内壁涂上一层凡士林；先穿入导线，再插入垫片；用游标卡尺（直尺）在接续管上画出压接位置并编号，从主线侧数第 5 个压口为 1 号（11 号）压接口。

5）先从 1 号口向一端按编号顺序钳压，到端部再从 11 号口向另一端按编号顺序钳压；每个口压接后停留时间为 30s。

6）压接后的接续管如出现弯曲或压后尺寸不足，可进行校正或补压，将压后棱角用锉进行打磨。

3. 工作终结

压接完毕后清理现场，回收剩余工具、物品。

【实训考核】

钢芯铝绞线钳压评分标准见表 4-9。

表 4-9　钢芯铝绞线钳压评分标准

考号		姓名		班级	
用时	时　　分	操作时间	时　　分～　　时　　分（用时不超过 40min）		
序号	考核项目	配分	评分标准		得分
1	着装穿戴	5	① 未穿工作服、绝缘鞋，未戴安全帽、线手套，每缺少一项扣 2 分，扣完为止 ② 着装穿戴不规范，每处扣 1 分，扣完为止		

（续）

序号	考核项目	配分	评分标准	得分
2	材料选择及工器具检查	10	① 工器具缺少或不符合要求，每件扣1分 ② 工具材料未检查，每件扣2分 ③ 检查项目不全、方法不规范，每件扣1分	
3	工器具使用	10	① 工器具使用不当，每次扣1分 ② 工器具掉落，每次扣2分	
4	裁线	10	① 导线头未使用细铁丝绑扎，每处扣2分 ② 未用钢锯锯割，扣5分 ③ 锯口不平滑及圆润，每处扣2分	
5	导线、接续管清除氧化层	20	① 不使用钢丝刷和细砂纸各扣4分，使用顺序不对扣2分，清理方向错误扣2分 ② 未涂抹凡士林扣4分，涂抹长度不足扣2分 ③ 未用汽油清洗干净并阴干扣4分，清洗长度不足扣2分	
6	导线压接及工艺要求	35	① 导线头未绑扎或未用细铁丝，每处扣2分 ② 导线头和接续管内壁未涂，凡士林，每处扣2分 ③ 每口压接停顿时间不足，每处扣2分 ④ 压接顺序不正确，每处扣2分 ⑤ 压口数每少或多一个扣5分 ⑥ 压口位置误差每超过±2mm，扣2分 ⑦ 压后尺寸每超过±1mm，扣2分 ⑧ 压接后的接续管弯曲度不应大于管长的2%，有明显弯曲时，扣3分 ⑨ 压接后接续管两端附近的导线有灯笼、抽筋等现象，每处扣5分 ⑩ 压后棱角未打光，每处扣2分	
7	安全文明生产	10	① 出现不安全操作行为每次扣5分 ② 作业完毕，现场未清理、未恢复扣5分，清理不彻底扣2分 ③ 损坏工器具每件扣3分	
评分人			总分	

注：本表各考核项目的得分不出现负数。

项目5 电气设备安全技术

工作页1 电焊机、手持电动工具检查

【工具及材料】

实训所需的工具与材料见表5-1。

表5-1 工具及材料

序号	名称	规格型号	备注
1	工具	绝缘电阻表、电钻、电焊机、卷尺	分组实训，工具及材料按每组1套准备，工作服、安全帽、绝缘鞋、线手套自备
2	材料	无	

【实训目标】

1. 掌握电焊机的安全管理规定，保障电焊机使用人和他人的人身、财产安全。

2. 掌握手持电动工具的安全管理规定，保障手持电动工具使用人和他人的人身、财产安全。

【必备知识】

1. 手持电动工具分类

手持电动工具是经常在人手紧握中使用并直接接触设备进行操作生产的小型设备，极易发生漏电、短路等问题。

电钻（含冲击电钻）、电动螺钉旋具和冲击扳手、电动砂轮机、电刨、砂光机、电动修枝剪和电动草剪等小型设备均为手持电动工具，可分为以下三类。

1）Ⅰ类：金属导电外壳，使用时必须有PE线可靠连接，且配有漏电保护装置，适用于触电危险性较小的场所。

2）Ⅱ类：非金属导电外壳，外壳有“回”符号，表示双重绝缘，适用范围广，不须加任何保护措施。

3）Ⅲ类：适用于安全电压50V以下的环境。

2. 移动式电气设备

移动式电气设备是一种便携式电气设备，也指非固定安装的电气设备设施，包括蛙式打夯机、振捣器、水磨石磨平机、电焊机等电气设备。

电焊机是利用正负两极在瞬间短路时产生的高温电弧来熔化焊条上的钎料和被焊件的材料，达到使被接触物相结合的目的。其结构简单，类似一个大功率的变压器。电焊机安全工作接线示意图如图 5-1 所示。

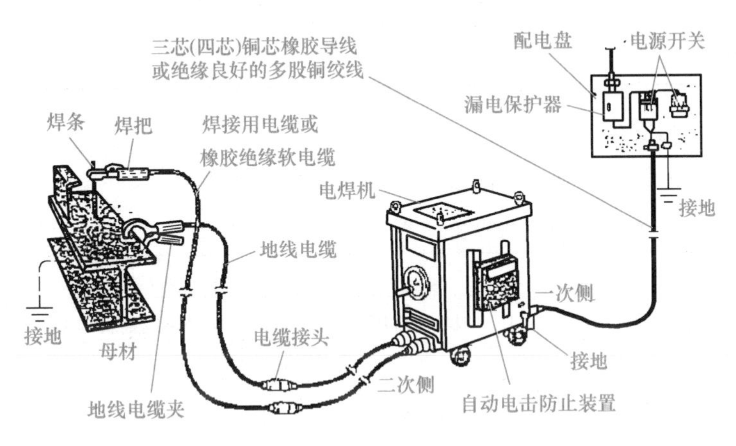

图 5-1　电焊机安全工作接线示意图

【实训步骤】

1. 电焊机安全检查

电焊机安全检查项目和方法见表 5-2。

表 5-2　电焊机安全检查项目和方法

序号	检查项目	检查方法
1	电焊机电源进线端，一次输出端应有屏护罩，且屏护可靠、有效	目测
2	电焊机外壳 PE 线接线正确，连接可靠。接地故障保护电器的选择应符合配电系统的接地形式，以及焊接设备容量等技术参数要求，接线正确，连接可靠	目测
3	焊接变压器一、二次绕组间、绕组与外壳间的绝缘电阻值不少于 1MΩ。要求每半年至少应对电焊机绝缘电阻摇测一次	绝缘电阻表
4	电焊机一次线必须采用三芯（四芯）铜芯橡胶导线或绝缘良好的多股铜绞线，其接线长度不允许超过 2m。如确需使用较长导线，应在 2m 以内增加一级电源控制，并将电源线架空敷设，电焊机一次线不得在地面拖曳使用，更不得在地面跨越通道使用	目测，卷尺
5	电焊机二次线必须连接紧固，无松动，二次线上接头不允许超过三个，应根据电焊机容量正确选择焊接电缆（二次线）的截面面积，以避免因长期过负荷而造成绝缘老化	目测

（续）

序号	检查项目	检查方法
6	焊钳应符合国家有关规定，能保证在任何斜度下均可夹紧焊条，绝缘良好，手柄隔热层完整，焊钳与导线应连接可靠。连接处应保持轻便柔软，使用方便，无过热现象，导体不外露，钳柄屏护良好，严禁利用厂房金属结构、管道、轨道等作为焊接二次回路使用	目测
7	电焊机应放置在干燥、通风的地点，如放置于室外，除电焊机本身罩壳外，必须另设防雨雪的遮护措施，电焊机放置地点应保持整齐、清洁，无易燃易爆物堆放	目测

2. 手持电动工具安全检查

手持电动工具安全检查项目、检查要求与方法见表5-3。

表5-3　手持电动工具安全检查项目、检查要求与方法

序号	检查项目	检查要求与方法
1	按作业环境要求选取工具	① 一般场所选用Ⅱ类工具；在潮湿场所或金属构架上选用Ⅱ或Ⅲ类工具；在锅炉、金属容器、管道内使用Ⅲ类工具 ② 使用Ⅰ类手持电动工具应配有漏电保护装置、安全隔离变压器
2	绝缘电阻	① Ⅰ类工具带电零件与外壳的绝缘电阻≥2MΩ；Ⅱ类工具带电零件与外壳的绝缘电阻≥7MΩ；Ⅲ类工具带电零件与外壳的绝缘电阻≥1MΩ ② 每三个月进行一次绝缘电阻检测
3	电源线	电源线须采用三芯（单相工具）或四芯（三相工具）多股铜芯橡胶软线。电动工具的电源线中间不允许有接头及破损，长度不超过6m
4	防护罩、盖及手柄	防护罩、盖及手柄完好，无破损、无变形、不松动
5	开关完好	① 开关灵敏、可靠，能及时切断电源，插头无缺损、破裂 ② 插头不应有破裂及损坏，规格应与工具的功率类型相匹配，接线正确

【实训考核】

电焊机、手持电动工具检查评分标准见表5-4。

表5-4　电焊机、手持电动工具检查评分标准

考号		姓名		班级	
用时	时　　分	操作时间	时　　分～　　时　　分（用时不超过20min）		
序号	考核项目	考核要求	配分	评分标准	得分
1	准备工作	穿戴好劳保用品	5	未穿戴劳保用品，扣2分	
2	电焊机	电源线、焊接电缆与电焊机有可靠屏护，电源一次线长度不超过3m，且不得跨越通道使用	45	少检查一项，扣5分	
		电焊机外壳PE线接线正确，连接可靠		PE线接线不检查，扣5分	

（续）

序号	考核项目	考核要求	配分	评分标准	得分
2	电焊机	电焊机一、二次绕组，绕组与外壳间绝缘电阻值不少于1MΩ，检测周期为6个月	45	绝缘电阻值测量错误，扣5分	
		电焊机二次线连接良好，绝缘橡胶外皮无老化现象，外皮破损包扎处理点不超过8个，禁止断开重接，在使用中禁止拖、拉、砸、挂、烫，在电焊机使用时，焊把线禁止缠绕在电焊机上。在距焊钳1m以内不允许有接头		少检查一项，扣5分	
		焊钳夹紧力好，绝缘可靠，隔热层完好		不检查焊钳，扣5分	
		电焊机及其使用场所清洁，无严重粉尘，周围无易燃易爆物		不检查电焊机环境，扣5分	
3	手持电动工具	按作业环境要求正确选用手持电动工具。使用Ⅰ类手持电动工具应配有漏电保护装置，PE线连接可靠	45	选用手持电动工具错误扣5分，不检查PE线扣5分	
		绝缘性检测，检测周期为3个月		绝缘电阻值测量错误，扣5分	
		电源线必须用护管软线，长度不得超过15m，接头及破损处不超过1个，应包扎可靠，在距电动工具1m以内不允许有接头，在使用中禁止拖、拉、砸、挂、烫，禁止工作时缠绕		少检查一项，扣5分	
		防护罩、盖及手柄应完好，无松动		少检查一项，扣5分	
		电动工具开关灵敏、可靠、无破损、规格与负荷匹配		开关不检查，扣5分	
4	检查结果	有任意一条不合格者，则判该设备检查为不合格	5	检查结果错误，扣5分	
评分人				总分	

工作页2 配电变压器的运行巡视

【工具及材料】

实训所需的工具与材料见表5-5。

表5-5 工具及材料

序号	名称	规格型号	备注
1	工具与材料	笔、巡视记录本、红外测温仪、听针（一端带圆球）、手电筒、望远镜	工作服、安全帽、绝缘鞋、线手套自备
2	设备与场地	运行线路或培训线路	

【实训目标】

1. 不得单独巡视配电变压器，指定一位指导教师作为监护人员，严格遵守相关规范。
2. 巡视记录应正确填写。

【必备知识】

这里介绍抽出式小车开关柜巡视检查作业指导书。

1. 作业条件及安全注意事项

1）设备巡视检查应遵守配电变压器的巡视检查规定。

2）一般天气时进行正常巡视。

3）恶劣天气时要加强巡视，增加巡视次数。

4）进入生产厂区应穿好工作服，穿好绝缘靴（鞋），戴好安全帽，做到“两穿一戴”整齐。

2. 抽出式小车开关柜巡视检查

1）手车位置和开关分、合闸状态符合当时运行方式，位置指示灯点亮正确；运行中手车的工作位置闭锁正确，位置可靠。

2）开关柜面板上“远方—就地”控制选择开关位置正确，“储能电源开关”投入使用，“储能”指示灯点亮，开关柜面板上压板位置正确。

3）保护装置胶木、塑料、有机玻璃盖无裂纹、破损、变形及偏斜、松动，内壁无潮气凝结及烟雾现象，且监视线圈、触点的指示灯正常；胶垫无老化胀出。

4）柜体无过热，颜色正常，无可疑放电声响。

5）运行中高压带电指示灯三相点亮正常。

6）从观察孔见到的柜内设备无异常，绝缘良好，无放电现象。

7）室内门窗封闭良好，室内温度超过40℃时，开启通风机。

3. 巡视危险点及控制（见表5-6）

表5-6 巡视危险点及控制

作业内容	危险点	控制措施
高压设备巡视	巡视人员摔伤、撞伤	① 巡视高压设备必须戴好安全帽，且巡视路线上的盖板必须稳固 ② 巡视路线上不得有障碍物，若检修工作需要揭开盖板或堆放器材、堵塞巡视路线时，应在其周围装设遮栏和警示灯 ③ 巡视设备需要倒退行走时，须防止踩空和被电缆沟等障碍物绊倒或撞伤、摔伤
	触电或跨步电压伤人	① 巡视设备时，严禁移开或越过遮栏，不得进行其他工作 ② 雷雨天气，巡视室外高压设备时，应穿绝缘靴，且不得靠近避雷器和避雷针 ③ 高压设备发生接地时，室内不得接近故障点4m以内，室外不得接近故障点8m以内，进入上述范围人员必须穿好绝缘靴，接触设备的外壳和构架时应戴好绝缘手套

【实训步骤】

配电变压器的巡视检查步骤见表5-7。

表5-7 配电变压器的巡视检查步骤

序号	巡视方法	巡视项目
1	“看”，主要为观察配电变压器外观	① 看油位计：油位应在油标刻度的1/4～3/4处（气温高时，油面在上限；气温低时，油面在下限）。若油面过低，应检查是否漏油。若漏油应停电检修，若不漏油应加油至规定油位。加油时，应注意油标刻度上标出的温度值，根据当时气温，把油加至适当位置 ② 看套管：看套管表面是否清洁，有无裂纹、碰伤和放电痕迹。表面清洁是套管保持绝缘强度的先决条件。当套管表面沉积灰尘、煤灰及盐雾时，遇到阴雨天或雾天，便会沾上水分容易引起套管的闪络放电，因此应定期予以清扫。套管由于碰撞或放电等原因产生裂纹伤痕，也会使绝缘强度下降，造成放电。因此对有裂纹或碰伤的套管应及时更换 ③ 看箱体外表：主要看配电变压器运行中是否会渗漏油。一是由于箱体的焊接缺陷造成油渗漏，可采取环氧树脂黏合剂堵塞。二是由于长期运行造成密封垫圈老化，引起渗漏，应更换密封垫圈。特别是低压侧出线套管，往往由于接线端接触不良、过负荷等原因造成过热，使密封垫变质，起不到密封作用，导致漏油 ④ 看呼吸器：对于装有呼吸器的配电变压器，正常情况下呼吸器内硅胶为白色或蓝色，吸湿饱和后颜色变为黄色或红色，此时应更换呼吸器内的硅胶 ⑤ 看接地装置：配电变压器运行时，它的外壳接地、中性点接地、防雷接地的接地线应接在一起，共同完好接地。检查中若发现导体锈蚀严重甚至断股、断线，应做相应处理，否则会造成电压偏移，使三相输出电压不平衡，严重时造成用户电器烧坏

（续）

序号	巡视方法	巡视项目
2	“听”，主要听运行时有无异常声响	配电变压器正常运行时会发出连续不断且比较均匀的“嗡嗡”声 ① 声音比平常增大且均衡：可能是过负荷。此时应监视配电变压器的温升和温度，必要时调整负荷，使配电变压器在额定状态下运行。也可能是电网发生过电压，如电网出现单相接地或铁磁谐振，此时参考电压表与电流表指示，可根据具体情况改变电网的运行方式 ② 声音出现不均匀杂音：配电变压器内部个别零件松动，如夹件或压紧铁心的螺钉松动时使硅钢片振动加剧，造成内部传出不均匀的噪声。这种情况时间长了将会破坏硅钢片的绝缘膜，容易引起铁心局部过热。若此现象不断加强，应停用检修 ③ 出现放电的“吱吱”声：可能是配电变压器内部或外部套管发生表面局部放电造成的。如果是套管的问题，在夜间或阴雨天时，可看到套管附近有电晕辉光或蓝色、紫色的小火花，这说明套管瓷件污秽严重或线夹接触不良，应清除套管表面的脏污及使线夹接触良好。若放电声来自配电变压器内部，可用绝缘棒接触外壳，用耳朵借助绝缘棒听内部声音，如听到内部“吱吱”声或“噼啪”声，可能是绕组或引出线对外壳闪络放电；铁心接地线断开造成铁心感应的高电压对外壳放电或分接开关接触不良放电，此时应及时检修 ④ 出现水的沸腾声：可能是绕组发生短路故障，造成严重发热。另外，可能是分接开关因接触不良而局部点严重过热所致。这种异常现象比较严重，应立即停止运行，进行检修
3	“闻”，主要闻有无异味	当配电变压器内部发生严重故障时，油温剧烈上升，同时分解出大量的气体，使油位急剧上升，甚至从储油柜中流出，此时应立即停止运行配电变压器，打开储油柜盖，闻一闻内部气味，若有明显烧焦气味，则说明内部绕组可能出现故障，需停电检修

通过“看、听、闻”对配电变压器进行巡视检查可作为对现场的初步判断，可以及时防止故障的扩展，避免设备的损坏。配电变压器的内部故障不仅是单一方面的直观反映，它涉及诸多方面，有时甚至会出现假象。因此，必须进一步进行测量并做综合分析，才能准确可靠地找出故障原因，从而提出合理的处理办法，以保证配电变压器安全健康运行。

【实训考核】

配电变压器的运行巡视评分标准见表5-8。

表5-8 配电变压器的运行巡视评分标准

<table>
<tr><td>考号</td><td colspan="2"></td><td>姓名</td><td colspan="2"></td><td>班级</td><td></td></tr>
<tr><td>用时</td><td colspan="2">时 分</td><td>操作时间</td><td colspan="4">时 分～ 时 分（用时不超过20min）</td></tr>
<tr><td>序号</td><td>考核项目</td><td>考核要求</td><td>配分</td><td colspan="3">评分标准</td><td>得分</td></tr>
<tr><td>1</td><td>准备工作</td><td>工作服、手套、绝缘鞋、安全帽</td><td>10</td><td colspan="3">着装不当扣5分，每漏一项扣2分</td><td></td></tr>
</table>

（续）

序号	考核项目	考核要求	配分	评分标准	得分
2	观察配电变压器外观	检查油标刻度，检查是否漏油	25	巡视不准确，每项扣2分，无巡视每项扣5分	
		检查套管			
		检查箱体外表是否渗漏油			
		检查呼吸器内硅胶是否变色			
		检查接地线导体			
3	配电变压器运行时有无异常声响	听声音比平常是否增大且均衡	16	无监听每项扣4分，判断不准确每项扣2分	
		听声音是否不均匀且有杂音			
		是否能听到放电的吱吱声			
		是否能听到水的沸腾声			
4	有无异味	是否能闻到异味	9	没有闻异味扣9分，异味判断不正确扣3~5分	
5	缺陷判断	变压器的电流、电压、温升、声响、油位和油色等是否正常；导电排螺栓连接处是否良好；用红外线测温仪测量温度，上层油温不应超过85℃，最高不应超过95℃	15	缺陷判断不正确，每项扣3分；无测温扣5分；测温方法不正确扣3分	
6	巡视记录	巡视人员将巡视结果要及时计入巡视记录本和缺陷记录本。若发现变压器有严重缺陷，应立即报告，并做好记录，填写缺陷单	15	无巡视记录，扣15分；巡视记录填写不准确，扣3~5分	
7	安全生产	严格遵守相关规程和规范，单人巡视时，禁止攀登变压器台	10	严重违反操作规程者，停止操作，扣除本实训全部得分	
评分人				总分	

工作页 3　柱上变压器停、送电操作

【工具及材料】

实训所需的工具与材料见表 5-9。

表 5-9　工具及材料

序号	名称	规格型号	备注
1	工具	绝缘拉杆、绝缘手套	分组实训，工作服、安全帽、绝缘鞋、线手套自备
2	材料	运行线路或培训线路	

【实训目标】

1. 掌握柱上变压器停、送电操作步骤。
2. 掌握柱上变压器停、送电操作安全规程。

【实训步骤】

柱上变压器停、送电操作安全规程见表 5-10。

表 5-10　柱上变压器停、送电操作安全规程

步骤		操作说明	备注
送电操作	送电前检查	① 做外观检查 ② 冷却风机能正常运转	变压器本体干净，无积尘、异物、裂纹等现象，导体连接处无过热现象，接地良好
	变压器空负荷送电	① 核对变压器负荷侧开关处在断开位置 ② 合上变压器电源侧开关，变压器上电	① 防止变压器带负荷送电，产生大的冲击电流，变压器必须空负荷受电 ② 空负荷投入也会出现短时的 5 ~ 8 倍额定电流大小的励磁涌流，经历一个过渡过程恢复到空负荷额定电流值 ③ 新投用使用变压器需要做 3 ~ 5 次全压充电冲击试验
	检查变压器空载运行参数	① 核对变压器的空负荷电流值、三相电流是否平衡 ② 对比历次空负荷运行参数	空负荷电流一般为额定电流的 2% ~ 10%
	变压器带负荷	合上变压器负荷侧开关	核对变压器负荷侧电压是否平衡
	带负荷后监护	每小时检查一次变压器运行情况，直至负荷稳定运行 6h	① 记录变压器三相温度，三相电流值 ② 测量变压器连接处的温度 ③ 变压器运行声音正常 ④ 干式变压器运行温度超过 88℃ 冷却风扇起动，达到 108℃ 报警，达到 130℃ 保护跳闸

（续）

步骤		操作说明	备注
停电操作	断开变压器负荷侧开关	将变压器负荷降到最低值后拉开负荷侧开关	操作后核对负荷侧已断电
	记录变压器空负荷参数	记录变压器空负荷电流，观察是否平衡，与历次的空负荷电流有无变化	
	断开变压器电源侧开关	拉开变压器电源侧开关	拉开后核对开关柜指示，变压器确实断电

【实训考核】

柱上变压器停、送电操作评分标准见表5-11。

表5-11　柱上变压器停、送电操作评分标准

考号			姓名		班级	
用时	时　　分		操作时间	时　　分～　　时　　分（用时不超过30min）		
序号	考核项目	考核要求	配分	评分标准		得分
1	填写工作票	填写工作票（设备名称及编号）	20	步骤错一项扣5分，操作任务不能完成扣20分		
2	审核工作票	审核工作票	10	未审核扣10分；审核程序错误，扣5分		
3	接受操作命令	正确接受操作命令	5	未接受操作命令，扣5分		
4	预演模拟图	根据填写的工作票在模拟盘上逐步预演，能正确完成布置的操作任务	10	步骤每错一步，扣2～3分		
5	操作前的检查	检查相关电气设备是否处于正确的状态	5	未检查，扣5分		
6	实际操作	在配电柜上实际操作，实现操作任务，步骤正确、规范	30	操作步骤错，扣5分；出现重大错误，扣20分		
7	操作后的检查	核对工作票及操作任务，检查变压器柜出线开关的实际位置并确定工作结束	5	操作后不检查，扣5分；检查不到位，扣2分		
8	汇报调度	向调度汇报操作中的情况及操作结束时间	5	未汇报，扣5分		

（续）

序号	考核项目	考核要求	配分	评分标准	得分
9	安全措施	能做好操作前后的安全措施	5	未正确做安全措施，扣 5 分	
10	安全文明生产	着装整洁，戴安全帽，作业现场无遗留物、清洁，物品摆放整齐	5	违反操作规程，每项扣 2 分	
评分人				总分	